职业教育机械类专业规划教材

装 配 钳 工

主　编　朱宇钊　洪文仪

参　编　张水潮　陈华龙

谭伟杰　伍晓红

机 械 工 业 出 版 社

本书根据钳工中级考证及职业技术教育院校教学大纲编写，内容实用，配合具体的实例和复习题，能够使学生充分掌握装配钳工的相关知识与技能。

本书内容包括装配钳工必备的量具，划线，锯削，錾削，锉削，钻孔，扩孔、锪孔和铰孔，攻螺纹和套螺纹，刮削和研磨，旋转件的平衡，装配的基础知识，轴承及轴组的装配，固定连接的装配，传动机构的装配以及卧式车床总装工艺。

本书可作为职业技术院校装配钳工课程的教材使用，也可作为考证及相关企业的培训用书。

图书在版编目（CIP）数据

装配钳工/朱宇钊，洪文仪主编. —北京：机械工业出版社，2013.7（2026.1重印）

职业教育机械类专业规划教材

ISBN 978-7-111-43559-4

Ⅰ.①装… Ⅱ.①朱…②洪… Ⅲ.①安装钳工-高等职业教育-教材 Ⅳ.①TG946

中国版本图书馆CIP数据核字（2013）第177622号

机械工业出版社（北京市百万庄大街22号 邮政编码100037）

策划编辑：王佳玮 责任编辑：王佳玮 王海霞

版式设计：常天培 责任校对：任秀丽

封面设计：张 静 责任印制：刘 媛

北京富资园科技发展有限公司印刷

2026年1月第1版·第8次印刷

184mm×260mm·12.25印张·296千字

标准书号：ISBN 978-7-111-43559-4

定价：39.00元

电话服务	网络服务
客服电话：010-88361066	机 工 官 网：www.cmpbook.com
010-88379833	机 工 官 博：weibo.com/cmp1952
010-68326294	金 书 网：www.golden-book.com
封底无防伪标均为盗版	机工教育服务网：www.cmpedu.com

前　言

钳工是职业教育机械类专业的必修课。钳工操作技能在实际生产中具有极其广泛的应用，既可解决实际问题，又能指导新的加工技术的研发。尽管现在已有不少加工方法比钳工手工操作的效率高许多，但钳工工种仍在某些场合具有不可替代的地位，尤其是装配钳工，任何机械设备的装配安装都离不开它。

当前，我国正处在由制造大国、网络大国向制造强国、网络强国转变的关键时期，需要大量的设备装配安装技术人员，但目前我国这类技术人员十分紧缺，各地职业院校和技工院校正在大力培养此类人才。本书是根据这一需求编写的，以作为钳工中级考证及职业院校和技工院校教学培训使用。本书内容涵盖钳工基本操作技能（第一～第九章）和装配专业技能（第十～第十五章）。本书在内容的选取上，特别注重实用性和专业性，也充分考虑了钳工中级考证可能涵盖的范围。

本书由朱宇钊、洪文仪主编，张水潮、陈华龙、谭伟杰和伍晓红参加了本书的编写。在本书编写过程中，参阅了一些书籍资料，在此向这些书籍的作者表示衷心感谢！

由于编者水平所限，书中难免存在缺点和不足之处，恳请读者批评指正。

编　者

目　　录

第一章　量　　具

第一节　游 标 卡 尺

游标卡尺是一种使用十分方便的线性精密量具，能直接测量零件的外径、内径、长度、宽度、深度和孔距等，测量范围有 0～150mm、0～200mm、0～300mm 等多种。

一、游标卡尺的构造

游标卡尺由内测量爪、外测量爪、尺身、游标、深度尺、制动螺钉等组成。尺身与左面固定的内、外测量爪制成整体，游标与右面的内、外测量爪制成另一整体套装在尺身上，可沿尺身滑动，如图 1-1 所示。

内、外测量爪分别用来测量内、外尺寸，尺身和游标用来读出所测量尺寸的整数值和小数值。游标上的零线相对于尺身上零线的距离就是活动量爪相对于固定量爪间的被测尺寸。深度尺与游标相连，用来测量深度。当游标卡尺测量好某个尺寸之后，应该用制动螺钉将游标的位置固定，以防尺寸移位。

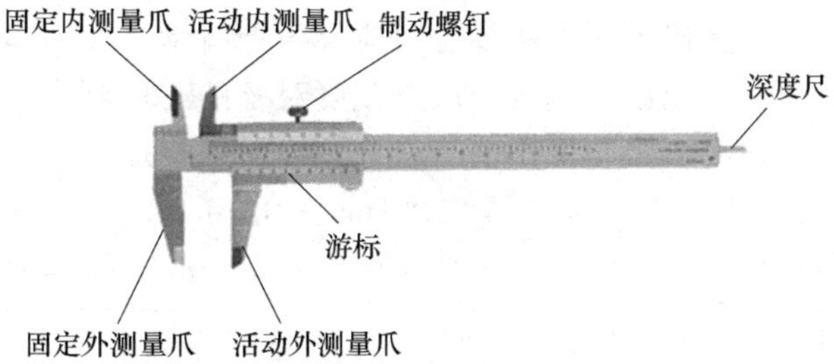

图 1-1　游标卡尺

图 1-2 所示为带微调装置的游标卡尺。这种游标卡尺的游标可作微动调节，微调时只要将制动螺钉 1 拧紧，将制动螺钉 2 松开，用手指转动微调螺母 3，通过小螺杆便能使游标作微小的移动，可以得到比较精确的尺寸。

随着科学技术的发展，有很多游标卡尺已装上电子或数字显示仪表（图 1-3），利用集成电路将测量结果转化为电子数字，可从上面直接读数，使用极其方便。有的还有任意位置复零、米制和寸制转换等功能，还可以将测得的数据通过输出线直接输送到数控机床进行切削加工。

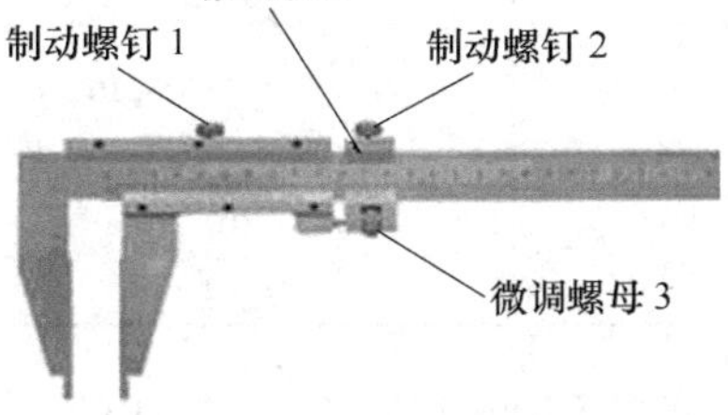

图 1-2　带微调装置的游标卡尺

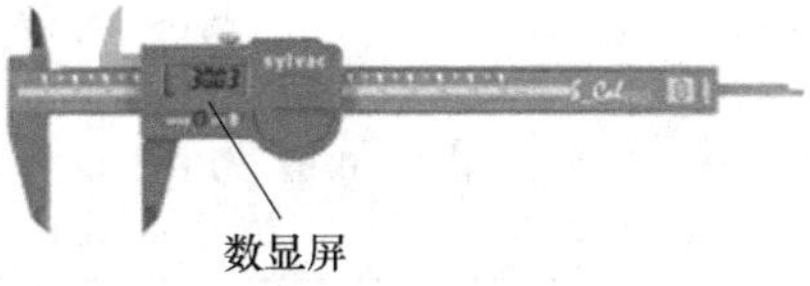

图 1-3　电子显示游标卡尺

二、游标卡尺的刻线原理与读数方法

1. 分度值

游标卡尺的分度值有0.02mm、0.05mm、0.1mm 等多种，其中分度值为0.02mm 的游标卡尺最为常用。

2. 刻线原理（以分度值为 0.02mm 的游标卡尺为例）

游标上的刻度称为游标刻度。当两量爪合拢时，游标上 50 格的长度正好等于尺身上 49 格的长度，如图 1-4 所示。尺身上每一小格为 1mm，则游标刻度每格实际长 = 49mm/50 = 0.98mm，尺身与游标刻度每格实际相差 1mm − 0.98mm = 0.02mm，因此游标每格的示值为 0.02mm。

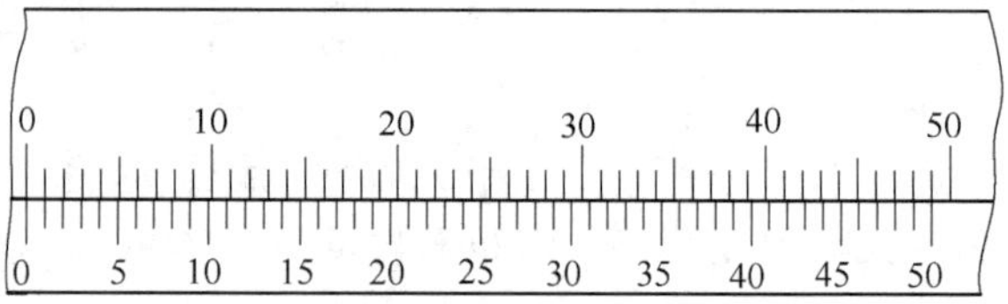

图 1-4 分度值为 0.02mm 的游标卡尺的刻线原理

3. 读数方法

读数要将尺身的读数和游标的读数相加，读数的步骤为：

1）读出游标左侧零位对应尺身上所示刻度的整格数。

2）读出游标刻度与尺身刻度对齐的游标刻度格数。

3）将尺身刻度示值与游标刻度示值相加。

例如，图 1-5a 的读数为 1mm + 0 × 0.02mm = 1mm；图 1-5b 的读数为 30mm + 0 × 0.02mm = 30mm；图 1-5c 的读数为 15mm + 32 × 0.02mm = 15.64mm。

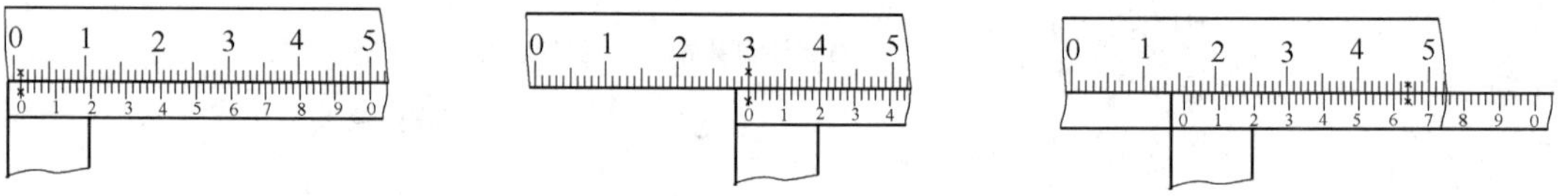

a) b) c)

图 1-5 分度值为 0.02mm 的游标卡尺的读数方法

三、游标卡尺的测量范围和精度

游标卡尺按所测量零件尺寸的不同，分成许多测量范围，每一测量范围有几种不同的分度值，见表 1-1。但每一种游标卡尺只能有一个测量范围和一个分度值，并以此作为它的规格。

表 1-1 游标卡尺的测量范围和分度值 （单位：mm）

测量范围	分 度 值	测量范围	分 度 值
0 ~ 125	0.02 0.05 0.10	300 ~ 800	0.05 0.10
0 ~ 200	0.02 0.05 0.10	400 ~ 1000	0.05 0.10
0 ~ 300	0.02 0.05 0.10	600 ~ 1500	0.10
0 ~ 500	0.05 0.10	800 ~ 2000	0.10

游标卡尺是一种只适合测量中等精度尺寸的量具，不能用来测量铸、锻毛坯件，以免损坏量具，影响量具的精确性。因为游标卡尺本身有一定的示值误差（也就是游标卡尺本身

的制造误差，见表1-2)，所以也不能用它去测量精度高的零件。

表1-2　游标卡尺的示值误差　（单位：mm）

分度值	示值总误差
0.02	±0.02
0.05	±0.05
0.10	±0.10

例如，用分度值为0.02mm、测量范围为0～150mm的游标卡尺测量ϕ50mm的轴径，由表1-2可知，其示值误差为±0.02mm，如果测得的实际轴径为ϕ50mm，那么这根轴的实际直径可能是50.02mm，也可能是49.98mm，即在49.98～50.02mm的范围内。这就是说，用游标卡尺测量精度要求高的零件时，无法达到精度要求。如果必须用游标卡尺进行测量，则必须选用量块校对出这把尺的误差是多少，然后在测量零件时把这个误差值考虑进去。

四、游标卡尺的使用方法

游标卡尺如使用不当，不但影响其本身的精度，而且会影响零件尺寸测量的准确性。因此，使用游标卡尺时应注意以下几点。

1. 使用前的准备

使用前要对卡尺进行检查，擦净测量爪，检查测量爪测量面和测量刃口是否平直、无损；两测量爪贴合时应无漏光现象；尺身和游标的零线要相互对齐（称为校对零位），游标应活动自如。

2. 测量外尺寸

测量外尺寸时，两测量爪应张开到略大于被测尺寸后自由进入工件，以固定测量爪贴靠着工件，然后用轻微的压力把活动测量爪推向工件，卡尺测量面的连线应垂直于被测量表面，不能歪斜，否则测量的结果将不准确，如图1-6所示。

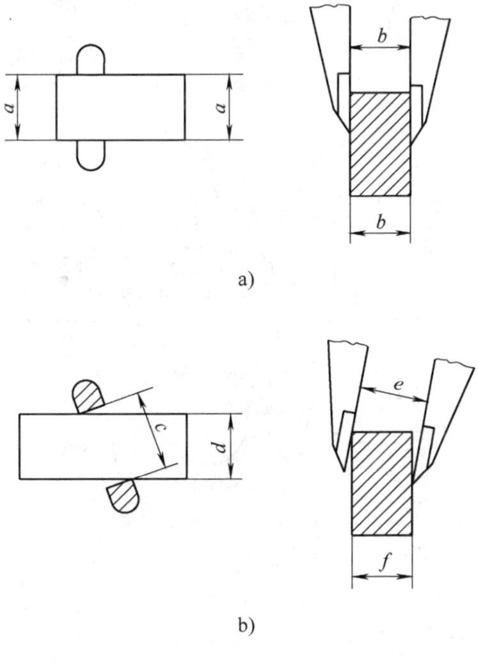

图1-6　测量外尺寸的方法
a）正确　b）错误

3. 测量内尺寸

测量内尺寸时，两测量爪应张开到略小于被测尺寸，而后自由进入内孔，再慢慢张开并轻轻地接触零件的内表面，两测量刃在孔的直径上，不能偏歪，如图1-7所示。测量好后，用制动螺钉固定游标，轻轻地取出游标卡尺读数，不可歪斜，以免刻线错位。

4. 读数

读数时，应水平拿住卡尺，并朝着光亮的方向使视线尽可能和卡尺的刻线表面垂直，以免视线歪斜造成读数误差。图1-8a、b所示为用游标卡尺测量外径和宽度的方式。

图1-8c所示为测量零件孔距的方法，必须注意，这时尺上读出的尺寸应加上两量爪的宽度，即图1-8c中两孔的中心距为

$$L = M + 2t - \frac{1}{2}\ (D + d)$$

式中　t——内测量爪厚度（mm）。

测量中心孔的中心与平面距离时，卡尺上读出的尺寸应加上工件内孔半径 $D/2$，如图 1-8d 所示。

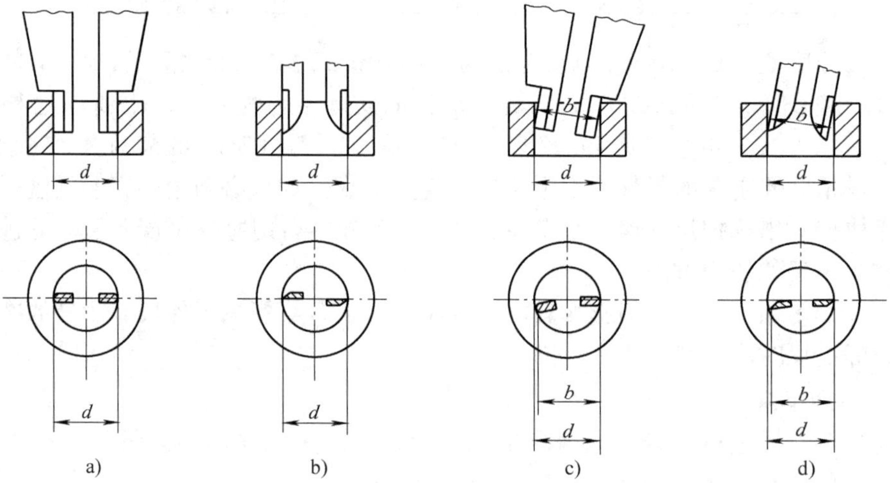

图 1-7　测量内孔的方法

a）、b）正确　c）、d）错误

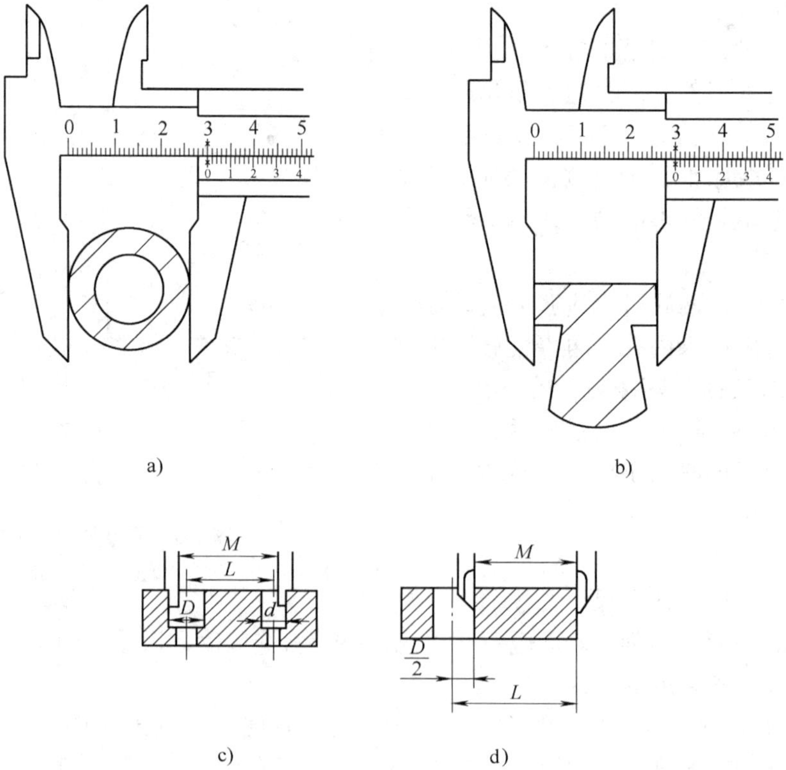

图 1-8　游标卡尺的用法

五、其他游标卡尺

1. 深度游标卡尺

深度游标卡尺用来测量孔、台阶和槽的深度，如图 1-9 所示。它的刻线原理与读数方法和普通游标卡尺相同。使用时，使尺架紧贴工件的表面，再将尺身插入被测件的底部，用制动螺钉紧固游标位置后读尺寸。

2. 高度游标卡尺

高度游标卡尺用来测量零件的高度或精密划线，可直接在工件上划线。如图 1-10 所示，测量和划线工作都应在平台上进行。

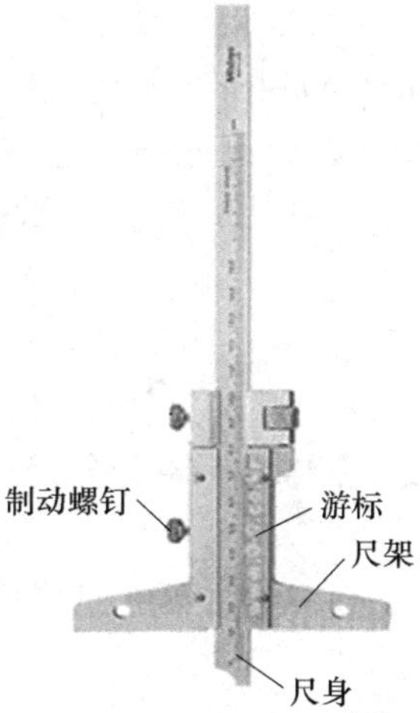

图 1-9 深度游标卡尺

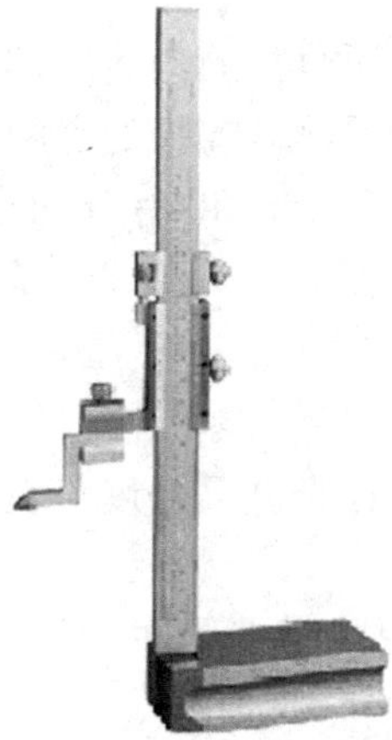

图 1-10 高度游标卡尺

第二节 千 分 尺

千分尺（图 1-11）是利用螺纹原理制成的一种量具，有外径千分尺、内径千分尺、深度千分尺和螺纹千分尺等类型，分别用来测量零件的外径、内径、深度和螺纹的中径等。外径千分尺的测量范围有 0 ~ ϕ25mm、ϕ25 ~ ϕ50mm、ϕ50 ~ ϕ75mm 等多种，内径千分尺的测量范围有 ϕ50 ~ ϕ250mm、ϕ50 ~ ϕ600mm、ϕ100 ~ ϕ1500mm 等多种。

一、外径千分尺的主要结构

各种外径千分尺的结构大同小异，如图 1-12 所示。它由尺架、测砧、测微螺杆、锁紧装置、螺纹轴套、固定套管、微分筒、螺母、接头和棘轮等组成。固定套管的外表面有长度刻线，上下两排刻线的间距都是 1mm，但两排刻线互相错开 0. 5mm；固定套管的中段制成 0. 5mm 的精密螺纹与微分筒的内螺纹精密配合，能自如旋转而间隙极小。微分筒的圆锥形边缘上刻有 50 等分的刻度线，当测微螺杆因转动而进退时，活动套管也跟着一起转动和进退。测力装置用以控制测量压力的大小，当测量压力大于规定的压力数值时，装置内的棘轮就会打滑，并发出打滑的声音，测微螺杆就会停止前进，从而也就控制了测量压力的大小。锁紧装置的手柄扳紧时，可使被测量尺寸不变。

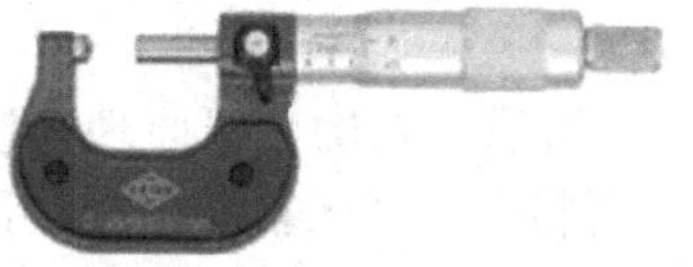

图 1-11　外径千分尺

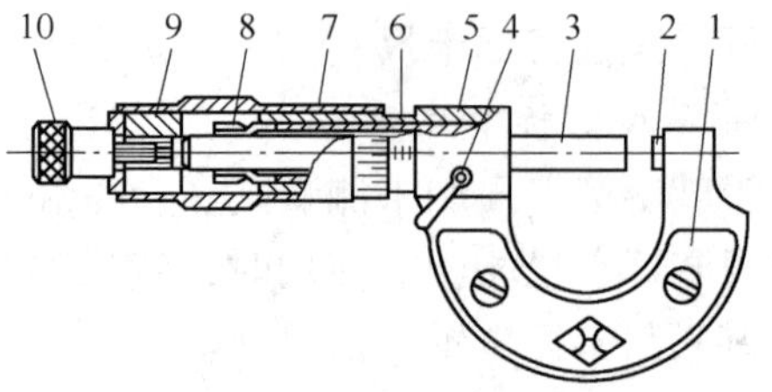

图 1-12　外径千分尺的结构

1—尺架　2—测砧　3—测微螺杆　4—锁紧装置

5—螺纹轴套　6—固定套管　7—微分筒

8—螺母　9—接头　10—棘轮

二、外径千分尺的刻线原理与读数方法（以分度值为 0.01mm 的千分尺为例）

外径千分尺测微螺杆的螺距为 0.5mm，当微分筒转动一周时，测微螺杆进或退 0.5mm。微分筒圆周上共刻有 50 等分的小格，因此，当它转过一格（1/50 周）时，测微螺杆就推进或后退

$$0.5\text{mm} \times \frac{1}{50} = 0.01\text{mm}$$

这就是外径千分尺分度值为 0.01mm 的原理。由此可总结出，外径千分尺的读数方法为：

1）读出固定套筒上的尺寸，即固定套筒上露出的刻线尺寸，注意不可遗漏 0.5mm 的细刻线值。

2）读出微分筒上的尺寸，要看清微分筒圆周上哪一格与固定套筒的水平基准线对齐，将格数乘以 0.01mm 即得微分筒上的尺寸。

3）将上面两个读数值相加，即为外径千分尺上测得的尺寸。图 1-13 所示是外径千分尺读尺寸实例。

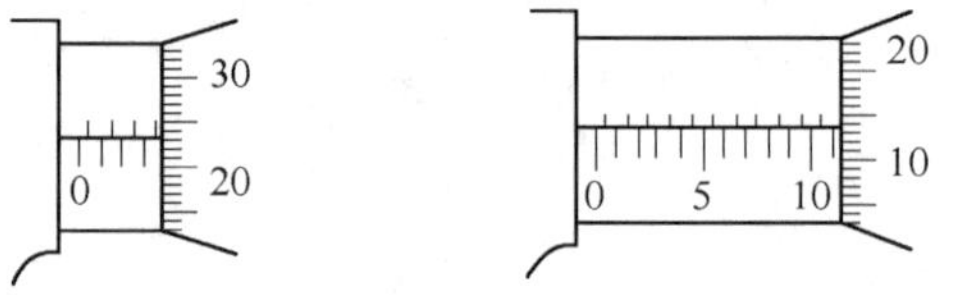

3+0.5+0.024=3.524mm　　11+0.013=11.013mm

图 1-13　外径千分尺读数实例

三、外径千分尺的使用方法

1）使用外径千分尺前，首先要检查其本身的正确性。擦净测量面并转动测力装置，使两测量面接触，检查有无间隙；此时微分筒的零线应对准固定套筒的水平基准线，如未对准，则应调整到零位。

2）测量前要除去被测零件上的毛刺，并将其擦拭干净，不可用外径千分尺测量粗糙表面，以免损坏外径千分尺的精度。

3）测量时外径千分尺要放正，并应使用测力装置控制测量压力。

4）测量后，如暂时需要保留尺寸，应用外径千分尺的锁紧装置锁紧，并轻轻取下外径千分尺。

四、其他千分尺

1. 内径千分尺

内径千分尺用来测量内径及槽宽等尺寸，有普通式和杆式两种。

（1）普通式内径千分尺　如图 1-14 所示，其构造特点是有两个卡爪，分别与固定套筒和微分筒相连，套筒上刻线尺寸的标注数字与外径千分尺相反。卡爪用于测量内径，测量范围为 5 ~ 30mm 和 25 ~ 50mm。读数方法与外径千分尺相同，但读数时的方向相反。

（2）杆式数显内径千分尺　如图 1-15 所示，它可用于测量大孔径，测量范围为 ϕ50 ~ ϕ63mm。若要测量更大的孔径，可以装上接长杆，接长杆能一根一根地串连起来，最大可测量孔径为 ϕ4000mm。杆式内径千分尺无测力装置，测量压力的大小由手的感觉来掌握。

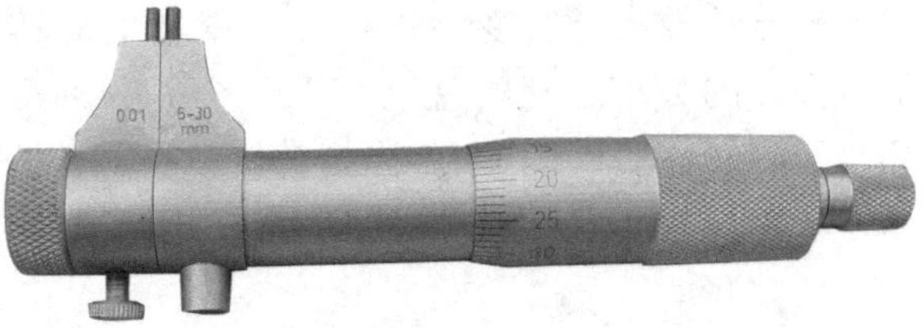

图 1-14　普通式内径千分尺

2. 深度千分尺

深度千分尺用来测量工件上孔或槽的深度，如图 1-16 所示。其基本结构、刻线原理和读数方法与外径千分尺相同。它的测微螺杆有几种不同的长度，可根据不同的深度进行调换。

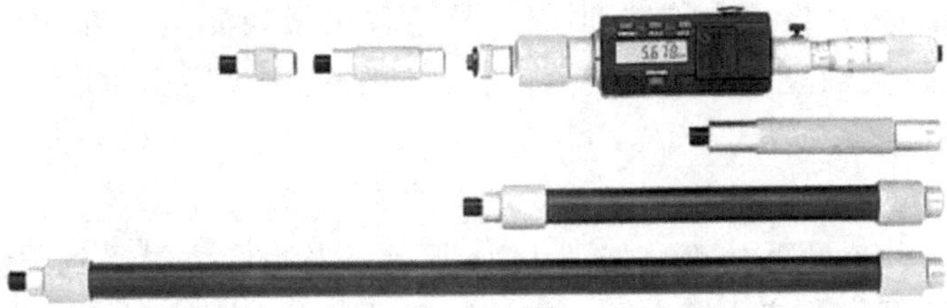

图 1-15　杆式数显内径千分尺

3. 螺纹千分尺

螺纹千分尺用来测量螺纹中径，如图 1-17 所示，其结构与外径千分尺相似，不同的是它有两个特殊的可调换测量头。由于测量头的角度与螺纹角度相同，因此，这种千分尺可测量螺距为 0. 4 ~ 6mm 的普通螺纹。

图 1-16　深度千分尺

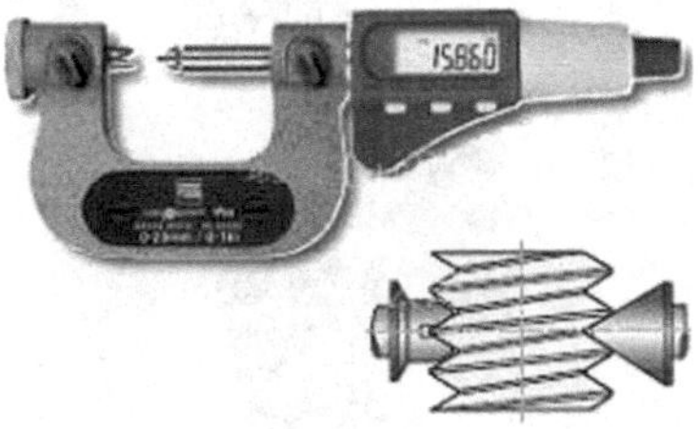

图 1-17　螺纹千分尺

第三节　百　分　表

百分表是在加工零件或装配机器时，用来检测尺寸精度和形状精度的一种量具，如图 1-18 所示。百分表的分度值为 0. 01mm，测量范围有 0 ~ 20mm 和 0 ~ 100mm 两种规格。

一、百分表的读数原理

百分表通常由测头、测杆、防振弹簧、齿条、齿轮、游丝、刻度盘及指针等组成。百分表的工作原理为：将由被测尺寸引起的测杆的微小直线移动，经过齿轮传动放大，转变为指针在刻度盘上的转动，从而读出被测尺寸的大小。刻度盘上有 100 个等分刻度，每一分度值相当于测杆移动 0.01mm。当指针转动一圈，测头就移动了 1mm，转数指针也转动 1 格（转数指针记录指针转过的圈数）。

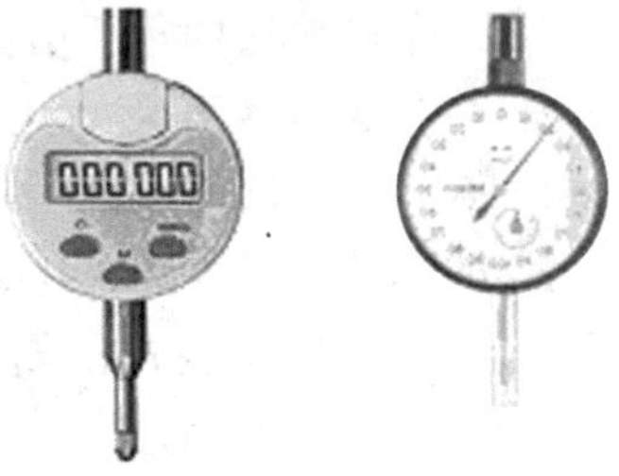

a) b)

图 1-18 百分表

二、百分表的安装和使用方法

百分表需要装夹在百分表架或磁性表架上使用，如图 1-19 所示。表架上的接头及伸缩杆可以调节百分表的上下、前后、左右位置，将百分表及表架置于平台上，利用量块可对零件尺寸进行比较测量。测量时，先用百分表测量块尺寸，并将表盘旋转到零位；然后移去量块测量工件，即可比较出工件的尺寸。用百分表测量时，测轴应与被测量的零件表面相垂直，否则测出的尺寸将不精确。

三、其他百分表

1. 杠杆百分表

杠杆百分表是一种小型百分表，如图 1-20 所示。当测量位置受到限制，普通百分表放不进去时，改用杠杆百分表就比较方便。它的测杆可以左右摆动，并且沿摆动的正、反方向都可以进行测量。测头的摆动通过连接板使扇形齿板摆动，带动中间三个齿轮转动，将测头的移动量放大，并由指针的偏转量反映出来。当测杆摆动 0.01mm 时，刻度盘指针正好偏转一小格。扳动扳手时，就可改变测杆的测量方向。

图 1-19 百分表的安装

图 1-20 杠杆百分表

2. 内径百分表

内径百分表由百分表和表架组成，用来测量孔内径，如图 1-21 所示。测头的一端为可换测头，另一端为活动测头，测量时，孔壁迫使活动测头向内移动，推动测杆（图中未示出），使百分表的指针偏转指示出读数。测量完毕后，百分表测杆在弹簧的作用下回到原处。

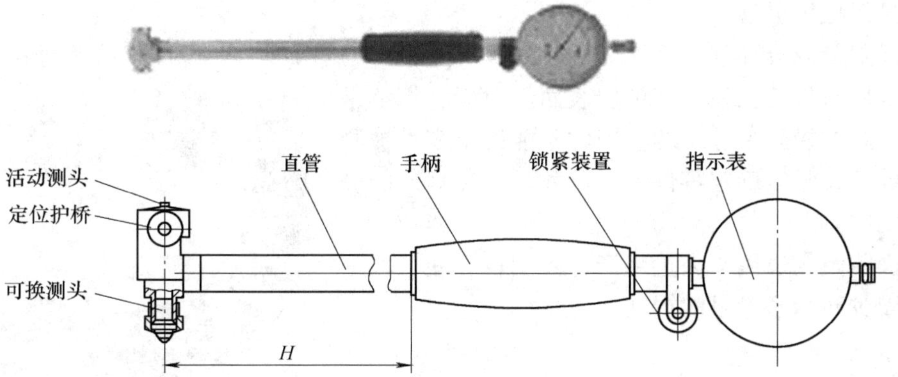

图 1-21　内径百分表

用内径百分表测量内径是一种比较测量法，测量前应根据被测孔径调整好尺寸后才能使用。调整尺寸时，选用可换测头的长度及其伸出距离，应使被测尺寸在活动测头总移动量的中间位置。内径百分表的使用方法如图 1-22 所示，测量时应放正，否则测量的尺寸将不准确。

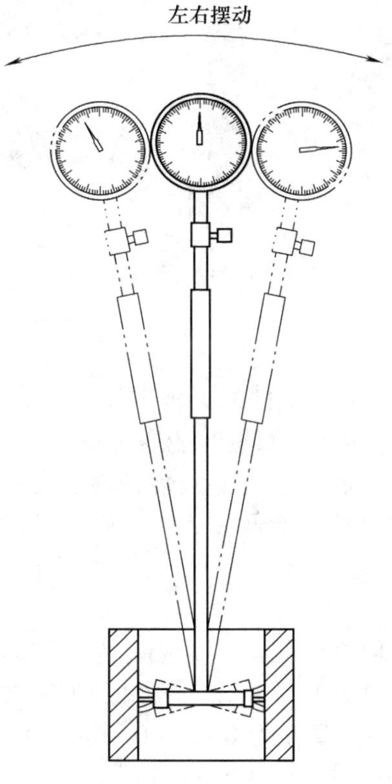

图 1-22　内径百分表的使用方法

第四节　量　　规

一、光滑极限量规

光滑极限量规分环规（图1-23）和塞规（图1-24）两种。环规用来检验轴径或其他外表面，塞规用来检验孔径或其他内表面。由于它们都是按零件被测处的极限尺寸做的，因此不能读出零件被测处的尺寸数字，只能确定零件实际尺寸是否在规定的极限尺寸范围内。

光滑极限量规适用于大量生产，其测量方便、效率高，并能减少对精密量具的损耗。

1. 环规

环规用来检验轴的尺寸。一副环规由两件组成，一件按工件的上极限尺寸做成，其在测量时应能通过轴径，称为通规；另一件按工件的下极限尺寸做成，测量时不能通过轴径，称为止规。用环规检验工件时，如果通规能通过而止规不能通过，则被检工件尺寸合格；如果不能通过通规或能通过止规，则工件的尺寸不合格。

图1-23　环规

图1-24　塞规

2. 塞规

塞规用来检验孔的尺寸，一端按工件的上极限尺寸做成，测量时通不过孔径，称为止规；另一端按工件的下极限尺寸做成，测量时能通过孔径，称为通规。用塞规检验工件时，如果能通过塞规的通规，而不能通过塞规的止规，则被检工件的尺寸合格；如果不能通过通规或能通过止规，则工件的尺寸不合格。

二、塞尺

塞尺用来检测两零件结合面之间间隙的大小，它由许多片厚度不同的单片塞尺组成，如图1-25所示。塞尺的长度有100mm、150mm、200mm等规格。厚度为0.02～0.10mm的，中间每片间隔0.01mm；厚度为0.15～1.00mm的，中间每片间隔0.05mm。

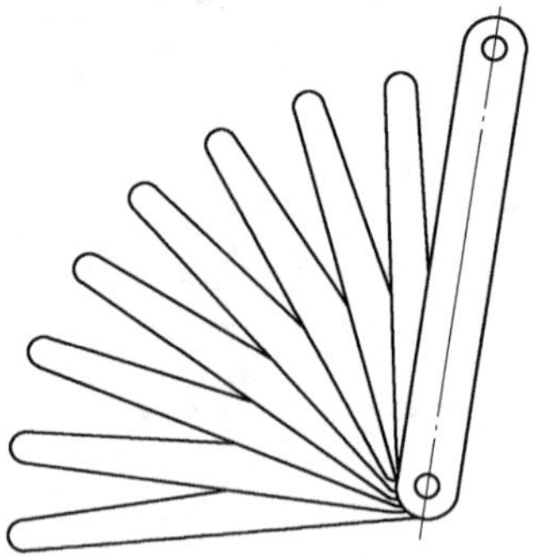

图1-25　塞尺

测量时，如用0.05mm厚的一片能插入间隙，而用0.06mm厚的一片不能插入间隙，则该间隙尺寸在0.05～0.06mm之间。

使用前要把塞尺擦拭干净，根据间隙尺寸情况，可选用1片至数片重叠后一起插入，但片数越少越好。插入时用力不可太大，以免折弯塞尺。

第五节　量　　尺

一、样板平尺

样板平尺是用来检验零件的平面度的一种直尺，如图1-26所示。

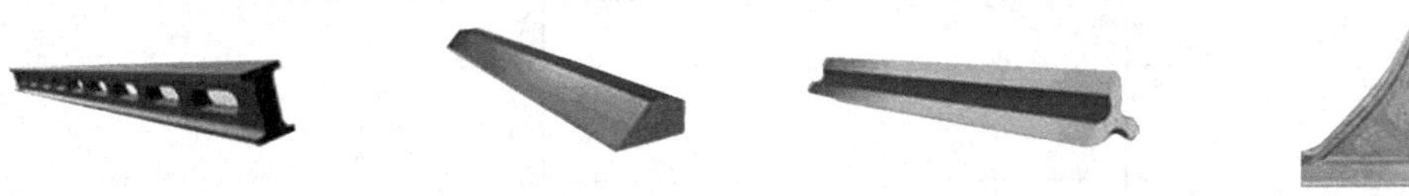

a)　　b)　　c)　　d)

图1-26　样板平尺

a）平行平尺　b）角度平尺　c）三棱平尺　d）直角平尺

检验时，使样板平尺的工作面与工件的被测平面相紧贴，然后观察贴合处缝隙的漏光情况，从而判断工件的平直程度。检验时不但要沿纵向和横向进行检查，还要沿两个交叉对角的方向进行检查，如图1-27所示。

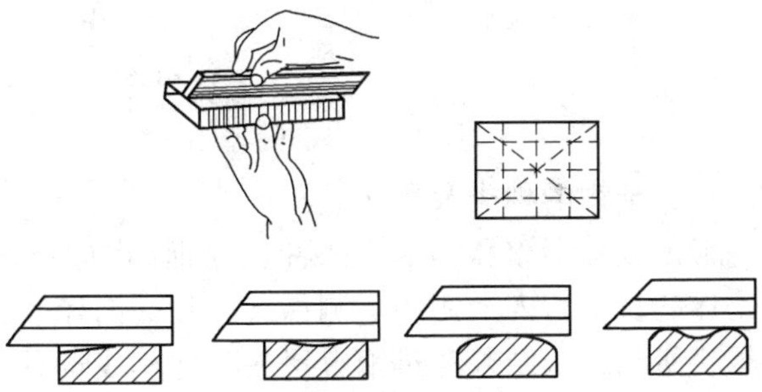

图1-27　用检板平尺检验平面

二、钢直尺

钢直尺的尺面上刻有米制刻度（或附带刻有寸制刻度），刻线间距为1mm，如图1-28所示。

钢直尺的规格有：150mm、300mm、500mm、1000mm等多种，可用来测量工件的长度、宽度、高度和深度，也可用作钳工划线。钢直尺的测量误差比较大，所以不能用于精确测量。

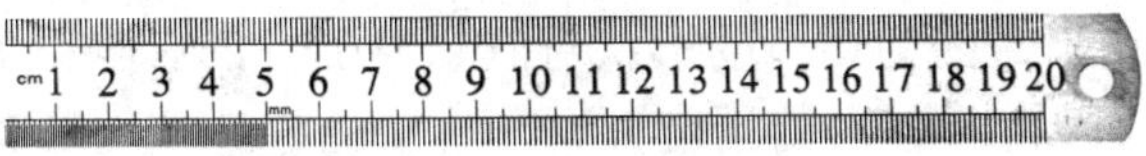

图1-28　钢直尺

钢直尺的读法如图1-29所示，其用法如图1-30所示。

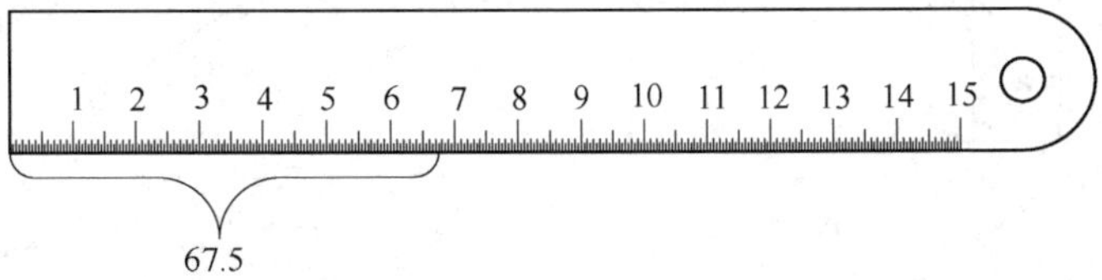

图1-29　钢直尺的读法

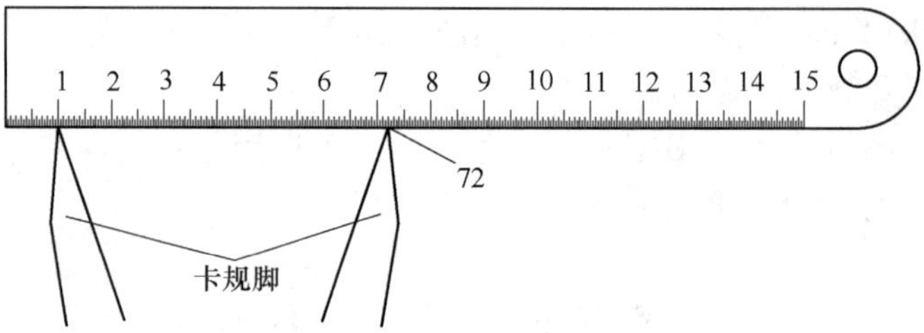

a)

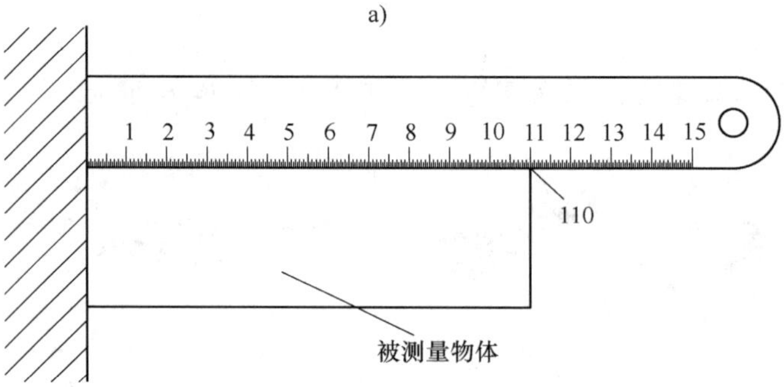

b)

图 1-30 钢直尺的用法

a）钢直尺和卡规共同使用 b）钢直尺单独使用

第六节 卡 钳

一、卡钳的种类及用途

卡钳分外卡钳和内卡钳两种，分别如图 1-31a、b 所示。外卡钳用于测量圆柱体的外径或物体的长度，内卡钳用于测量圆柱孔的内径或槽宽等。它们本身不能直接读出测量结果，必须将所测量的结果通过钢直尺或其他刻线量具度量后，才能读出被测尺寸的数值。普通卡钳的构造都是用铆钉连接两个卡脚制成的，两卡脚在外力作用下可以张开或合拢，以便测量各种不同的尺寸。调节卡钳的开度尺寸时，应敲击卡钳脚的两侧面（图 1-32），而不能敲击卡钳口，因为钳口的形状对测量精确性的影响很大。一个熟练工人使用正确的钳口，可以获得 0.02mm 左右的精度，钳口形状的好坏如图 1-33 所示。

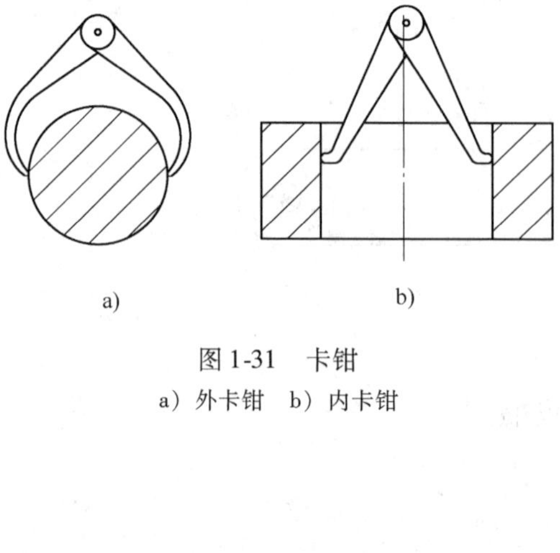

a) b)

图 1-31 卡钳

a）外卡钳 b）内卡钳

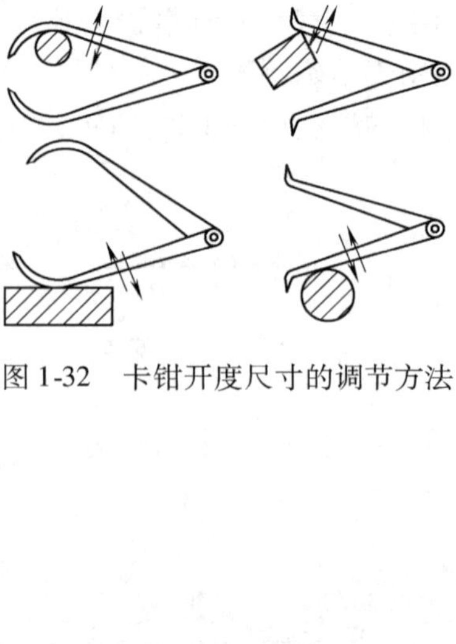

图 1-32 卡钳开度尺寸的调节方法

二、卡钳的使用方法

1. 用卡钳测量时的使用方法

（1）外卡钳　用外卡钳测量圆柱外径时，卡钳的握法如图 1-34a 所示，卡钳的正确安放位置是使两测量面的连线垂直于零件的轴线，松紧程度以卡钳的自重能使卡钳刚好滑过零件的外圆为合适（对大卡钳不适用）。

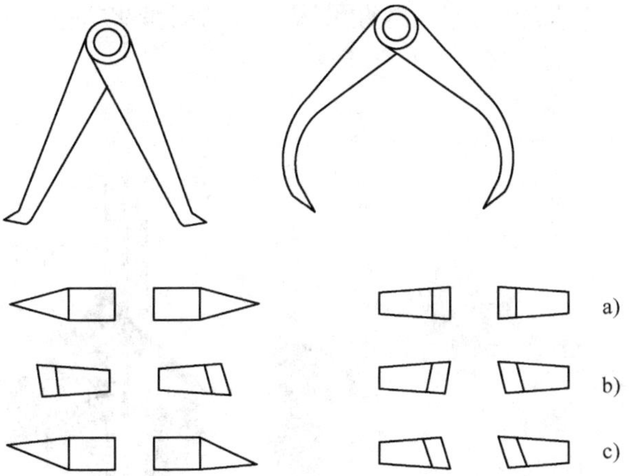

图 1-33　钳口形状的好坏

a）好　b)、c）不好

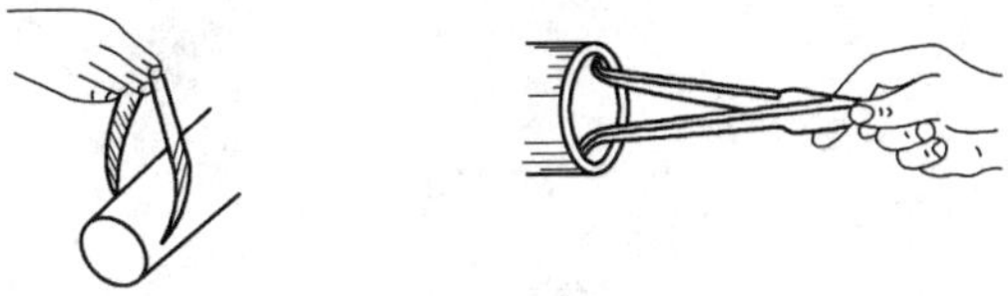

a)　　b)

图 1-34　卡钳的握法

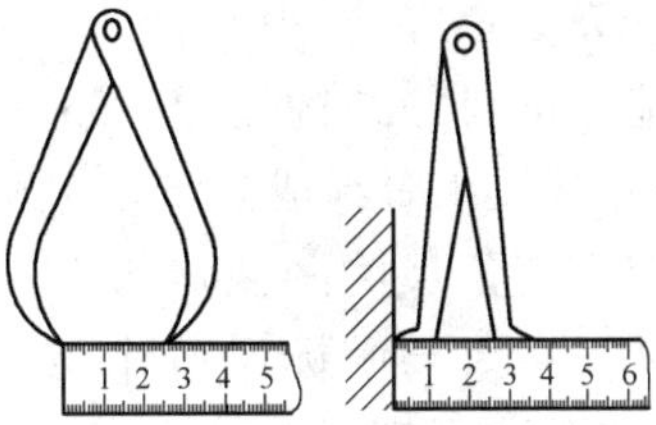

a)　　b)

图 1-35　卡钳的读法

（2）内卡钳　用内卡钳测量圆柱孔内径时，卡钳的握法如图 1-34b 所示，两个钳脚测量面的连线要垂直并相交于内孔的轴线。测量时一个钳脚靠在孔壁上，另一个钳脚沿孔壁四周方向摆动，并由孔口略偏里面一些逐渐向外试探。当摆动的距离为最小时，表示钳脚的两个测量面已处于内孔直径的两端点。内卡钳的摆动量随孔径大小的不同而不同，孔径越大摆动量越大。卡钳量取尺寸后不要碰撞孔壁，以防尺寸变动。

2. 在钢直尺上读取卡钳测量数值的方法

如图 1-35a 所示，在钢直尺上读取外卡钳测量数值时，使一个钳脚的测量面靠着钢直尺的端面，另一个钳脚的测量面对准所取尺寸刻线的中间，且两测量面的连线应与钢直尺边平行，人的视线要垂直于钢直尺观看，这样读数才会准确。

用钢直尺读取内卡钳测量数值的方法与外卡钳一样，只是钢直尺端面须靠着一个辅助平面，内卡钳的一个脚也要靠着该平面，如图 1-35b 所示。

第七节　量　角　器

量角器是用来测量工件角度的量具，有以下几种类型。

一、万能角尺

万能角尺又称组合角尺，由钢直尺 1、活动量角器 2、中心角规 3 和固定角规 4 组成，如图 1-36 所示。

钢直尺正面有毫米刻度线可用作直尺，背面有长槽可用来安装活动量角器、中心角规和固定角规。活动量角器上有一转盘，盘面上刻有0°～180°的刻度，它装上钢直尺后，可以测量0°～180°范围内的任意角度，扳好角度后，应将定位螺钉拧紧，以防角度错位。中心角规装上钢直尺后，角规尺边与钢直尺成45°角，可用来求圆柱形工件的中心，如图1-37所示。固定角规装上钢直尺后，可以测量90°和45°角。

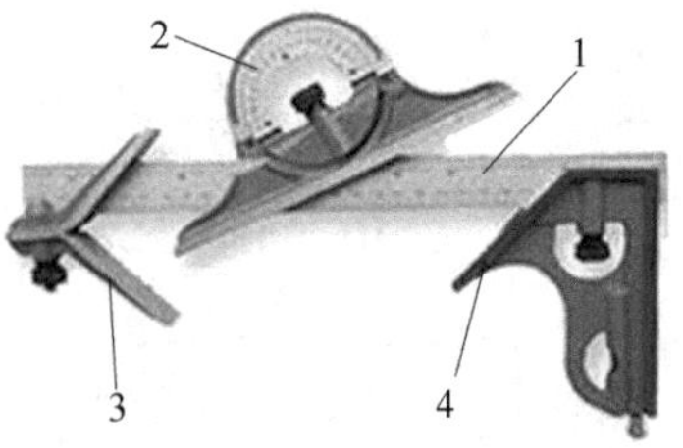

图1-36　万能角尺
1—钢直尺　2—活动量角器
3—中心角规　4—固定角规

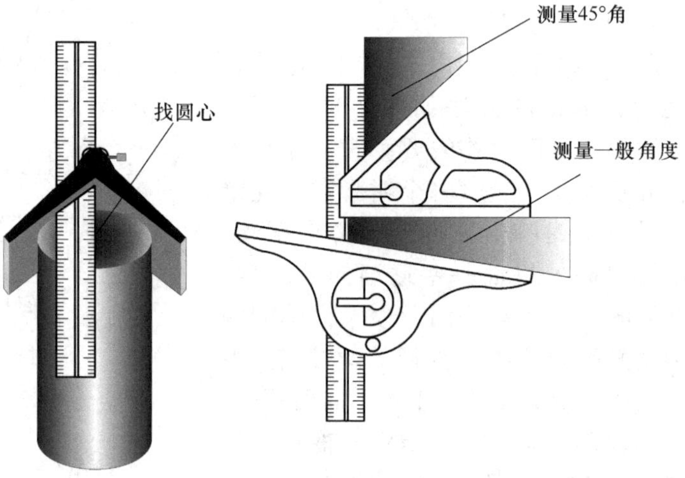

图1-37　万能角尺的使用方法

二、游标万能角度尺

游标万能角度尺的结构如图1-38所示，它由主尺1、扇形板6、游标尺3、卡块7、直角尺2、直尺5、基尺4等组成。卡块7可将扇形板与直尺分别固定在直角尺的两条尺边上，基尺4与主尺1连成一体，主尺与游标尺可作相对运动。游标万能角度尺的刻线原理是：主尺上每格的度数为1°，由于游标尺上共刻有30格刻线，所占的总角度为29°，因此两者每格刻线的度数差是$1° - \frac{29°}{30} = \frac{1°}{30} = 2'$，即这种量角器的分度值为2′。游标万能角度尺可测量0°～180°的外角和40°～180°的内角。如图1-39所示，当直角尺与直尺全装上时，能测量0°～50°的外角；若只装上直尺，则可测量50°～140°的角度；若只装上直角尺，可测量140°～230°的角度；若把直尺和直角尺都拆下时，可测量230°～320°的角度，也可测量40°～130°的内角度。

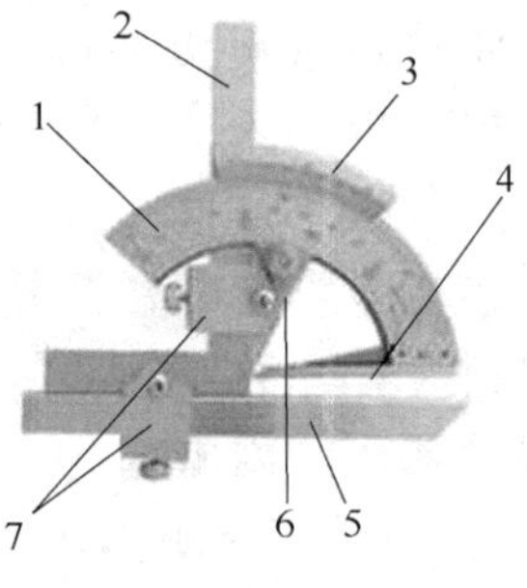

图1-38　游标万能角度尺
1—主尺　2—直角尺　3—游标尺
4—基尺　5—直尺　6—扇形板
7—卡块

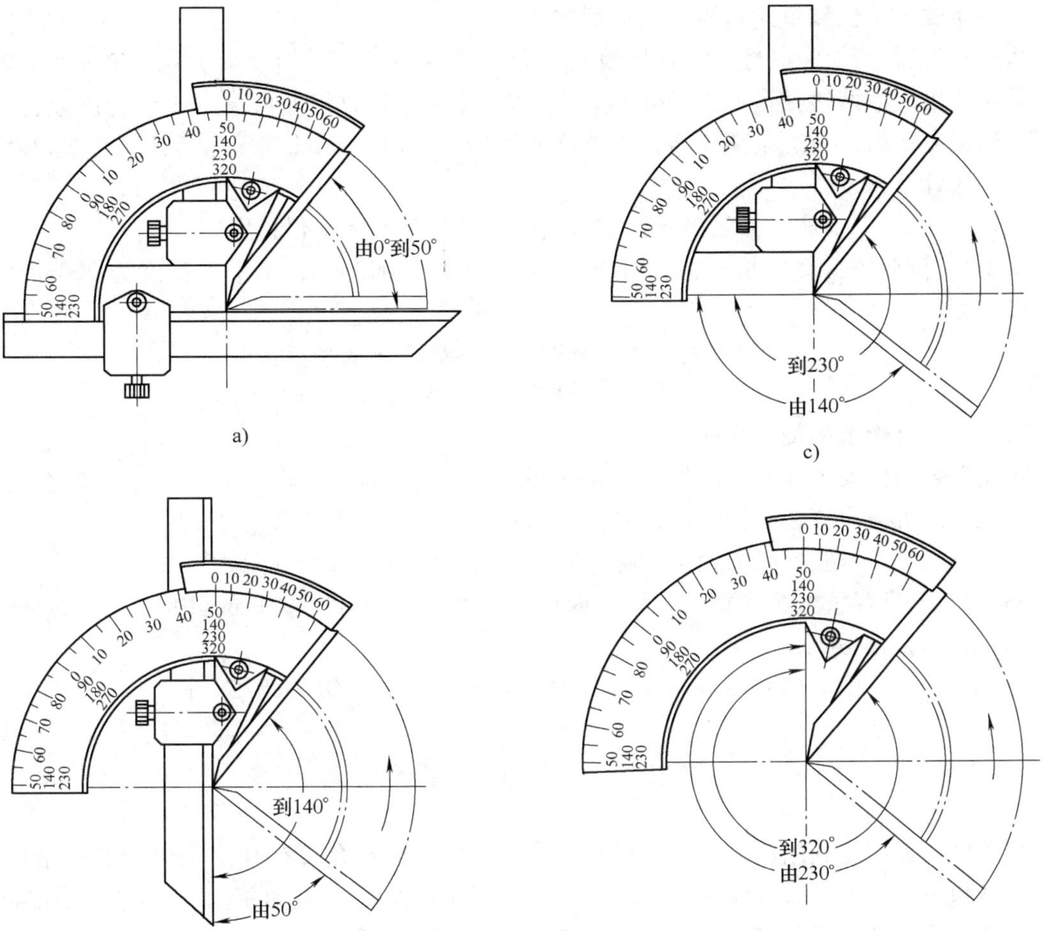

a) c)

b) d)

图 1-39 游标万能角度尺的应用

第八节 水 平 仪

水平仪用于测量相对于水平位置的小倾角、机床导轨的平面度误差和直线度误差、设备安装的水平位置和垂直位置等。水平仪的种类有条式水平仪、框式水平仪、光学合像仪等，如图 1-40 所示。

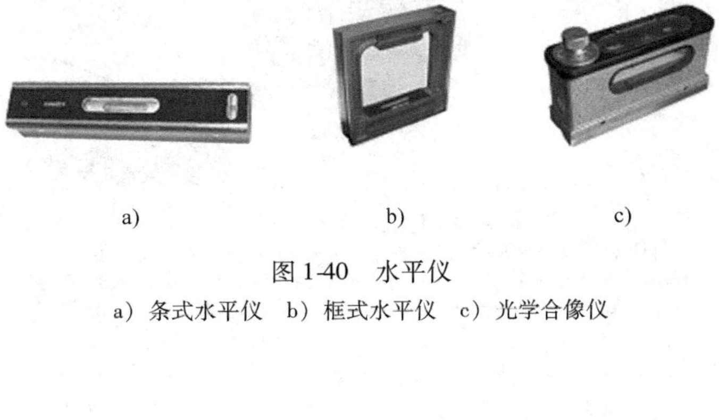

a) b) c)

图 1-40 水平仪

a）条式水平仪 b）框式水平仪 c）光学合像仪

一、条式水平仪和框式水平仪的使用方法

将水平仪置于被测件上（测量导轨时，要用垫铁或桥板配合支承），待气泡完全静止后，分别读出气泡两边偏离长刻度零线的格数，然后将两数相加再除以2即为读数值。例如，左边偏离2格，右边偏离3格，则数读值为(2+3)÷2=2.5格。被测件的实际倾斜度可通过下式计算得出

$$实际倾斜度=标称分度值\times读数值\times水平仪长度$$

例1-1 读数值为2.5格，标称分度值为0.02mm/1000mm，水平仪长度为200mm，求实际倾斜度。

$$\begin{aligned}实际倾斜度&=标称分度值\times读数值\times水平仪长度\\&=(0.02/1000)\times2.5\times200\text{mm}=0.01\text{mm}\end{aligned}$$

二、光学合像仪的使用方法

将光学合像仪安置在被检测件的工作表面上，转动读数刻度盘，直到两气泡像完全重合为止，此时即可得出读数。被检测件的实际倾斜度可通过下式计算

$$实际倾斜度=标称分度值\times支点距离\times刻度盘读数$$

例1-2 刻度盘读数为5格，光学合像仪的标称分度值为0.001mm/1000mm，支点距离为165mm，求实际倾斜度。

$$实际倾斜度=(0.001/1000)\times165\text{mm}\times5=0.000825\text{mm}$$

第九节 光学自准直仪

光学自准直仪是利用自准直法，对小角度范围内的微小角度变化进行测量的精密仪器。仪器主体和平面反射镜联合使用，可测量工件的直线度误差、平板的平面度误差；仪器主体与光学直角器和带磁反射镜联合使用，可测量垂直导轨的平直度误差和垂直度误差；仪器主体与多面体联合使用，可测量度盘的圆分度误差。本仪器特别适合生产现场使用。

一、光学自准直仪的构造

光学自准直仪由调节螺钉1、可调式反射镜2、物镜保护罩3、望远物镜4和仪器主体5等组成，如图1-41所示。

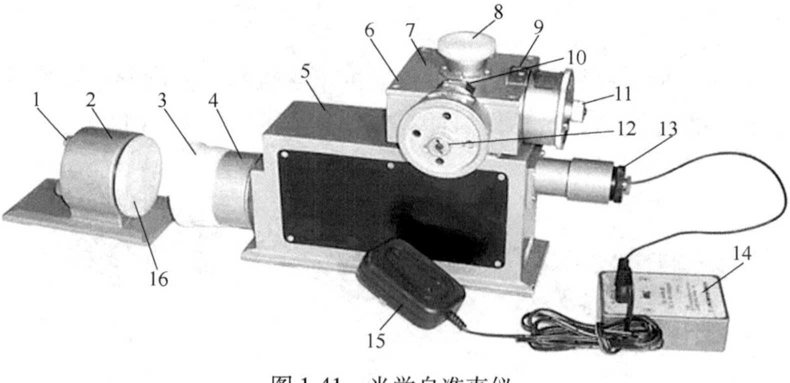

图1-41 光学自准直仪

1—调节螺钉 2—可调式反射镜 3—物镜保护罩 4—望远物镜 5—仪器主体 6—换向定位螺钉 7—二维测微仪 8—目镜 9、10—游标读数器 11、12—角（线）值测微鼓轮 13—可卸式照明灯头 14—可充式电源盒 15—充电器 16—反射镜保护盖

二、光学自准直仪的工作原理

如图1-42a所示，光线由灯泡1发出，经绿色滤光片2照亮指示分划板3上的十字目标物像。该亮十字目标物像经立方棱镜4、反射镜5和物镜6后形成十字平行光射出，照射在平面反光镜7上，然后经平面反光镜7反射。反射回的亮十字物像再经物镜6、反射镜5和立方棱镜4原路返回并向上聚焦在固定分划板8上成像。固定分划板8上有粗读刻度尺。若导轨平直，反射镜面与平行光垂直，则反射回去的十字物像在固定分划板中间，从目镜9可看到可动分划板10黑长单刻线与亮十字像重合，如图1-42b所示；若导轨不平直，反光镜7就会与平行光倾斜一个微小的角度，反射回去的十字物像就不在固定分划板8的中间。此时，转动测微鼓轮11带动测微螺杆12，使可调分划板10移动，当可调分划板10上的黑长单刻线与十字像的中心重合时，测微鼓轮11转过的刻度数就反映了导轨出现误差的大小。

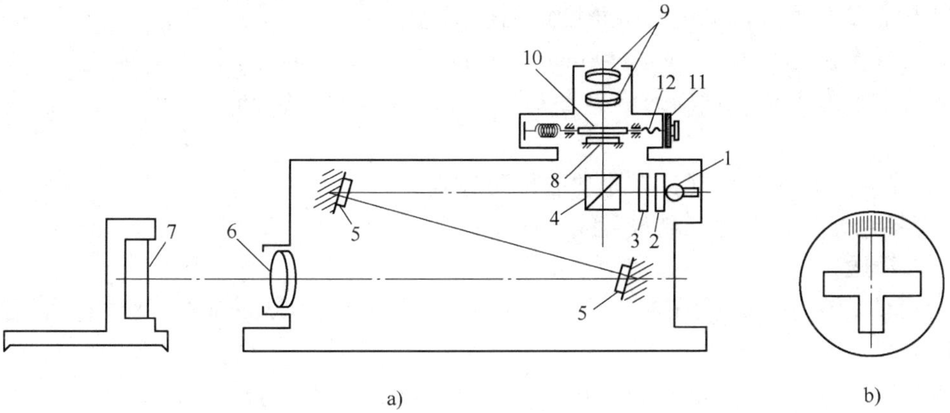

图1-42　光学自准直仪工作原理

1—灯泡　2—滤光片　3—指示分划板　4—立方棱镜　5—反射镜　6—物镜　7—反光镜　8—固定分划板　9—目镜　10—可动分划板　11—测微鼓轮　12—测微螺杆

三、测量直线度误差的工作原理

用光学自准直仪进行测量直线度误差时，是逐段测量实际线各段的斜率变化。仪器主体固定在被测件外，将反射镜安装在跨距适当的基板上，然后在被测表面上依次移动基板，读取反射镜倾角变化的数值，再经过数据处理，便可以得到直线度误差，如图1-43所示。

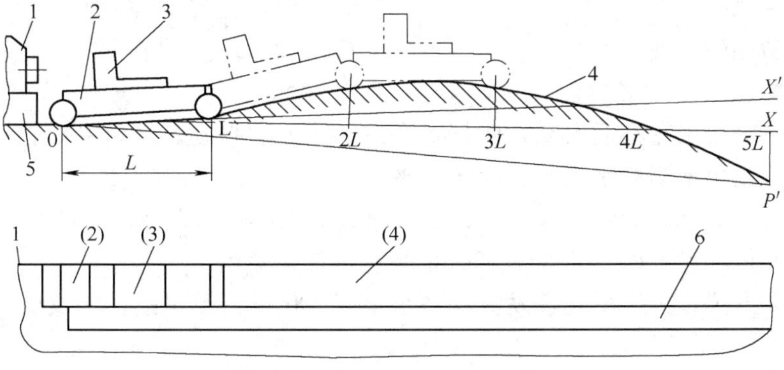

图1-43　直线度误差的测量

1—主体　2—反射镜基座　3—反射镜　4—被测表面　5—垫块　6—挡板

复习题

一、简答题

1. 试述游标卡尺的刻线原理。

2. 试述游标卡尺的使用方法。

3. 画游标卡尺表示下列尺寸：5.7mm，19.25mm，25.68mm。

4. 试述百分表的使用方法。

5. 试述千分尺的刻线原理。

6. 试述千分尺的使用方法。

7. 画千分尺表示下列尺寸：0.58mm，13mm，32.44mm。

8. 游标万能角度尺能测量哪些角度？怎样测量？

9. 用标称分度值为0.02mm/1000mm、测量长度为200mm的水平仪测量一根导轨，水平仪左端的读数为3格，右端的读数为1格。在所测量的200mm范围内，导轨的左端比右端高多少？

10. 光学自准直仪是根据什么原理进行测量的？

11. 怎样用光学自准直仪测量直线度误差？

二、选择题

1. 分度值为0.02 mm的游标卡尺，当游标卡尺读数为30.36mm时，游标上的第(　　)格与主尺刻线对齐。

A. 30　　B. 18　　C. 36　　D. 49

2. 用百分表测量时，测杆应预先压缩0.3～1 mm，以保证有一定的初始测力，以免测不出（　　）。

A. 尺寸　　B. 公差　　C. 形状公差　　D. 负偏差

3. 千分尺的微分筒转动一格，测微螺杆移动（　　）mm。

A. 1　　B. 0.1　　C. 0.01　　D. 0.001

4. 水平仪常用来检验工件表面或设备安装的（　　）情况。

A. 垂直　　B. 平行　　C. 水平　　D. 倾斜

5. 内径百分表装有弹簧，弹簧的作用是（　　）。

A. 控制测量力　　B. 带动指针转动

C. 带动转数指针转动　　D. 消除齿轮间隙

三、判断题

1. 百分表每次使用完毕后必须将测杆擦净，并涂上油脂放入盒内保管。（　　）

2. 水平仪只能用来测量平面是否处于水平。（　　）

3. 水平仪中气泡移动的距离越大，说明水平仪倾斜的角度越大。（　　）

4. 游标万能角度尺可以测量0°～320°范围内的任何角度。（　　）

5. 光学自准直仪是根据反光镜发生的微小角度变化进行测量的精密仪器。（　　）

第二章　划　　线

第一节　概　　述

根据图样和技术要求，用划线工具在毛坯或工件上划出加工界线的工作称为划线。

一、划线的作用

划线的作用有两点：

1）确定加工位置和加工余量，使机械加工有明确的界线。

2）利用划线检查缺陷，进行校正和补救，提高合格率和工作效率。

二、划线的种类

划线可分为平面划线和立体划线两种。

1. 平面划线

在工件的一个平面上划线，如图 2-1 所示。

2. 立体划线

同时在工件上几个互成不同角度（通常是互相垂直）的表面上划线，如图 2-2 所示。

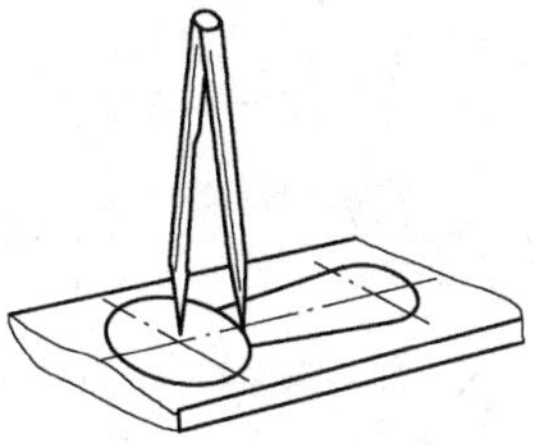

图 2-1　平面划线

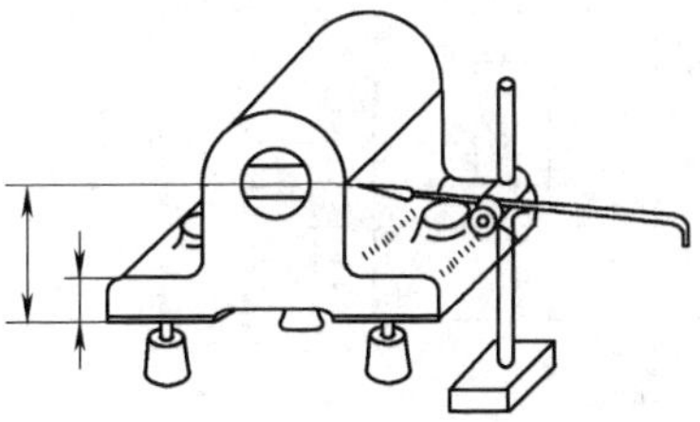

图 2-2　立体划线

第二节　划线步骤和实例

一、划线前的准备工作

划线前首先要对工件进行清理，然后在工件表面涂上颜色，常用的涂料及其应用如下：

1）铸件和锻件的毛坯表面一般涂石灰水，划线后为白底黑线，效果较好。若加入适量的牛皮胶水，则附着力更强。

2）已加工表面一般涂蓝油（由2% ~4%的龙胆紫、3% ~5%的虫胶漆和91% ~95%的酒精配制而成），划线后为蓝底白线，效果也较好。

3）在有孔的工件上划圆时，可在孔中先安装一个塞块，然后在塞块上找出圆心，如图 2-3 所示。

二、划线基准的选择

在零件的许多点、线、面中，有少数点、线、面能确定其他点、线、面的位置，这些少数的点、线、面被称为基准，是确定其他点、线、面位置的依据。划线时都应从基准开始。划线基准一般有以下三种类型：

1）以两个互相垂直的平面（或线）为基准，如图2-4所示。

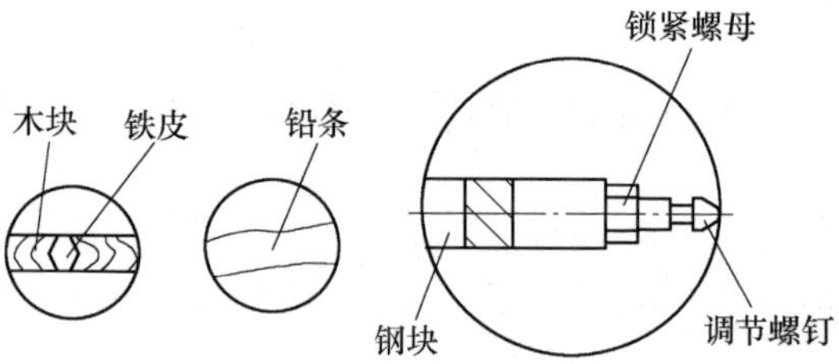

图2-3　在工件的孔中装塞块

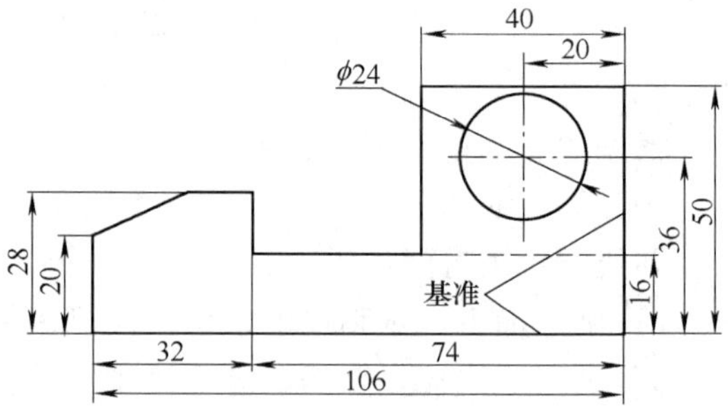

图2-4　以两个互相垂直的平面为基准

2）以一个平面与一个对称中心平面（或线）为基准，如图2-5所示。

3）以两个互相垂直的对称中心平面为基准，如图2-6所示。

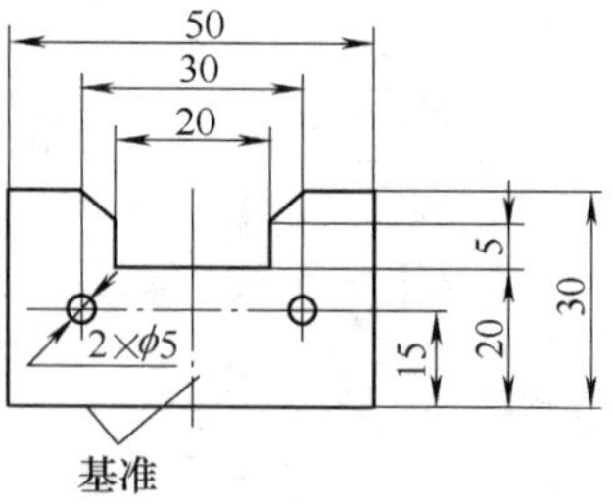

图2-5　以一个平面与一个对称中心平面（或线）为基准

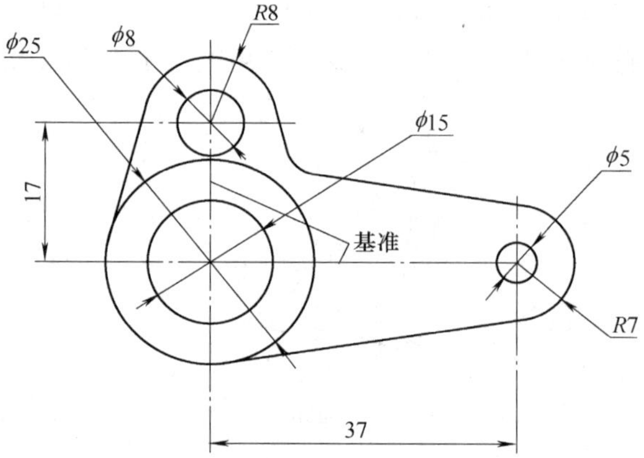

图2-6　以两个互相垂直的对称中心平面为基准

平面划线时通常选择两个基准，立体划线时通常选择三个基准。

三、划线步骤

1）看清图样。仔细看清图样尺寸，详细了解需要划线的部位、这些部位的作用和要求以及有关的加工工艺。

2）确定加工基准。

3）初步检查毛坯的误差情况。

4）正确安放工件和选择划线基准。

5）划线。

6）详细检查划线的准确性及是否有线条漏划。

7）在线条上冲眼，线条的交叉点或重要位置一定要冲眼。

四、平面划线实例

样板划线如图2-7所示，其划线步骤如下：

1）按样板图形尺寸所示，确定以左下方两条互相垂直的中心线为基准。

2）划出以 O_1 为中心的两条互相垂直的中心线作为基准。

3）划出尺寸为69mm的水平线得圆心 O_2，划出尺寸为84mm的垂直线得圆心 O_3。

4）以 O_1 为圆心，R32mm和 R50mm为半径作弧；以 O_2 为圆心，R19mm和 R50mm为半径作弧；以 O_3 为圆心，R34mm、R52mm和 R65mm为半径作弧。

5）作外形圆弧公切线及内形圆弧公切线。

6）划出尺寸为38mm、35mm和28mm的水平线。

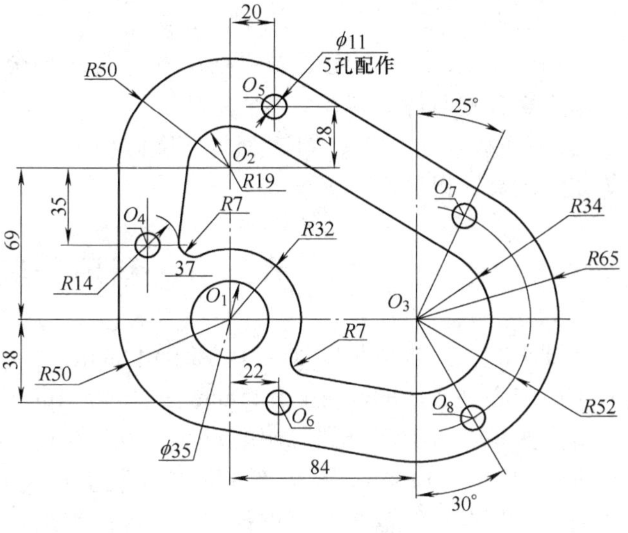

图2-7　样板划线

7）划出尺寸为37mm、20mm和22mm的竖直线，得圆心 O_4、O_5 和 O_6。

8）求出两 R7mm圆弧的圆心，并据此划出两 R7mm圆弧分别与 R32mm圆弧及其切线相切。

9）通过圆心 O_3，分别作25°和30°角度线，得圆心 O_7 和 O_8。

10）划出 ϕ35mm和5个 ϕ11mm圆孔的圆周线。

五、立体划线实例

1. 轴承座划线实例

1）如图2-8a所示，将工件放在千斤顶上，根据孔中心和上表面调节千斤顶进行找正，使工件水平。水平的找正可使用划针盘进行。

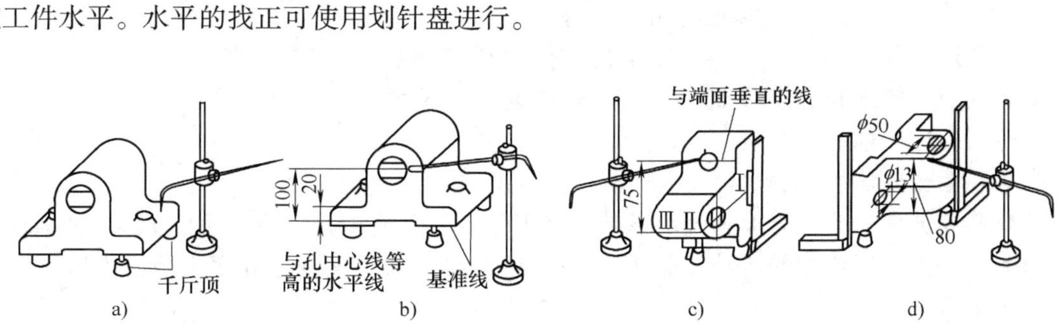

图2-8　轴承座立体划线

2）根据尺寸划出各水平线，如图2-8b所示。先划出基准线，再划出其他水平线。

3）翻转 90°，用直角尺找正后划出相互垂直的线，如图 2-8c 所示。

4）将工件再翻转 90°，用直角尺在其他两个方向上找正、划线，如图 2-8d 所示。

5）划完检查无误后，在所划的线上打出样冲眼，划线完毕，如图 2-9 所示。

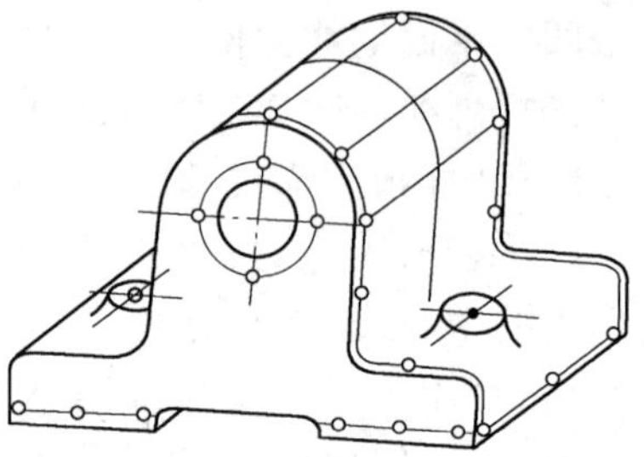

图 2-9　打样冲眼

2. 划线时的注意事项

1）工件夹持要稳妥，以防滑倒或移动。

2）在一次支承中，应把需要划出的平行线划全，以免再次支承补划时造成误差。

3）应正确使用划针、划针盘、高度游标卡尺及直角尺等划线工具，以免产生误差。

第三节　利用分度头划线

分度头的主要规格是以顶尖中心到底面的高度（mm）表示的，例如 FW125，即万能分度头顶尖中心到底面的高度为 125mm。一般常用的规格有 FW100、FW125、FW160 等几种。

分度头是铣床上等分圆周用的附件，钳工在划线时也常用分度头对工件进行划线，分度头的外形如图 2-10 所示。在分度头主轴上装上自定心卡盘，用来夹持工件。把它们放在划线平台上，配合划针盘，即可进行分度，并能划出水平线、垂直线、倾斜角度和圆的等分线或不等分线等。分度头划线方法比较简单，也比较方便。对钳工来说，主要应熟悉分度头的传动原理和简单分度法。

一、分度头的传动原理

分度头的传动原理如图 2-11 所示，将工件装在主轴 I 的自定心卡盘 1 上。蜗轮 2 有 40 齿，件 3 是单头蜗杆，B_1、B_2 是齿数相同的两个圆柱齿轮。当拔出手柄插销 8，转动分度手柄 7 绕分度头心轴 4 转一周时，通过圆柱齿轮 B_1、B_2 即可带动蜗杆 3 旋转运动一周，从而使蜗轮转动 1/40 周。分度盘 6 与套筒 5 和锥齿轮 A_2 相连，空套在分度头心轴 4 上。分度盘上有几圈不同数目的等分小孔，工件的分度就是利用这些等分小孔来进行的。选择合适等分数的小孔，将分度手柄 7 依次转过一定的转数和孔数，使之符合工件每一个等分数的需要，就可对工件进行分度和划线。

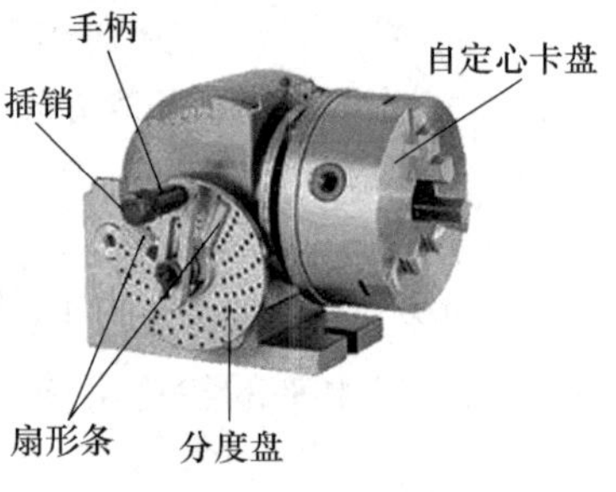

图 2-10　分度头

二、简单分度法

使用简单分度法时，分度盘固定不动，利用分度头心轴 4 上的分度手柄 7，经过蜗杆传动进行分度。由于蜗杆副的传动比是 40，因此在工件的每一等分，分度头手柄应转过的转数 n 可由下式确定

$$n=\frac{40}{Z}$$

式中　Z——工件的等分数。

例　要在工件的某圆周上划出均匀分布的 20 个孔，试求出每划完一个孔的位置后，手

柄应转过多少转数。

$$n=\frac{40}{Z}=\frac{40}{20}=2$$

即每划完一个孔的位置后，手柄应转过 2 转再划另一个孔，依此类推。

有时由工件等分计算出来的手柄转数不是整数，例如要把某圆周分成 30 等分，手柄的转数为

$$n=\frac{40}{Z}=\frac{40}{30}=1\frac{1}{3}$$

这时就要利用分度盘，根据分度盘上现有各种孔的数目（见表 2-1），把$\frac{1}{3}$扩大一定倍数，使它的分母数能在分度盘上找到，而扩大后的分子数就是手柄应转过的孔数。如将$\frac{1}{3}$扩大 10 倍，即$\frac{1}{3}\times\frac{10}{10}=\frac{10}{30}$，则手柄的转数 $n=\frac{40}{Z}=\frac{40}{30}=1\frac{1}{3}=1\frac{10}{30}$，即手柄在分度盘中有 30 个孔的一圈上要转过 1 转零 10 个孔。

转动手柄前要调整好分度叉；手柄不应摇过要摇的孔数，否则须把手柄多退回一些再摇正，以消除由传动和配合间隙引起的误差，保证划线的精度。

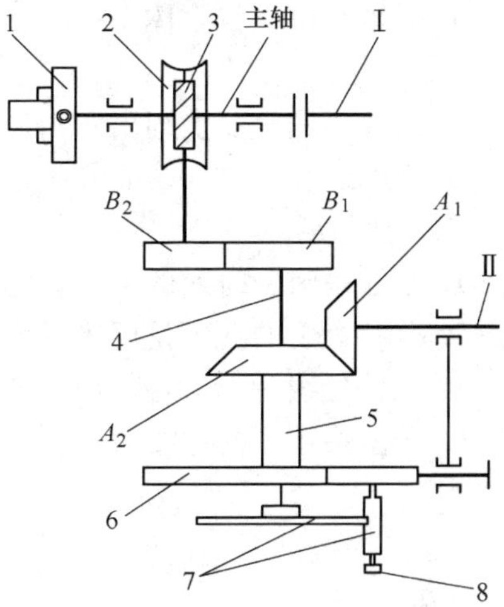

图 2-11　分度头的传动原理

1—自定心卡盘　2—蜗轮　3—单头蜗杆　4—分度头心轴　5—套筒　6—分度盘　7—分度手柄　8—插销

表 2-1　分度盘的孔数

分度头形式	分度盘的孔数
带一块分度盘	正面：24、25、28、30、34、37、38、39、41、42、43 反面：46、47、49、51、53、54、57、58、59、62、66
带两块分度盘	第一块正面：24、25、28、30、34、37 反面：38、39、41、42、43 第二块正面：46、47、49、51、53、54 反面：57、58、59、62、66

复　习　题

一、简答题

1. 划线可分为哪两种？

2. 什么叫划线基准？划线基准一般可分为哪三种类型？

3. 划线时要依照哪些步骤进行？

4. 分度头能划哪几种线？

5. 用分度头划出均匀分布在圆周上的 16 个孔，试求每划完一个孔的位置后，分度头手柄应转过多少转？

二、选择题

1. 分度头的主要规格是以（　　）表示的。

A. 长度　　B. 高度
C. 顶尖（主轴）中心线到底面的高度　　D. 夹持工件最大直径

2. 利用（　　）可在工件上划出圆的等分线或不等分线。
A. 分度头　　B. 划针　　C. 划规　　D. 立体划线

3. 对轴承座进行立体划线时，需要翻转 90°角，安放（　　）位置。
A. 一次　　B. 两次　　C. 三次　　D. 四次

4. 要在一圆盘面上划出六边形，应选用的分度公式为（　　）。
A. 20/Z　　B. 30/Z　　C. 40/Z　　D. 50/Z

三、判断题

1. 划线是浪费时间的工作，完全可以省略。（　　）
2. 分度盘上的孔不是用来分度的，是用来装饰的。（　　）
3. 工件划线时不必将其调整至水平。（　　）
4. 分度头手柄摇过要摇的孔时，可将手柄多退回一些再摇到要摇的位置。（　　）

第三章　锯　　削

锯削是用锯对工件或材料进行分割的一种切削加工方法，分为机械锯削和手工锯削两类。大型工件或原材料通常采用机械锯削，手工锯削只适用于锯削较小的材料或工件。锯削的加工范围包括：

1）分割各种材料或半成品，如图 3-1a 所示。

2）锯掉工件上的多余部分，如图 3-1b 所示。

3）在工件上锯槽，如图 3-1c 所示。

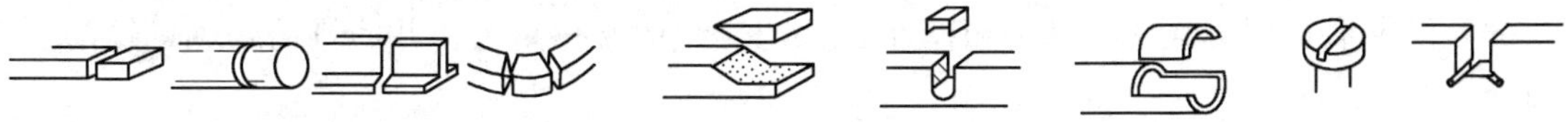

a)　　b)　　c)

图 3-1　锯削实例

第一节　手　　锯

手锯的构造包括锯弓和锯条部分。

一、锯弓

锯弓分固定式和可调式两种，用来安装和张紧锯条。

1. 固定式

弓架是整体的，只能装一种长度规格的锯条，如图 3-2a 所示。

2. 可调式

锯弓的弓架分成前后两段，由于前段套在后段内可以伸缩，因此可以安装不同长度的锯条，如图 3-2b 所示。

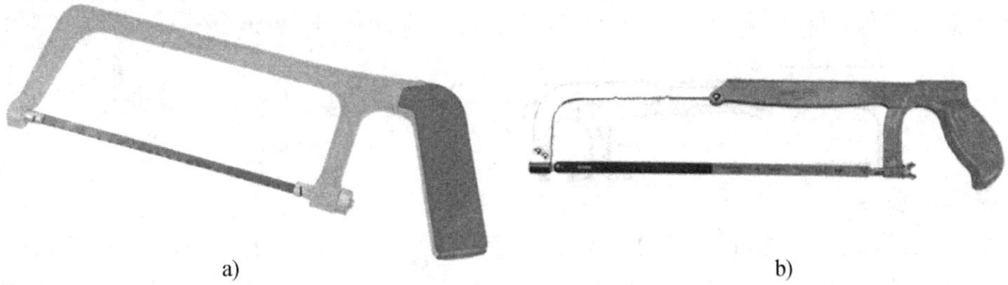

a)　　b)

图 3-2　锯弓的构造

a）固定锯弓　b）可调锯弓

两种锯弓的两端都有用来装锯条的固定夹头和活动夹头，上面的圆柱销用来安装锯条。旋转活动夹头上的翼形螺母，可以调整锯条的松紧。

二、锯条

锯条一般用碳素工具钢或合金工具钢制成，并经热处理淬硬。锯条一般一边开齿，也有两边都开齿的。

锯条的长度用两端安装孔的中心距来表示，锯条的长度一般为300mm，宽度为10～25mm，厚度为0.6～1.25mm。

1. 锯齿角度

锯条的切削部分是由许多锯齿组成的，每个锯齿相当于一把錾子。目前使用的锯条，其后角 $\alpha=40°\sim45°$，楔角 $\beta=45°\sim50°$，前角 $\gamma=0°$，如图3-3所示。

2. 锯路

锯条上的全部锯齿按一定的规则左右错开，排列成一定的形状，称为锯路。锯路有交叉形、波浪形等，如图3-4所示。锯路的作用是使锯缝宽度大于锯条背部的厚度，这样在锯削时，锯条便不会被锯缝夹住，从而可减小锯条与锯缝的摩擦阻力，并使排屑顺利，锯削更为省力。

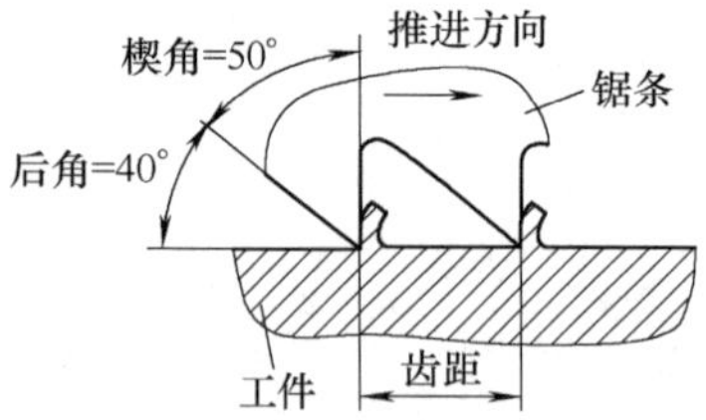

图3-3 锯齿的形状

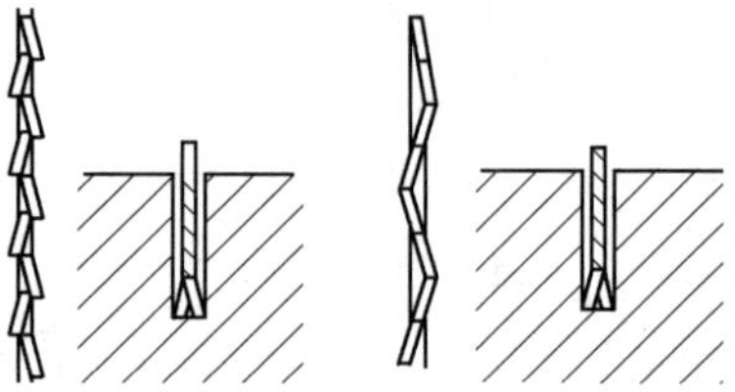
图3-4 锯路

3. 锯齿的粗细

锯齿的粗细是用锯条上每25mm长度内的齿数来表示的，有14、18、24和32齿等几种。锯齿的粗细应根据加工材料的硬度和厚度来选择。

1）锯削软材料或厚材料时应选用粗齿锯条。因为锯削软的材料或厚的材料时锯屑较多，要求有较大的容屑空间。

2）锯削硬材料或薄材料时应选用细齿锯条。因为锯削硬材料时锯齿不易切入，锯削量少，不需要大的容屑空间，并且同时参与切削的齿数越多，材料越容易被切除。而锯削薄材料时，同时参与工作的齿数越多，每齿承受的力量就越小，锯齿就越不容易崩断。

第二节 锯削方法

一、锯条的安装

手锯是在向前推进时进行切削的，在向后退回时不起切削作用，因此安装锯条时，要保证齿尖的方向朝前（图3-5），如果齿尖的方向装反，则不能正常地锯削。锯条的松紧要适当，若太紧或太松，则锯削过程中锯条容易折断。

锯条装好后要检查其是否歪斜，如歪斜要装正。

二、锯削的姿势和方法

1. 锯削姿势

锯削时，左脚跨前半步成小弓步，右脚稍微朝后，身体自然站立；右手握住锯柄，左手

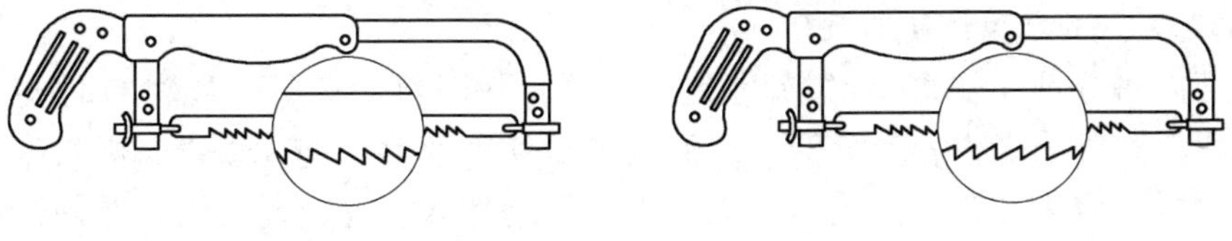

a)　　b)

图 3-5　锯条的安装方向

a）正确　b）错误

扶弓，如图 3-6 所示。推力和压力的大小主要由右手掌握，左手压力不要太大。

锯条运动的形式有两种，一种是直线往复运动，适用于锯薄工件和直槽；另一种是摆动式，锯削时锯弓两端作小幅上下摆动，适用于锯厚、大工件，这种操作方式两手动作自然，不易疲劳，切割效率高。

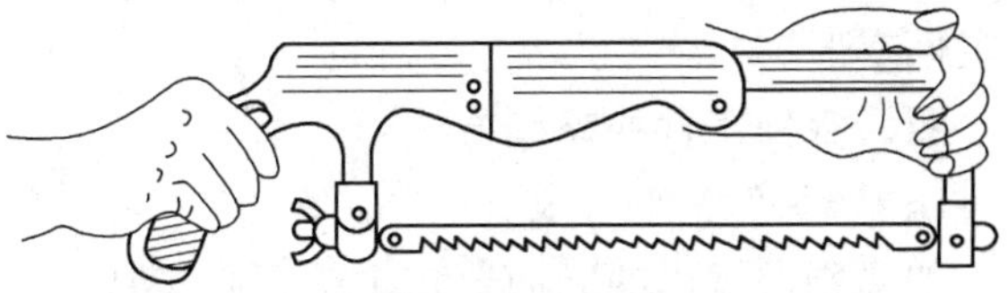

图 3-6　手锯的握法

2. *起锯方法*

起锯是锯削工件的开始，起锯的好坏，将直接影响锯削质量。起锯的方式有远起锯和近起锯两种。

（1）远起锯　远起锯是从工件远离自已的一端起锯，如图 3-7a 所示。锯齿逐步切入材料，不易被卡住，一般情况下采用远起锯较好。

（2）近起锯　近起锯是从工件靠近操作者身体的一端起锯，如图 3-7b 所示。此法掌握不好时，锯齿容易被棱边卡住而崩裂。无论用哪一种起锯方法，起锯角度都不宜超过 15°，如起锯角度太大，则锯齿易被工件棱边卡住，如图 3-7c 所示；如起锯角度太小，则不易切入材料，锯条还可能打滑，把工件表面损坏。为了使起锯的位置准确和平稳，可用左手大拇指挡住锯条光滑的背部进行定位，如图 3-7d 所示。起锯压力要小，往复行程要短，以使起锯平稳。

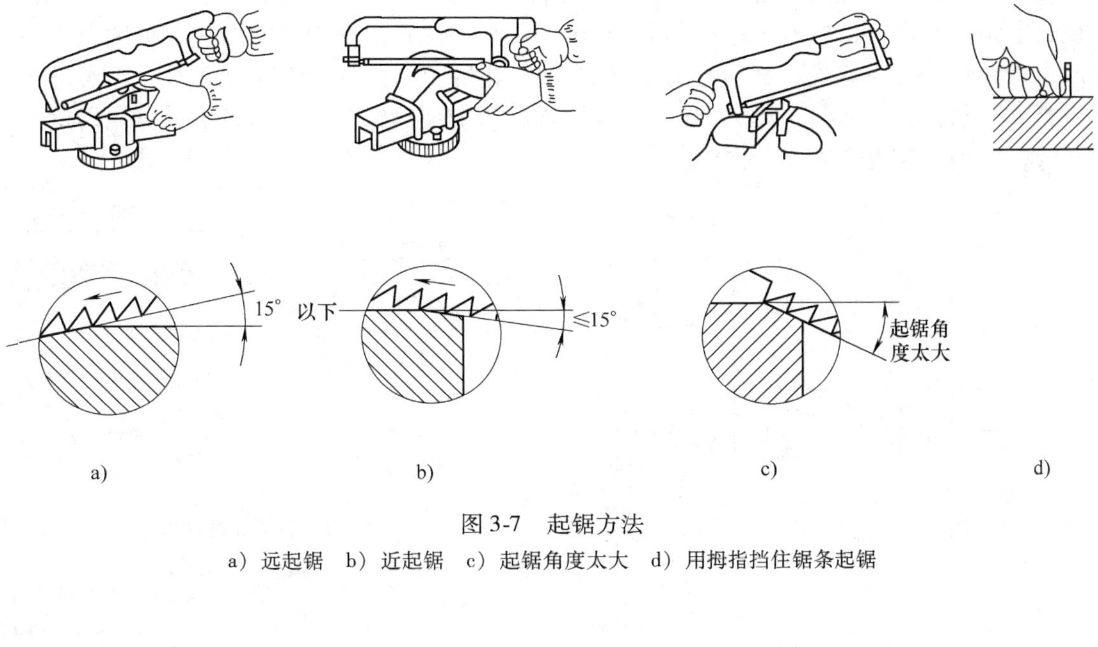

a)　　b)　　c)　　d)

图 3-7　起锯方法

a）远起锯　b）近起锯　c）起锯角度太大　d）用拇指挡住锯条起锯

3. 锯削速度、压力和往复长度

锯削速度以每分钟往复20～40次为宜，锯软材料时可快些，锯硬材料时要慢些。速度过快，锯条容易磨钝，人也容易疲劳，反而会降低切削效率；速度太慢，则效率不高。锯削压力在锯硬材料时应大一些，因为压力太小锯齿不易切入，易出现打滑，并使锯齿磨钝；锯软材料时压力应小些，因为压力太大会使锯齿切入过深而产生咬住现象。手锯在朝前推锯时施加压力，而往回退时不但不施加压力，还应略微抬起，以减少锯齿的磨损。手锯在锯削时，最好使锯条的全部长度都能参与切削，一般手锯的往复长度不应小于锯条长度的2/3。

三、工件的夹持要点

1）工件应夹持在台虎钳的左面，以方便操作；锯削线应与钳口平行，以防锯斜；锯削线不应离钳口太远，以防锯削时产生振动。

2）工件要夹紧，以防锯削时工件移动而使锯条折断；同时要防止夹坏已加工的表面和使工件变形。

四、各种工件的锯削方法

1. 棒料的锯削

如果要求锯出的断面比较平整，则应从一个方向锯到底，锯削过程中应随时注意调整锯条与锯缝的方向，不要歪斜。如果对锯出的断面要求不高，可以在锯到一定深度（不超过中心）后转过一定角度，分别从几个方向进行切削，最后一次割断，如图3-8所示。这样锯削，可以避免通过棒料中心部位时产生过大的切削阻力和摩擦阻力，使切削省力并提高切削效率。

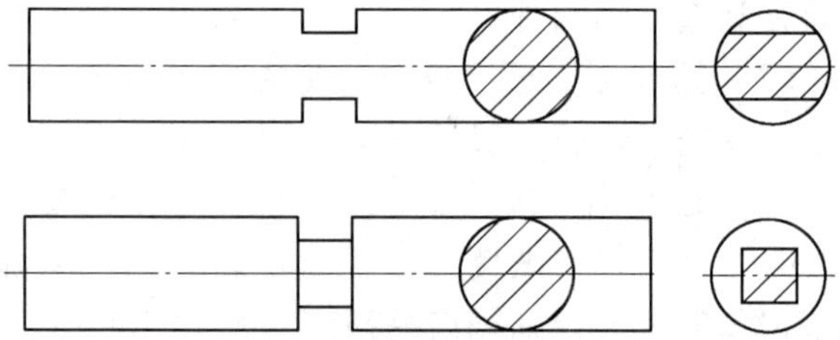

图3-8 棒料的锯削方法

2. 管子的锯削

锯薄管时，应将管子夹在两块木制的V形垫块间，以防夹扁管子，如图3-9所示。锯削时不能从一个方向一直锯到底，因为锯齿锯穿管子内壁后即在薄壁上切削，受力集中，很容易被管壁钩住而折断，如图3-10a所示。正确的锯削方法是多次变换方向进行锯削，每一个方向只锯到管子的内壁处，然后把管子转过一个角度，一次一次地变换方向，逐次进行锯削，直到锯断为止，如图3-10b所示。变换方向时，应使已锯部分向锯条推进方向转动，不要转反，否则锯齿也会被管壁钩住。

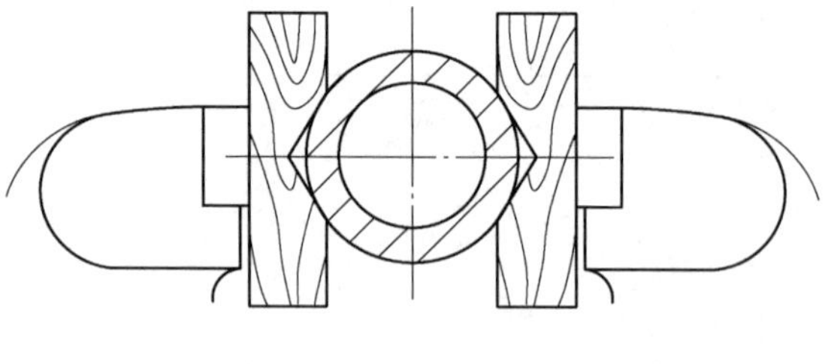

图3-9 薄管的夹持方法

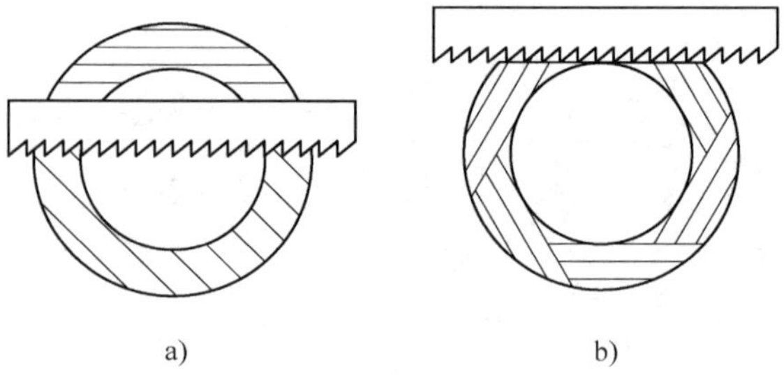

a) b)

图3-10 管子的锯削方法

a）不正确 b）正确

3. 薄板的锯削

锯薄板时，为了防止锯齿被薄板卡住，可将薄板夹在两木块之间，连同木块一起锯削，如图 3-11 所示，这样可以增加薄板锯削时的刚性。

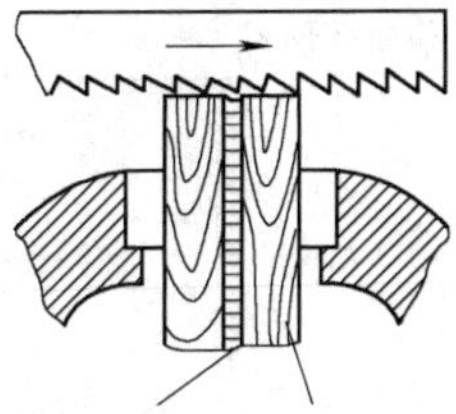

图 3-11　薄板的锯削方法

4. 深缝的锯削

当锯缝深度达到锯弓的高度时，锯弓就会与工件相碰，如图 3-12a 所示。这时，应把锯条拆出并转 90°，横装在锯弓后，循原槽再锯。为防止振动，还应将工件升高至钳口附近，如图 3-12b 所示。

5. 扁钢的锯削

锯削扁钢时，应从宽面往下锯，如图 3-13 所示。此法不但效率高，而且能较好地防止锯齿的崩缺。反之，若从窄面往下锯，不但效率低，而且只有很少的锯齿与工件接触，极易造成崩齿。

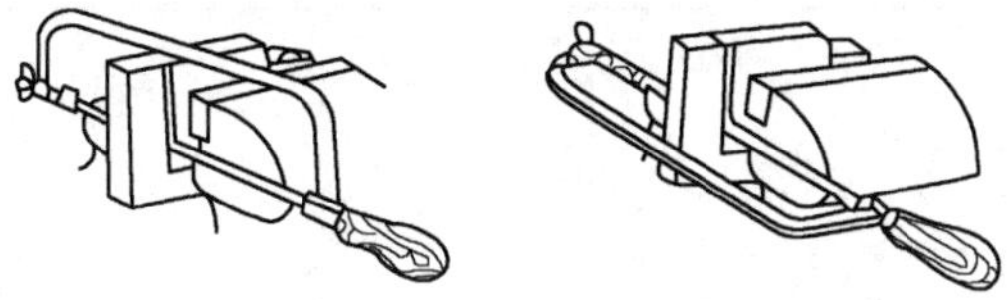

a)　　b)

图 3-12　深缝的锯削方法

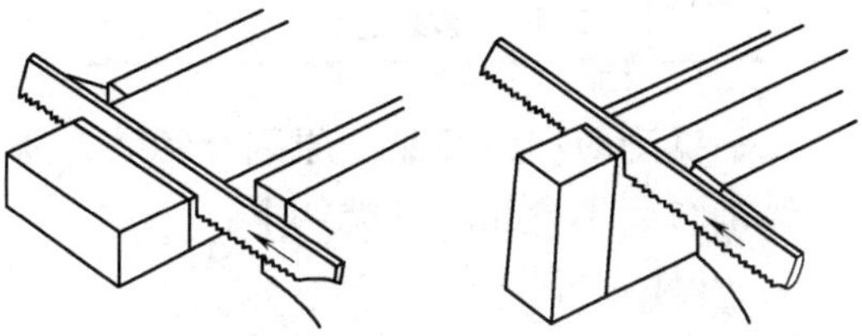

a)　　b)

图 3-13　扁钢的锯削方法

a）正确　b）不正确

6. 槽钢的锯削

槽钢的锯削与扁钢一样，但要分三次从宽面往下锯，不能在一个面上往下锯，应尽量做到在长的锯缝口上起锯，因此工件必须多次改变夹持的位置，如图 3-14 所示。首先在侧面上锯开槽钢的一边，如图 3-14a 所示；然后把槽钢反转夹持，锯中间部分的宽面，如图 3-14b 所示；最后把槽钢侧转夹持，锯槽钢另一边的侧面，如图 3-14c 所示。如图 3-14d 所示的锯削方法是错误的，将槽钢只夹持一次便锯开，这样做的锯削效率低，在锯高而狭窄的中间部分时，锯齿容易折断，锯缝也不平整。

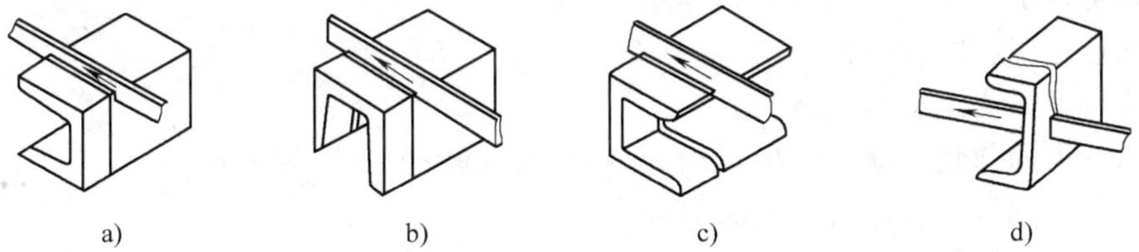

a)　　b)　　c)　　d)

图 3-14　槽钢的锯削

第三节　锯条损坏、锯削时产生废品的原因及预防方法

一、锯条损坏的原因及预防方法

锯削时，锯条损坏的形式有锯条折断、锯齿崩裂和锯齿很快磨钝等几种，其原因及预防

方法见表3-1。

表3-1 锯条损坏的形式、原因及预防方法

锯条损坏形式	原因	预防方法
锯条折断	1. 锯条装得过紧或过松 2. 工件抖动或松动 3. 锯缝歪斜，借正时扭断锯条 4. 压力太大 5. 新锯条在旧锯缝中卡住	1. 注意装得松紧得当 2. 工件应夹牢，锯缝应靠近钳口 3. 扶正锯弓，按划线锯削 4. 压力应适当 5. 调换新锯条后，应掉头锯削
锯齿崩裂	1. 锯条粗细选择不当 2. 起锯方向不对 3. 突然碰到砂眼、杂质	1. 应正确选用锯条粗细 2. 选用正确的起锯方向和角度 3. 碰到砂眼时应减小压力
锯齿很快磨钝	1. 锯削时未加切削液 2. 锯削速度太快	1. 加切削液 2. 锯削速度适当减慢

二、锯削时产生废品的原因及预防方法

锯削时产生废品的种类如下：

1）小于尺寸要求。

2）锯缝的歪斜超出允许范围。

3）起锯时拉毛表面。

锯削时产生废品的原因主要是操作者不认真或技术不熟练，预防的方法除了操作者要加强工作责任心外，还应逐步提高技术水平。

三、锯削时的注意事项

1）要防止工件被锯下的部分跌落砸在脚上，因此在将要锯完时应用手扶着工件。

2）要防止折断的锯条从锯弓上弹出伤人，因此锯削时压力不能太大，锯条的松紧要合适。

复 习 题

一、简答题

1. 什么是锯条的锯路？它有什么作用？
2. 怎样选用粗、细锯条？
3. 安装锯条时要注意哪几点？
4. 常用锯齿的前角、后角和楔角约为多少度？锯条可以反装吗？
5. 怎样防止锯管子和锯薄材料时崩齿？
6. 为什么有些材料在锯削时推锯速度很快反而锯削慢？
7. 为什么远起锯一般比近起锯好？
8. 试分析锯条折断的原因。

二、选择题

1. 锯削硬材料或切面较小的工件时，应该用（　　）锯条。

A. 硬齿　　B. 软齿　　C. 粗齿　　D. 细齿

2. 制造锯条时，使锯齿按一定的规律左右错开，排列成一定形状，称为（　　）。

A. 锯齿的切削角度　　B. 锯路
C. 锯齿的粗细　　D. 锯削

3. 锯齿的粗细是用锯条上每（　　）mm 长度内的齿数来表示。

A. 10　　B. 15　　C. 20　　D. 25

4. 锯削时压力太大，易使锯条（　　）。

A. 折断　　B. 弯曲　　C. 拉长　　D. 扭曲

三、判断题

1. 锯削薄板时宜采用摆动式锯削，这样不易疲劳，切削效率高。（　　）
2. 锯削时，无论是远起锯还是近起锯，起锯的角度都要大于 15°。（　　）
3. 锯削时，回程时应稍抬起。（　　）
4. 锯槽钢时采用一次锯断效率最高。（　　）

第四章 錾 削

用锤子敲击錾子对工件进行切削加工的方法称为錾削。虽然这种加工方法的效率低，但很灵活，一般用于开油槽、分割材料和清除毛坯件表面的多余金属，还可用在不便于进行机械加工的场合。

第一节 錾削工具

一、錾子

錾子是錾削用的工具，它必须具备两个基本条件：

1）切削部分的材料比工件的材料要硬。

2）切削部分成楔形，以便顺利地分割金属。

1. 錾子的切削部分及其几何角度

（1）錾子的切削部分　錾子的切削部分包括两个表面（前、后刀面）和一条切削刃，如图 4-1 所示。

前刀面——与切屑接触的表面。

后刀面——与切屑表面（正在由切削刃切削形成的表面）相对的表面。

切削刃——前刀面与后刀面的交线。

（2）錾子切削时的几何角度　为了表示錾子切削时的几何角度，需要选定两个坐标平面，如图 4-1 所示。

切削平面——通过切削刃与切削表面相切的平面。在图 4-1 中，切削平面与切削表面重合。

基面——通过切削刃上任意点与切削速度 v 的方向垂直的平面。

切削平面与基面互相垂直，构成确定錾子位置角度的坐标平面。

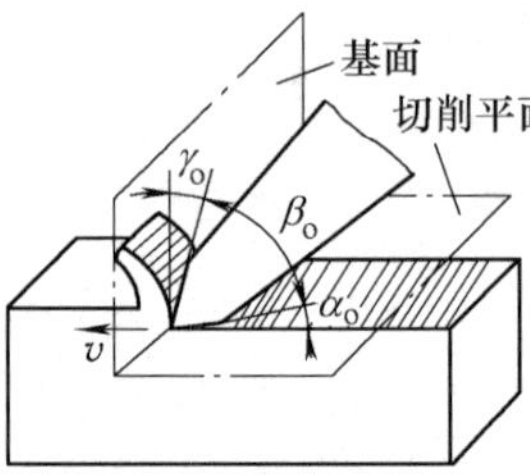

图 4-1　錾削时的角度和坐标平面

1）楔角 β。前刀面与后刀面之间的夹角称楔角。楔角 β 越小，錾子刃口越锋利，但强度越差；楔角 β 越大，刀具的强度虽高，但錾削阻力大。因此，选择錾子的楔角 β 时，应在保证强度的前提下，尽量取最小的数值。錾削不同的材料时，对錾子强度的要求也不同，楔角应主要根据工件材料的硬度来选择。錾削硬材料（如碳素工具钢、铸铁）时，錾子要承受较大的锤击力，其楔角应大些，一般取 60°～70°；錾削软材料（如铜、铝）时，錾子承受较小的锤击力，楔角应取小些，可减少阻力，提高切削效率，一般取 30°～50°。錾削一般碳素钢和中等硬度的材料时，楔角取 50°～60°。

2）后角 α。錾子后刀面与切削平面之间的夹角称为后角。后角能确定錾子的位置，其作用是减少后刀面与切削平面之间的摩擦，使刀具容易切入工件。后角太大，会使錾子切入太深，錾削困难；后角太小，则錾子位置太平，容易从工件表面打滑，如图 4-2 所示。一般后角取 5°～8°为宜。

3）前角 γ。前刀面与基面之间的夹角称为前角，前角的作用是减少切屑的变形和使切削轻快。

2. 錾子的构造和种类

錾子一般由碳素工具钢（T7A）锻成，长度约为 170mm，由切削部分、斜面、柄部和头部四部分组成，如图 4-3 所示。柄部做成八棱形，头部做成圆锥形，顶端略带球面形，使锤击力容易通过錾子的中心线。钳工常用的錾子有三种。

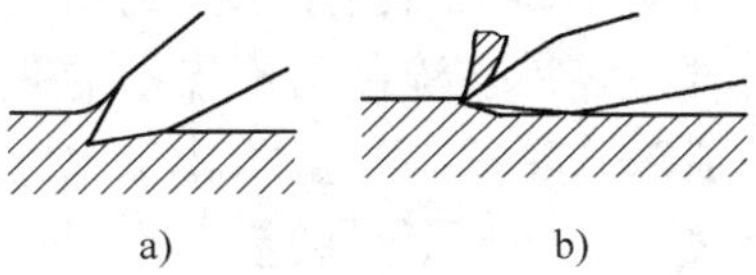

图 4-2　后角对錾削的影响
a）太大　b）太小

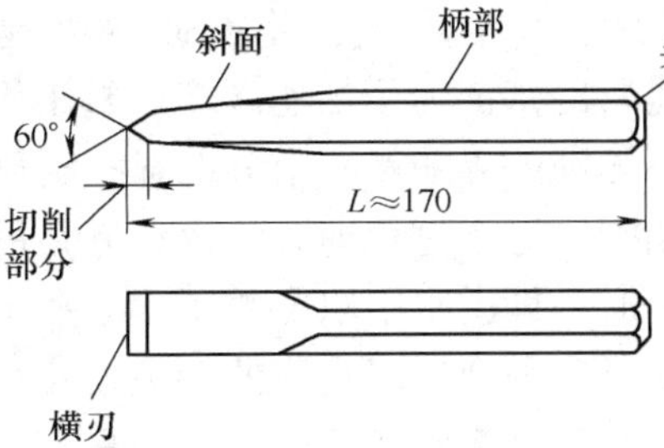

图 4-3　錾子的构造

（1）扁錾　它的切削部分扁平，切削刃略带圆弧形，如图 4-4a 所示。在平面上錾微小的凸起部分时，切削刃两边的尖角不易损伤平面的其他部位。扁錾用于清除毛坯件表面的毛刺、浇冒口和分割材料等。

（2）尖錾　尖錾的切削刃较短，适用于錾槽和分割曲线形板料，如图 4-4b 所示。尖錾斜面部分的两侧面从切削刃起向柄部逐渐变小，其作用是在錾削时，保证两个侧面不被工件卡住。尖錾的斜面有较大的角度，以保证切削刃部分有足够的强度。

（3）油槽錾　它用于錾削润滑油槽。如图 4-4c 所示，其切削刃一般制成圆弧形，斜面做成弯曲形，便于在曲面上錾油槽。

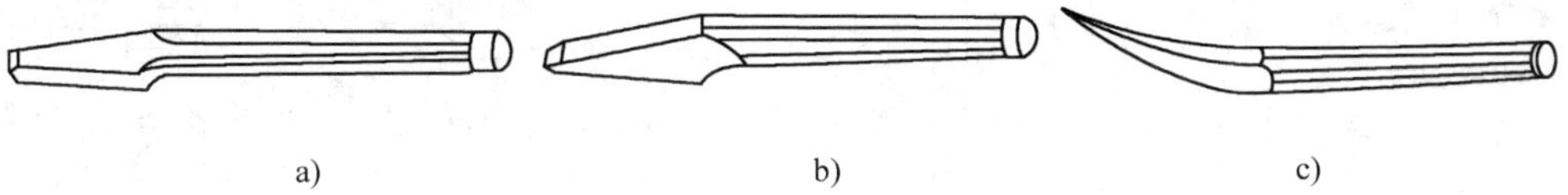

图 4-4　錾子的种类
a）扁錾　b）尖錾　c）油槽錾

3. 錾子的刃磨

锋利的錾子錾削省力，并能降低加工表面的表面粗糙度值。錾子经过一定时间的使用后会变钝，需要进行刃磨，以恢复它的锋利。

錾子刃磨的要求是：楔角大小与工件硬度相适应，楔角与錾子中心线对称（油槽錾例外），切削刃要锋利。

刃磨錾子的方法是把錾子放在旋转着的砂轮轮缘上磨，手握錾子的方法如图 4-5 所示。錾口的位置要高于砂轮中心，以防切削刃扎入砂轮架引发事故。磨錾子的前刀面、后刀面、斜面及侧面时，錾子要在砂轮的全宽上作左右移动，这样表面容易磨平，砂轮磨耗也均匀。同时要控制錾子的位置，保证磨出正确的棱角，两面要交替刃磨，以求对称。另外，还要注意不要使錾子因过热而退火，因此刃磨錾子时要经常浸水冷却。

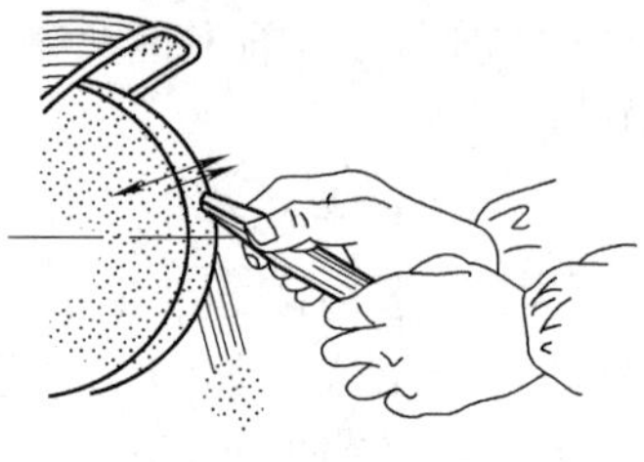

图 4-5 錾子的刃磨

4. 錾子的热处理

为了使錾子的切削部分有一定的硬度和韧性，必须对錾子进行热处理。在进行热处理前，要预先刃磨錾子。热处理时，把錾子切削部分约 20mm 长的一端加热到 1023 ~ 1053K（呈暗樱红色）后取出，并迅速垂直地浸入冷水中（深约 5mm）进行冷却。为了加速冷却，錾子应沿水平面方向移动。移动时由于水波的微动，錾子淬硬与不淬硬的界线就不十分明显；否则，錾子在錾削时，容易在淬硬与不淬硬的明显界线处发生断裂。这个过程即为淬火，其目的是使錾子的切削部分变硬。当錾子露出水面的部分变为黑色时，即由水中取出錾子，利用上部余热进行回火，以提高錾子的韧性。回火的温度可以从錾子表面金属氧化膜的颜色变化来判断：一般刚出水的颜色是白色，随后由白色变为黄色，再由黄色变为蓝色……。当呈现黄色时，把錾子全部浸入冷水中冷却，这一过程常称为“淬黄火”；如果在呈现蓝色时把錾子全部浸入冷水中冷却，则称为“淬蓝火”。

“淬黄火”的錾子硬度较高，韧性较差；“淬蓝火”的錾子硬度较低，韧性较好。一般可采用两者之间的硬度。

二、锤子

锤子是钳工常用的敲击工具，由锤头、柄部和楔子组成，如图 4-6 所示。锤子的规格以其质量来表示，有 0. 25kg、0. 5kg 和 1kg 等。

锤头用 T7 钢制成，并经淬硬处理。柄部用比较坚实的木材制成，柄长约 350mm。柄部装入锤孔中必须打入楔子（图 4-7），以防锤头脱落。

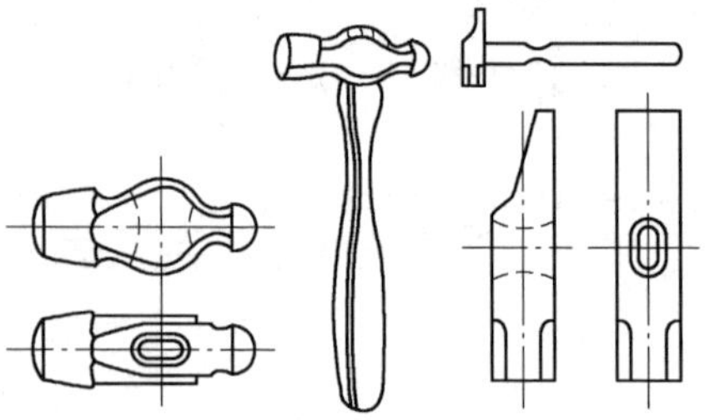

图 4-6 锤子

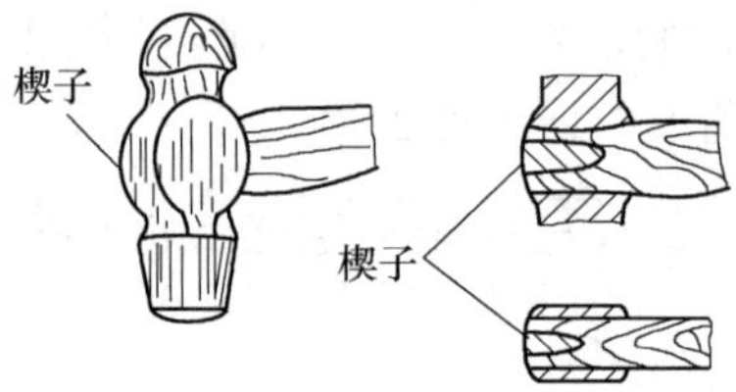

图 4-7 锤柄端部打入楔子

第二节 錾削方法

一、錾子、锤子的握法和錾削姿式

1. 錾子的握法

錾子主要用左手的中指、无名指和小拇指握着，大拇指与食指自然合拢，錾子的头部伸出约 20mm，如图 4-8 所示。錾子不要握得太紧，握得越紧，手所受到的振动就大。錾削时，小臂要自然平放，錾子要保持正确的倾斜角度，即后角 $\alpha=5°\sim8°$。

2. 锤子的握法

锤子的握法有紧握法和松握法两种。

（1）紧握法　用右手五指紧握柄部，如图 4-9 所示，大拇指合在食指上，虎口准对锤头方向，柄部尾端露出 15 ~ 30mm。敲击过程中五指始终紧握。

（2）松握法　在锤击过程中，为了减轻疲劳，可以采用松握法，如图 4-10 所示，只用大拇指和食指始终紧握锤柄。运锤敲击时，中指、无名指、小拇指才依次握紧锤柄；挥锤时，它们又以相反的次序放松。这种握锤法不易疲劳，而且在使用熟练时，还可增大敲击力量。

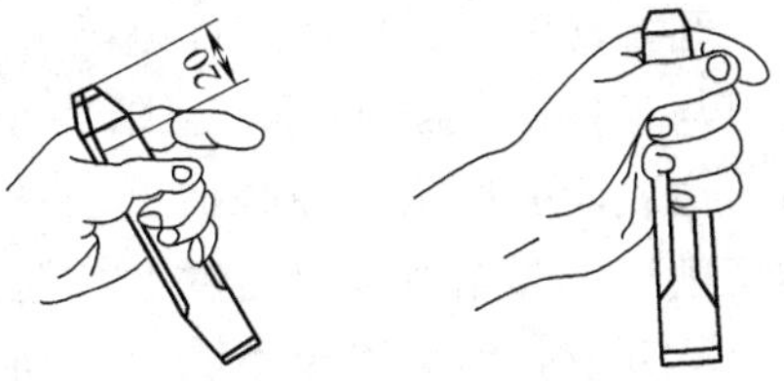

图 4-8　錾子的握法

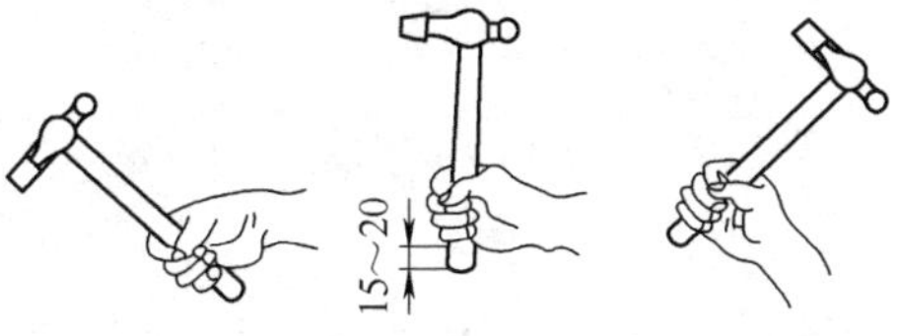

图 4-9　锤子紧握法

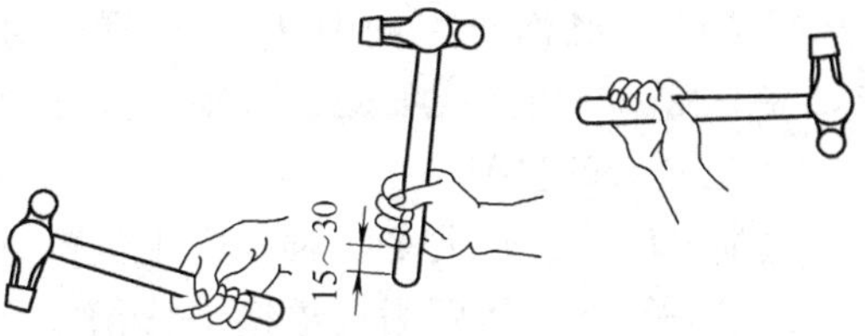

图 4-10　锤子松握法

3. 挥锤法

挥锤法有手挥、肘挥和臂挥三种。

（1）手挥　只用手腕的运动挥锤。锤击力较小，一般用于錾削的开始和结尾，或錾油槽等需力不大的地方。

（2）肘挥　用手腕和肘一起挥锤。其敲击力较大，应用最广，如图 4-11 所示。

（3）臂挥　用手腕、肘和全臂一起挥锤。其锤击力最大，用于需要大力錾削的工作，如图 4-12 所示。

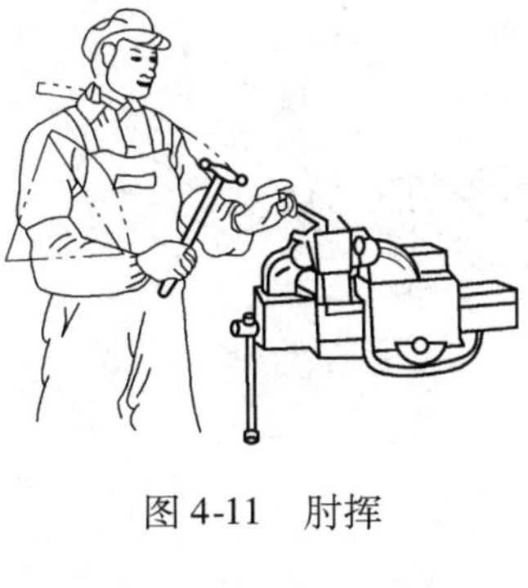

图 4-11　肘挥

图 4-12　臂挥

4. 錾削姿势

錾削时，两脚站立位置如图 4-13 所示。左脚跨前半步，右脚稍微朝后，身体自然站立，重心偏于右脚。右脚要站稳伸直，左腿膝盖关节应稍微自然弯曲，眼睛要注视工件錾削处，观察錾削的情况，不要注视錾子锤击处。左手握錾，使其在工件上保持正确的角度；右手挥锤，使锤头沿弧线运动进行敲击，如图 4-11 和图 4-12 所示。

二、各种錾削方法

1. 起錾方法及錾到尽头处的方法

开始錾削时，应从工件侧面的尖角处轻轻地起錾，錾开缺口，如图 4-14 所示。此处切削刃与工件的接触面积小，阻力小，容易切入工件，因而也就能够准确地控制加工余量。若顶头起錾，由于切削刃一开始就以全宽度参加錾削，阻力大，錾子容易弹开或打滑，以至不能控制加工余量。当缺口錾开后，应把錾子逐渐移向中间，转入全宽度切削。当錾削快到尽头时，在距尽头 10mm 左右的地方，必须掉头錾去余下的部分，如图 4-15 所示。对青铜和铸铁之类的脆性材料更应如此，否则尽头处会崩裂。

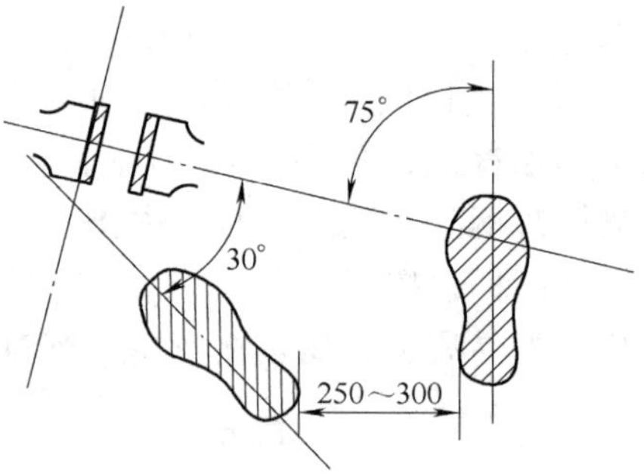

图 4-13 两脚站立的位置

2. 宽平面的錾削

錾削工件上的较大平面时，应用尖錾在工件上先錾开许多平行槽，然后用宽錾将平行槽间凸起的部分錾平，如图 4-16 所示。这种方法比较省力。

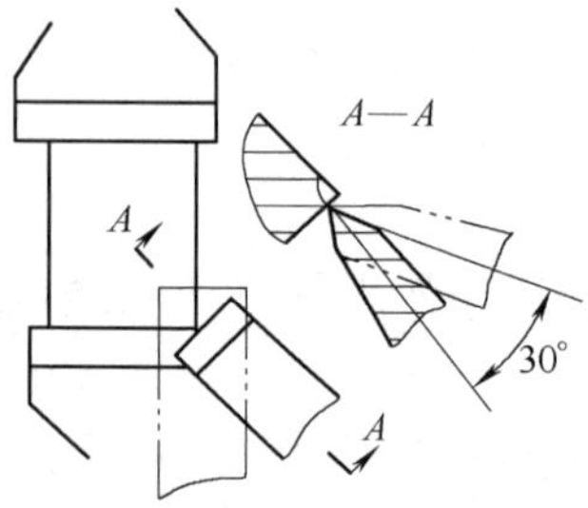

图 4-14 起錾方法

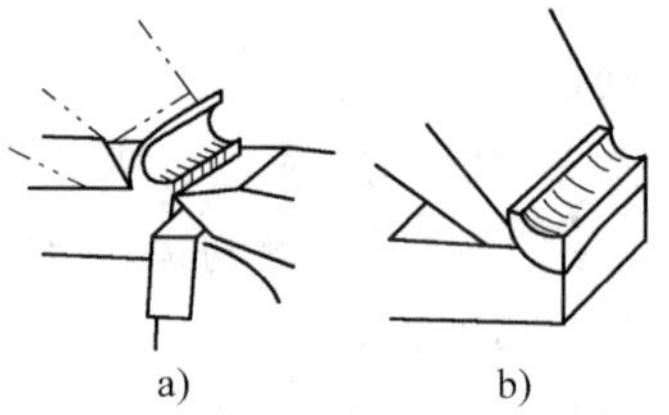

图 4-15 錾到尽头处的方法
a）正确 b）不正确

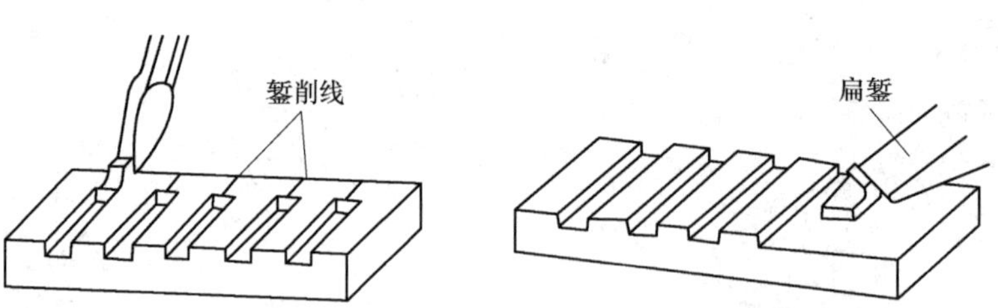

图 4-16 宽平面的錾削

3. 窄平面的錾削

錾削工件上的窄平面时应使用宽錾，并使切削刃与切削前进方向倾斜一个角度，如图 4-17 所示。这样錾子与工件有较大的接触面积，否则，工件会因錾子的左右倾斜而不易錾平。

4. 油槽的錾削

由于润滑油槽起输送和分布润滑油的作用，因此在工件的滑动表面上开润滑油槽时，必须把油槽錾得光滑且深浅一致。在曲面上錾油槽时，錾子的倾斜角度应随曲面而变动，使錾削时的后角保持不变，这样才能錾出光滑而深浅一致的油槽。錾好油槽后，还要把槽边上的毛刺修光，如图4-18所示。

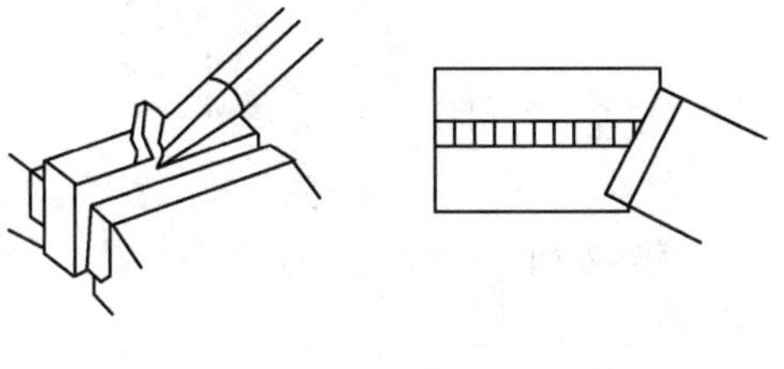

图4-17 窄平面的錾削

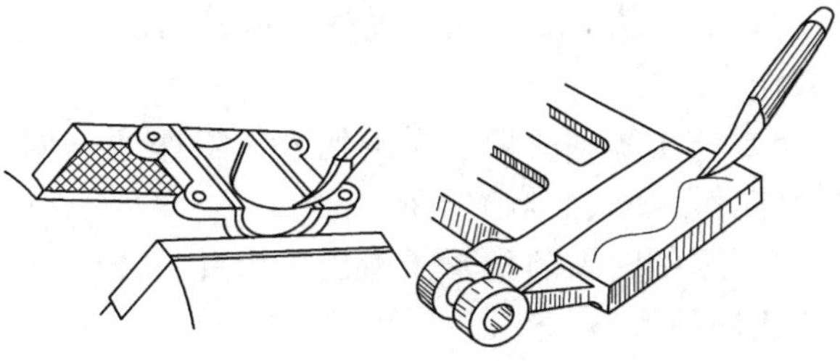

图4-18 油槽的錾削

5. 板料的錾切

在没有机械设备的情况下，可用錾切的方法分割薄板料或薄板工件，常用方法如下。

（1）将工件装夹在台虎钳上錾切 錾切时，工件要夹持牢固，以防移动。如图4-19a所示，用宽錾斜对着板料（约成45°角）沿钳口自右向左錾切。因为斜对着錾切时，宽錾只有部分刃口进行錾切，阻力小而容易分割，切面也比较平整。不能正对着板料錾切，否则会出现裂缝，如图4-19b所示。

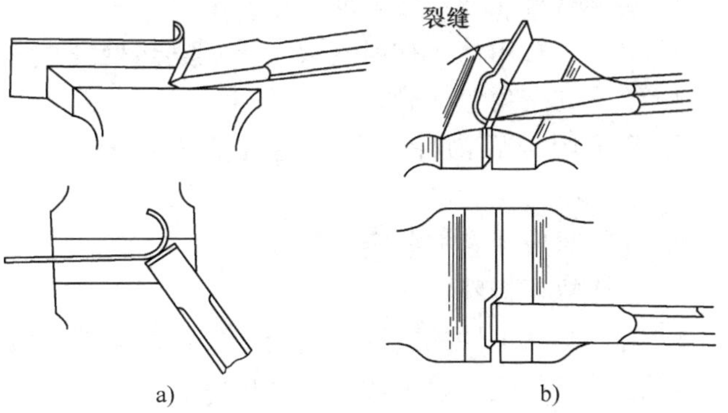

图4-19 薄板料的錾削
a）正确 b）不正确

（2）在铁砧或平板上进行錾切 对于尺寸较大的薄板料，在台虎钳上不能夹持时，应放在铁砧上錾切，如图4-20所示。此时，錾子要垂直于工件，板料下面要加上垫铁，以免损坏錾子刃口。

（3）用密集钻孔配合錾子的錾切 在薄板上錾切较复杂的零件毛坯时，可先在零件轮廓线外围钻出密集的小孔，再用錾子逐步切成，如图4-21所示。

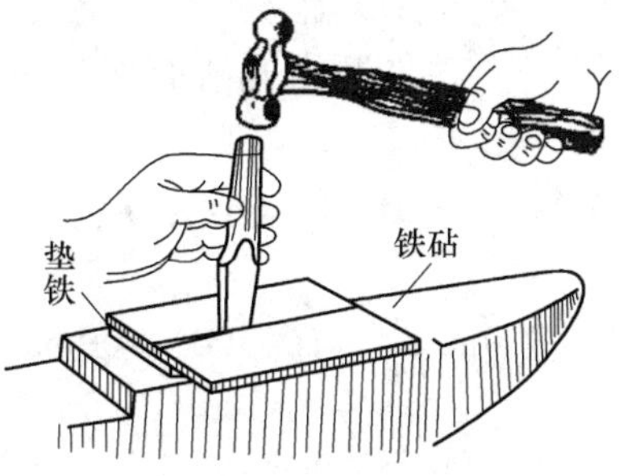

图4-20 大尺寸板料的錾断

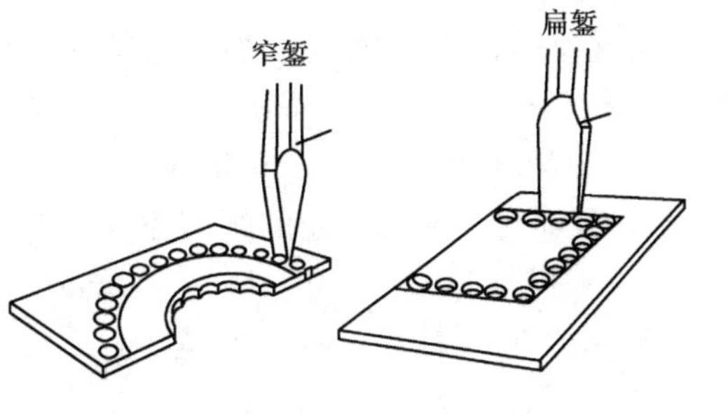

图4-21 弯曲部分的錾断

三、錾削安全操作规程

錾削时要严格遵守以下安全操作规程：

1）防止锤头飞出伤人，发现柄部松动或损坏时，必须立即装牢或更换；防止锤子滑出伤人；操作者不准戴手套；柄部上不得沾有油污或会导致打滑的物质。

2）錾子头部如有明显毛翅，应及时磨掉，如图 4-22 所示，以免碎裂伤人。

图 4-22 錾子头部的毛翅

3）防止錾削的切屑飞出伤人，工作地点周围应装有安全网，同时操作者最好戴上防护眼镜。

4）錾削时要防止錾子滑出，为此，要经常把錾子刃磨锋利，并保持正确的后角。

复 习 题

一、简答题

1. 錾子在錾削时有哪些角度？其作用怎样？
2. 錾子有哪几种？各有何用途？
3. 錾子一般用什么材料制成？试述其热处理过程。
4. 錾子的楔角怎样确定？
5. 錾子用钝后为什么要刃磨？其刃磨要求如何？使用砂轮机时应注意哪些安全事项？
6. 錾削时应注意哪些安全事项？
7. 怎样錾切板料？
8. 为什么从工件的边缘尖角处起錾比较容易？錾削即将结束时应从哪个方向錾削？
9. 怎样安装柄部锤头才不会飞出？

二、选择题

1. 油槽錾的切削刃一般制成（　　）。

A. 直线形　B. 圆弧形　C. 三角形　D. 哪种形状都可以

2. 挥锤时，锤头的运动轨迹应是（　　）运动。

A. 直线　B. 垂直向下　C. 圆弧　D. 斜向

3. 选择錾子楔角时，在保证强度足够的前提下，应尽量取（　　）数值。

A. 较小　B. 较大　C. 一般　D. 随意

4. 在曲面上錾油槽时，要使錾削时的后角保持（　　），才能錾出光滑而深浅一致的油槽。

A. 逐渐增大　B. 逐渐减小　C. 忽大忽小　D. 保持不变

5. 錾削时，两脚站立的距离为（　　）最不易疲劳。

A. 并拢　B. 100～200mm　C. 250～300mm　D. 400～500mm

6. 錾削时要戴（　　）眼镜。

A. 太阳　B. 近视　C. 老花　D. 防护

三、判断题

1. 錾削时，錾子所形成的切削角度有前角、后角和楔角，三个角之和为90°。（　　）
2. 錾子的切削部分由前刀面、后刀面和它们的交线（切削刃）组成。（　　）
3. 楔角 β 越大，錾子刃口越锋利，但强度较差。（　　）
4. 錾削时眼睛要看錾头部位，不要看錾口，以防敲伤手。（　　）
5. 錾子头部如有明显毛翅，应及时磨掉，以防敲打时射出伤人。（　　）

第五章 锉 削

用锉刀对工件进行切削，使它达到图样所要求的形状、尺寸和表面粗糙度值，这种加工方法称为锉削。锉削加工简便，工作范围广，可以加工工件上的各种内、外表面，包括形状比较复杂的表面。锉削精度最高可达0.01mm左右，表面粗糙度值最低可达 $Ra0.8\mu m$。

第一节 锉 刀

一、锉刀各部分的名称

锉刀是用高碳工具钢T13或T12制成的，并经过热处理淬硬（硬度达62～67HRC）。锉刀的规格一般用锉刀刻齿部分的长度来表示，锉刀各部分的名称如图5-1所示。它有100mm、150mm、200mm和300mm等多种规格。为便于锉孔选用，圆锉刀的规格用直径表示，方锉刀的规格用断面尺寸表示。

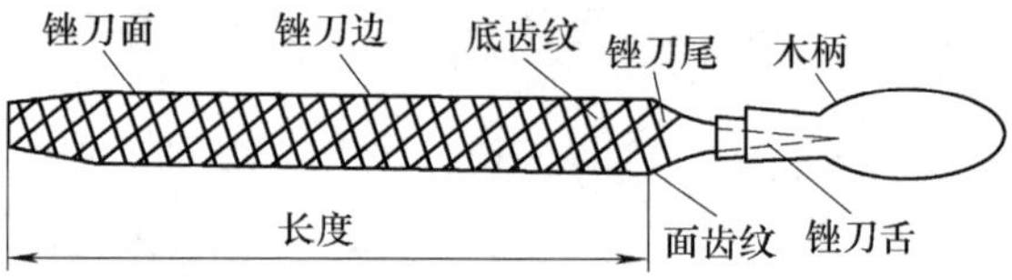

图5-1 锉刀各部分的名称

1. 锉刀面

锉刀面是锉刀的主要工作面，其上面刻有切削金属的锉纹。

2. 锉刀边

锉刀边即锉刀的两个侧面。其中没有齿的侧面称为光边，锉削内直角时，用它靠在内直角的一条边上去锉削另一条直角边，可使不加工的表面免受损伤。

3. 锉刀舌

锉刀舌指锉刀的尾部。此部分不淬硬，装入木柄内，便于握持以传递推力。

二、锉刀的齿纹

锉刀的齿纹有双齿纹和单齿纹两种。

1. 双齿纹

双齿纹是用剁齿机剁出的齿形，在锉刀上排列成两个方向的齿纹，由于它的前角都是负的，所以锉削时起刮削作用。其浅的齿纹是先剁的底齿纹，与锉刀中心线成45°角；深的齿纹是后剁的面齿纹，与锉刀中心线成65°角。由于两种齿纹角度的不同，互相交叉可得到许多倾斜排列的锉齿，如图5-2所示。这样可使锉痕不重叠，锉出来的表面也就比较光滑。如面齿角和底齿角相同，则许多锉齿沿锉刀中心线平行排列，锉出来的表面就会产生沟纹，如图5-3所示。双齿纹锉刀由于在锉削时切屑是碎断的，所以在锉硬材料时比较省力。

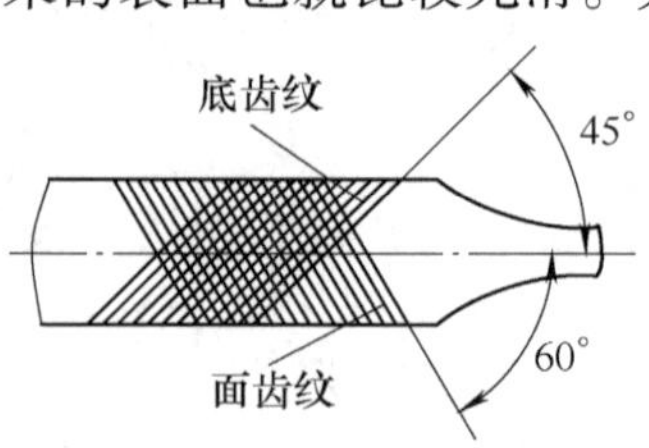

图5-2 面齿纹与底齿纹

2. 单齿纹

单齿纹是用铣齿法制成的齿纹（图5-4），它在锉刀上沿同一个方向排列。由于其在锉削时为全齿宽参加切削，因此比较费力，不适于锉削硬材料；而适于锉削铅、镁、铝等软金属，切削量大，效率比较高。单齿纹的齿距较宽，可形成较大的排屑空间，易于排屑。

3. 锉刀的粗细

锉刀的粗细等级，按锉刀齿纹、齿距分为以下几种：

1 号纹——齿距为 0.83 ~ 2.3mm，用于粗锉刀。

2 号纹——齿距为 0.42 ~ 0.77mm，用于中锉刀。

3 号纹——齿距为 0.25 ~ 0.33mm，用于细锉刀。

4 号纹——齿距为 0.2 ~ 0.25mm，用于双细锉刀。

5 号纹——齿距为 0.16 ~ 0.2mm，用于油光锉。

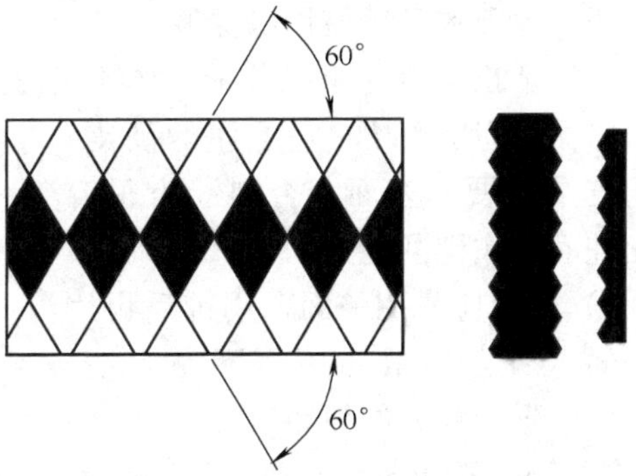

图 5-3　面齿纹与底齿纹角度相同

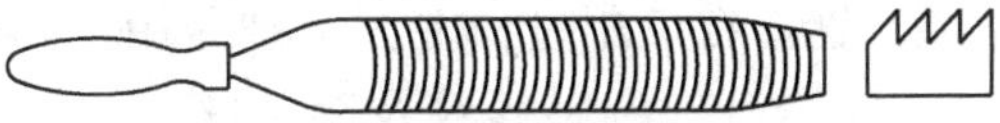

图 5-4　铝板锉

三、锉刀的种类和选择

1. 锉刀的种类

锉刀分钳工锉、特种锉和整形锉三类。钳工锉按断面形状又可分为平锉、方锉、圆锉、半圆锉和三角锉五种，如图 5-5 所示。特种锉用于锉削零件上的特殊表面，有直的、弯的两种，其断面形状如图 5-6 所示。整形锉适用于修整工件上的细小部位，它由许多把断面形状不同的锉刀组成一套，如图 5-7 所示。

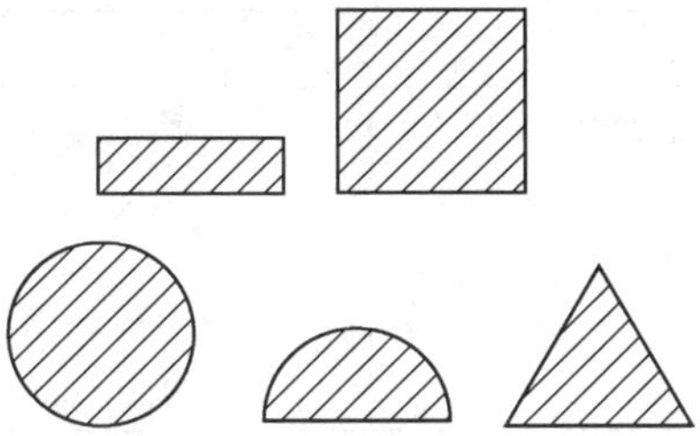

图 5-5　钳工锉的断面形状

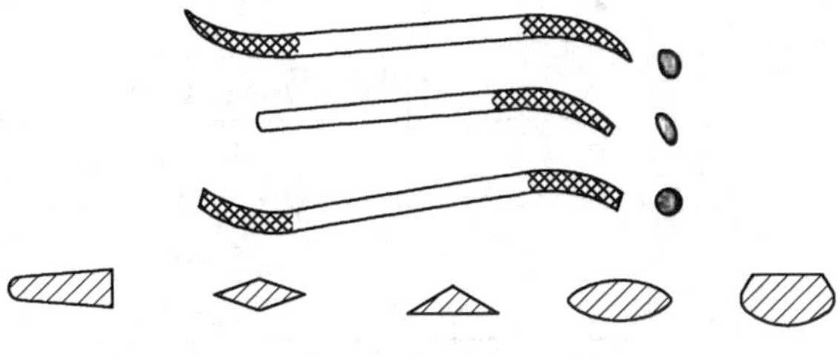

图 5-6　特种锉的断面形状

2. 锉刀的选择

每种锉刀都有一定的用途和使用寿命，只有选用得当，才能使锉刀不过早地丧失锉削能力。锉刀的形状要根据所加工工件的形状进行选择，图 5-8 所示为按不同形状的工件选用不同形状锉刀的例子。粗锉刀适合锉削加工余量大、加工精度低、表面粗糙度数值大、材料硬度低的工件，细锉刀则相反。粗锉、中锉、细锉和油光锉适宜的加工

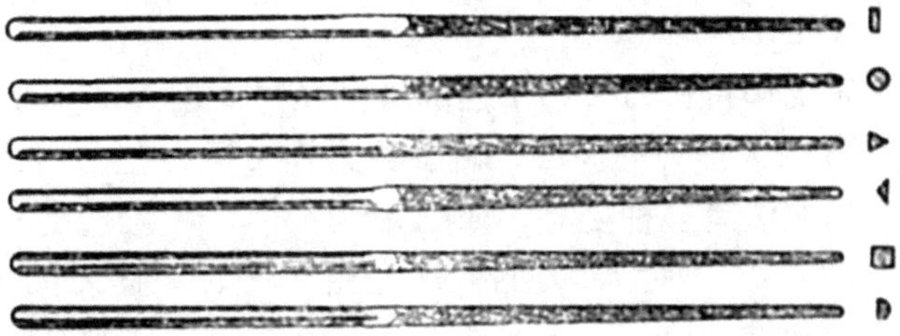

图 5-7　整形锉

场合见表5-1。

四、锉刀的正确使用和保管

为了延长锉刀的使用寿命，必须正确使用和保管锉刀，因此必须注意以下规则：

1）不可用锉刀锉削毛坯的硬皮、氧化皮及淬硬的表面，否则锉齿很容易变钝而丧失锉削能力。

2）锉刀应先用一面，用钝后再用另一面，因为未用的一面不易生锈，这样可以延长锉刀的使用寿命。

3）锉刀不能蘸水或油，否则会引起锈蚀或锉削时打滑。

4）锉刀在使用过程中，特别是用毕后，要用钢丝刷顺锉纹及时刷去嵌入齿槽内的铁屑，以免锉刀锈蚀和降低锉削效率。

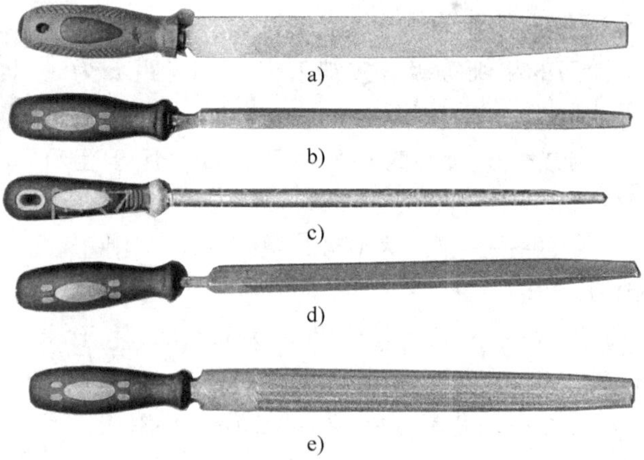

图5-8　锉刀的用途

a）平锉　b）方锉　c）圆锉　d）半圆锉　e）三角锉

5）锉刀的放置要合理，不能重叠堆放，以免损坏锉齿。

6）锉刀舌不能当作斜铁使用，如用其拆卸钻套；锉刀也不可当撬杠使用，如用其撬别的物体，否则容易折断。

7）使用小锉刀时不可用力过大，以免折断锉刀。

表5-1　各种锉刀适用的场合

锉　刀	适　用　场　合		
	加工余量/mm	尺寸精度/mm	表面粗糙度/μm
粗　锉	0.5～1	0.2～0.5	*Ra*100～25
中　锉	0.2～0.5	0.05～0.2	*Ra*25～6.3
细　锉	0.05～0.2	0.01～0.05	*Ra*6.3～1.6
油光锉	0.02～0.05	0.005～0.01	*Ra*1.6～0.8

第二节　锉　削　方　法

一、锉刀的握法和锉削姿势

1. 锉刀的握法

正确握持锉刀有助于提高锉削质量。锉刀的大小和形状不同，握法也不相同。

（1）大锉刀的握法　右手握紧锉刀柄，左手握住锉刀的前部，协同右手一起推送锉刀。左手的握法有多种姿势，如图5-9所示。

（2）中、小型锉刀的握法　由于中、小锉刀的尺寸小、本身强度较低，在锉刀上施加的压力和推力也应小于大锉刀。因此，中、小锉刀在握法上与大锉刀有所不同，常用的握法如图5-10所示。

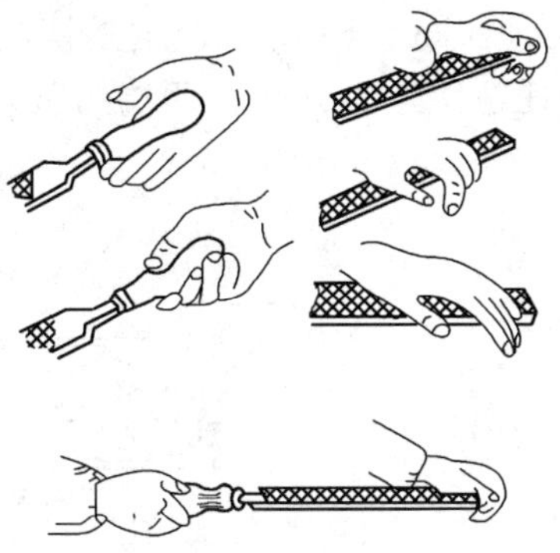

图 5-9　大锉刀的握法

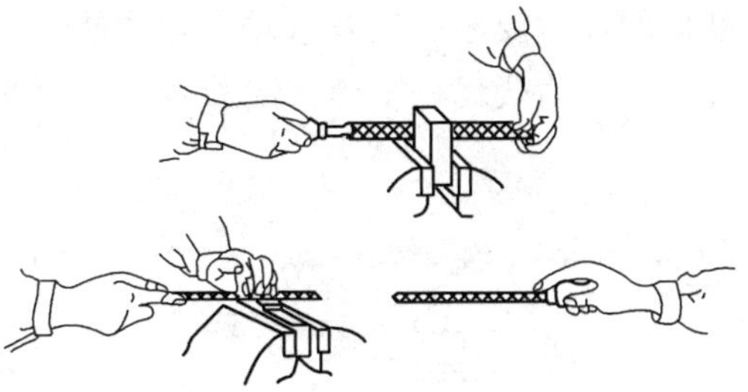

图 5-10　中、小锉刀的握法

2. 锉削姿势

正确的锉削姿势能够减轻疲劳，提高锉削质量和效率。锉削时，站立的位置应与錾削时相似，夹持工件的台虎钳高度（图 5-11）要适合锉削时用力的需要，即从操作者的下颚到钳口的距离以一拳一肘的高度为宜。运锉时的姿势如图 5-12 所示，右腿伸直，左腿弯曲，身体向前倾斜，重心落在左脚上，两脚站稳不动，靠左膝的屈伸使身体作往复运动。开始锉削时，身体要向前倾斜 10°左右，右肘尽量向后收缩，如图 5-12a 所示；锉刀推出 1/3 行程时左膝稍弯，身体逐渐倾斜到 15°左右，如图 5-12b 所示。锉刀推出 2/3 行程时，身体倾斜到 18°左右，左、右臂均向前伸出，如图 5-12c 所示；锉刀推出全程时的情形如图 5-12d 所示。行程结束后，把锉刀略抬起，使身体与手回复到开始时的姿势，再进行下一次的锉削。

图 5-11　台虎钳的高度

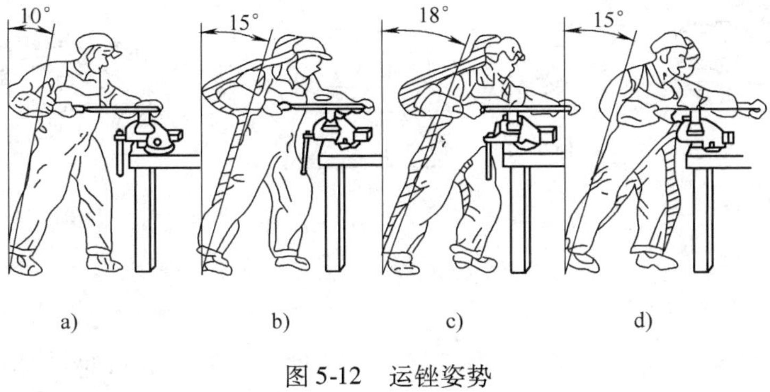

a)　b)　c)　d)

图 5-12　运锉姿势

3. 锉削力矩的平衡

为了保证锉削表面平直，锉削时必须保证锉削力的平衡，使锉刀平稳而不上下摆动。锉削力有水平推力和垂直压力两种：水平推力主要由右手控制，其大小必须大于切削阻力，这样才能锉去工件；垂直压力是由两手控制的，其作用是使锉齿深入金属表面。由于锉刀两端伸出工件的长度随时都在变化，因此两手的压力大小也必须随之变化，使两手压力对工件中心的力矩相等，这是保证锉刀平稳而不上下摆动的必要条件。随着锉刀的推进，左手所加的压力应由大逐渐减小，右手所加的压力应由小逐渐增大，如图 5-13 所示，这是锉削平面时要掌握的技术要领。只有这样，才能使锉刀在工件上的任意位置时，锉刀两端的压力对工件中心的力矩始终保持平衡，锉刀才不会上下摇摆。

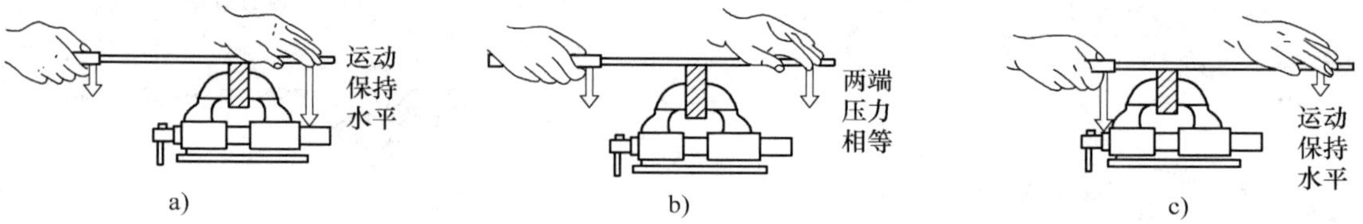

图 5-13 锉削力矩的平衡
a）开始位置 b）中间位置 c）终了位置

4. 锉削速度

锉削速度一般保持在 30～60 次/min 为宜，速度太快，操作者容易疲劳，并会使锉齿的切削作用下降而本身的磨损加快；速度太慢，则锉削效率低。

二、工件的夹持

工件的夹持是否正确，直接关系到锉削的质量，因此夹持时应符合下列要求：

1）工件应夹在台虎钳中间，伸出钳口不要太高，以免锉削时产生振动，如图 5-14a 所示。

2）工件要夹持牢固，但又不能变形，因此夹持时必须加上衬垫。如对圆形工件衬以 V 形铁，如图 5-14b 所示；对薄板工件，有的可以将其平钉在木板上，如图 5-14c 所示，有的可先将其夹在两块铁板中间，然后把它们一起夹紧在钳口内，如图 5-14d 所示。

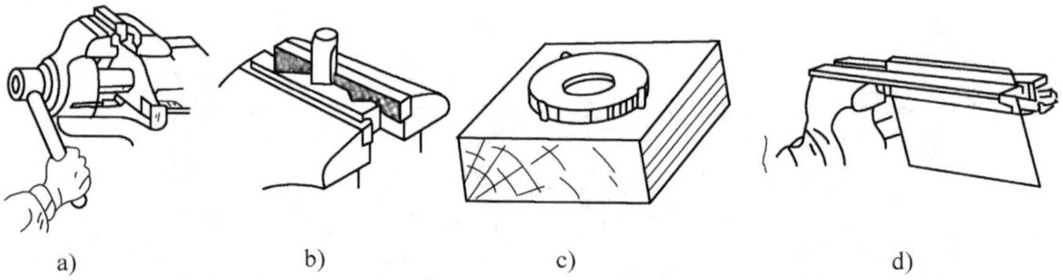

图 5-14 工件的夹持

3）不能夹坏已加工的工件表面，当已加工的工件表面需要夹持时，必须使用铜钳口。

三、平面的锉法

1. 顺向锉法

顺向锉法是顺着同一方向对工件进行锉削的方法，如图 5-15 所示。锉削后可得到正、直的锉痕，比较整齐美观，适用于锉削不大的平面和最后锉顺锉纹。

2. 交叉锉法

交叉锉法是从两个交叉的方向对工件进行锉削，如图 5-16 所示。根据锉痕是否交叉，就可以判断锉削面的高低不平情况，以便把高处锉平。交叉锉法是主要的锉削方法。

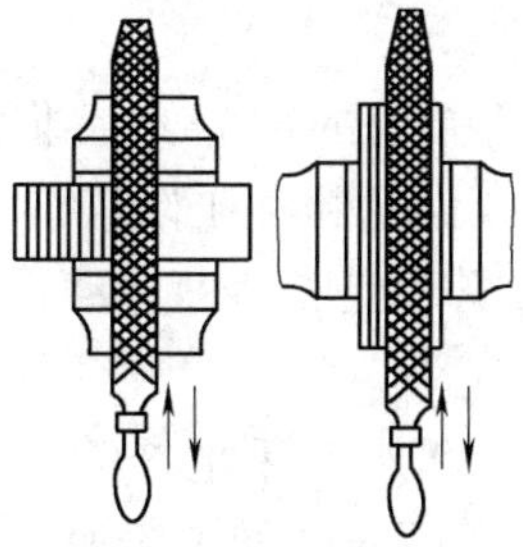

图 5-15 顺向锉法

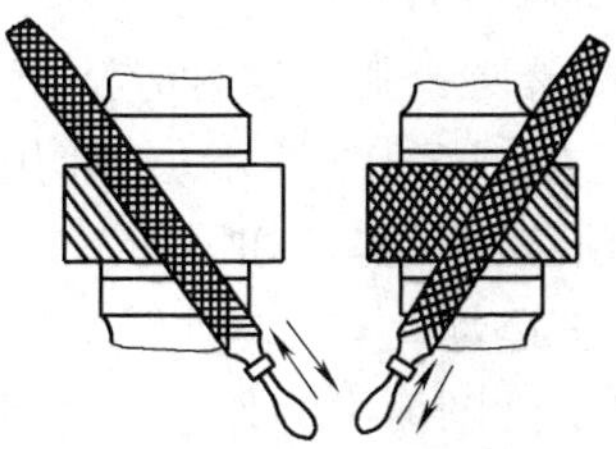

图 5-16 交叉锉法

3. 推锉法

推锉法是指两手对称地握持锉刀，用两个大拇指推锉刀进行锉削。这种方法适合锉削狭长平面或打光表面，如图 5-17 所示。

锉削平面时，要经常检验其平面度，一般采用钢直尺或刀口形直尺通过透光法进行检验。将刀口形直尺紧贴加工面，沿纵向、横向、两对角线方向进行多处检验，从间隙处透光的明暗、强弱，即可判定高低不平的程度，如图 5-18 所示。用刀口形直尺配合塞尺可以测量平面度误差值，如图 5-19 所示。

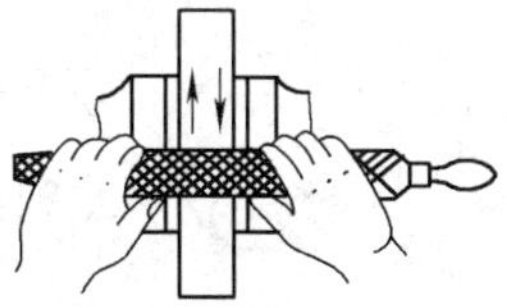

图 5-17 推锉法

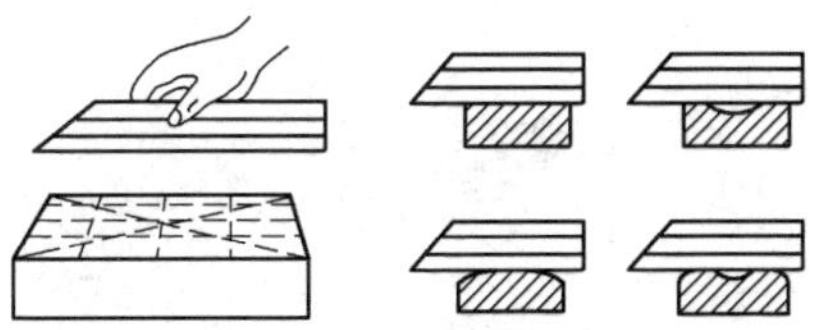

图 5-18 刀口形直尺透光法检验平面度

锉削两个互相垂直的平面时，要经常检验其垂直度。用直角尺进行检验时，将直角尺的短边轻轻地贴紧在工件的基准面上，长边靠在被检验表面上，用透光法检验，要求与检验平面度误差时相同，如图 5-20a 所示。直角尺不能斜放，这样检查的结果是不准确的，如图 5-20b 所示。

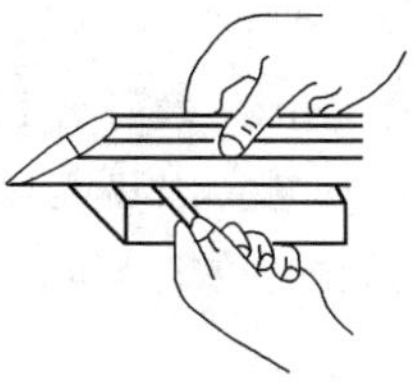

图 5-19 用角度平尺配合塞尺测量平面度误差值

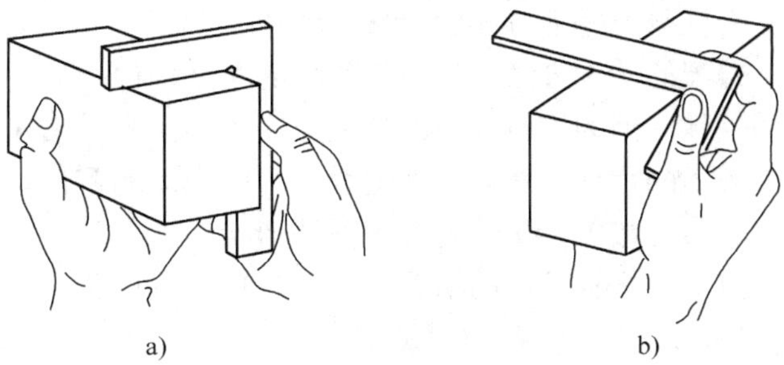

图 5-20 用透光法检验垂直度

a）正确 b）不正确

四、圆弧面的锉削

1. 外圆弧面的锉削

（1）横着圆锉弧　这种方法就是横对着圆弧面锉，把圆弧处的部分锉成非常接近圆弧的多边形，如图5-21a所示。其切削效率较高，故适用于圆弧面的粗加工阶段。

（2）顺着圆弧锉　如图5-21b所示，锉刀要顺着圆弧面同时完成两种运动：

1）前进运动。

2）绕工件圆弧中心作摆动。摆动时，右手把锉刀柄往下压，左手把锉刀尖向上提，这样锉出的圆弧面不会出现有棱角的情况。此锉法主要用于圆弧面的精加工阶段。

2. 内圆弧面的锉削

锉削内圆弧面时，锉刀要同时完成以下三个运动：

1）前进运动。

2）向左或向右作微小运动。

3）绕锉刀中心线转动（按顺时针或逆时针方向转动约90°）。

如果只作前进运动，圆锉刀的工作面不是沿工件的圆弧曲线运动，而是垂直于工件的圆弧方向运动，那么就锉不成圆孔，如图5-22a所示。如果只有前进和向左或向右的移动，锉刀工作面仍然不是沿工件的圆弧曲线运动，而是沿工件圆弧切线的方向运动，如图5-22b所示。因此，只有三种运动同时进行，才能使锉刀工作面沿工件的圆弧作锉削运动，把圆孔锉好，如图5-22c所示。

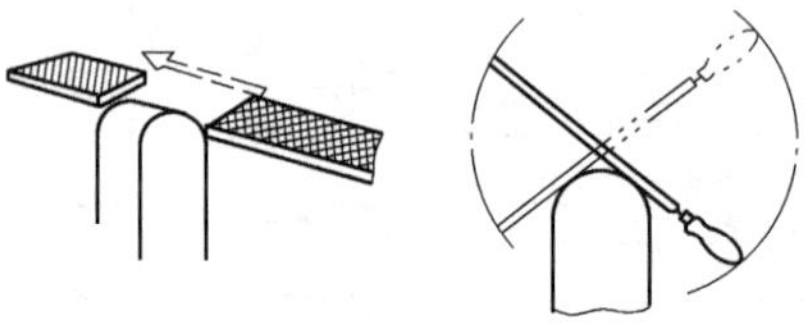

a)　b)

图5-21　外圆弧面的锉削

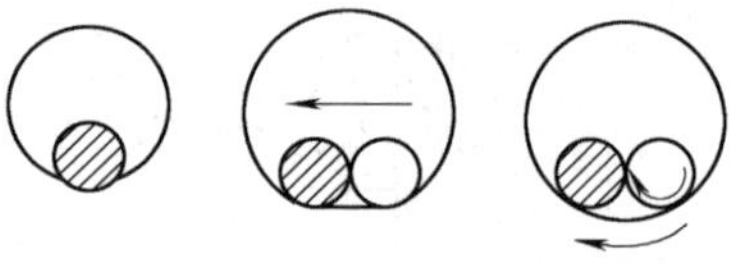

a)　b)　c)

图5-22　内圆弧面的锉削

第三节　锉　　配

锉配就是通过锉削，使两配对零件的相配表面达到规定的配合要求，如平键与键槽的锉配、刀杆与刀排上方孔的锉配。

锉配的基本方法是：先将相配的两个零件中的一件锉到符合图样要求，再以它为基准锉配另一件。因为一般零件的外表面比内表面容易加工，所以通常情况下，最好先锉好配合面为外表面的零件，然后配锉配合面为内表面的零件。在某些锉配中，也会出现与上述相反的情况。由于相配两零件配合表面的形状、配合要求不同，锉配的方法也随之不同。因此，锉配的方法应根据具体的情况来决定，现举例说明。

1. 配键

配键就是通过锉削，把键装入轴与轮的键槽中，键与轴键槽要求配合得较紧，相当于第二种过渡配合；键与轮键槽配合得稍松，相当于第四种过渡配合，如图5-23所示。

锉配前，轴及轮键槽已加工好，键坯（矩形长钢条）也已加工好，键宽上留有0.2mm

左右的锉修余量。锉配步骤如下：

1）修去轴键槽、轮键槽上的毛刺，测量其宽度尺寸，如宽度不一，要修整一致。

2）按轴键槽宽度尺寸锉削键的两侧面，平键的两侧面是主要工作面，锉削时要保证两侧面平行，并与底面垂直，两侧面与轴键槽应该通过锉削修整，达到配合要求。

3）将键的两端锉到需要的长度，再把两端锉成半圆形，然后倒角。键的长度应小于轴键槽的尺寸，留 0.1mm 左右的间隙。否则，键打入轴的键槽内后，会引起轴的变形。

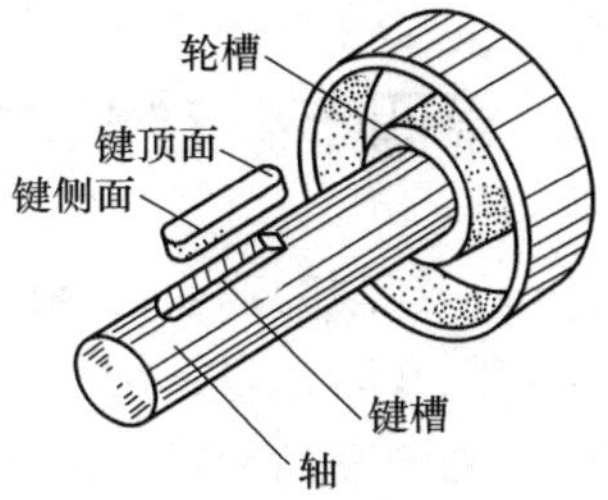

图 5-23　配键

4）将键打入轴的键槽内，与轮键槽试配。如太紧，可以将键的发亮部分锉掉一些。

5）轮键槽顶部与键之间要有 0.3 ~ 0.4mm 的间隙。

2. *在刀杆上锉配白钢镗刀的方孔（图 5-24）*

要求白钢刀头能自如地推入方孔，白钢刀头与方孔的间隙在 0.1mm 以内，方孔中心与刀杆中心线的偏心量也在 0.1mm 之内。

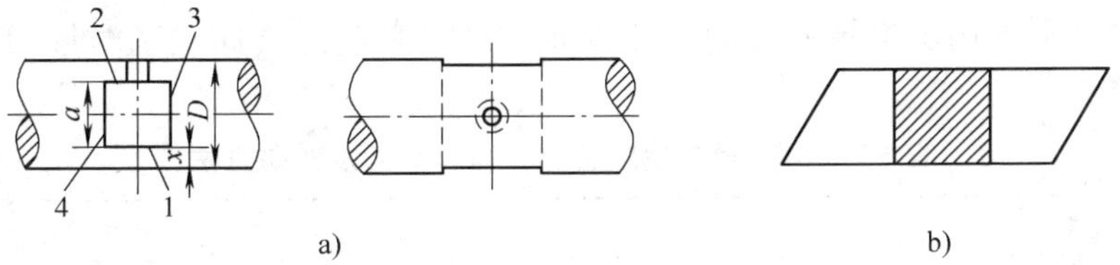

图 5-24　在刀杆上锉配方孔

a）刀杆　b）白钢刀头

锉配步骤如下：

1）在刀杆上划方孔加工线，并打好样冲眼。

2）钻毛坯孔，钻头直径为（$a-1$）mm 或（$a-2$）mm。

3）用方锉把毛坯孔按划线大致锉成方形，但都不要锉至界线。

4）把 1、2 两面中的任意一面先锉至界线，若先锉平面 1，要求平面的纵、横方向平直，两边都贴线，用游标卡尺测量，x 应该等于（$D-a$）/2。

5）锉削平面 2，以平面 1 为基准，用内卡钳或游标卡尺测量尺寸，要使平面 2 与平面 1 平行，并用白钢刀头试塞，只要孔的两端能很紧地塞进刀头的两角即可。

6）锉削平面 3，要求平面的纵、横方向平直，并且与平面 1 垂直，锉到前、后两边都贴住所划的线为止。

7）锉削平面 4，以平面 3 为基准，用内卡钳或游标卡尺测量其平行度误差，并用白钢刀头试塞，直到塞进两角为止。

8）这时方孔的四面都能塞进一些，就要用涂色法来检查并加以修整。即在方孔中涂一些红丹粉，当白钢刀头能塞进一部分时，可用木锤轻轻打几下后再退出。把相接触后产生的发亮部位锉去，这样反复锉修，直到白钢刀头能轻松自如地推进方孔为止。此时，锉配工作才告完成。

方孔锉削中，要注意各平面本身的平直性，以及相互间平行度与垂直度的要求，两垂直平面间的交角处不得有圆弧。方孔锉削中的常见弊病是两端孔口大、中间小，成喇叭口形，断面不方正，锉削时应注意纠正。

第四节 锉削时产生废品的原因、预防方法及安全操作规程

一、锉削时产生废品的原因及其预防方法

锉削有时是零件加工的最后一道工序，如果因锉削而使工件报废，就会造成很大的损失。常见的废品种类、原因及预防方法见表5-2。

二、锉削安全操作规程

1）不使用无柄或裂柄锉刀锉削工件，锉刀柄应装紧，以防手柄脱出，锉刀舌把手刺伤。

2）锉削工件时，不可用嘴吹铁屑，以防铁屑飞入眼内；也不可直接用手清除铁屑，应用刷子扫除。

3）放置锉刀不能露出钳台外面，以防锉刀跌落把脚扎伤。

4）锉削时，不可用手摸被锉过的工件表面，因手有油污会使锉削时锉刀打滑，容易造成事故。

表5-2 锉削时产生废品的种类、原因及预防方法

废品种类	原　因	预防方法
工件夹坏	1. 台虎钳钳口太硬，将工件表面夹出凹痕 2. 夹紧力太大，将空心件夹扁 3. 薄而大的工件未夹好，锉时变形	1. 夹精加工工件时应用铜钳口 2. 夹紧力要适当，夹薄管时最好用弧形木垫 3. 对薄而大的工件要用辅助工具夹持
平面中凸	锉削时锉刀摇摆	加强锉削技术的训练
工件尺寸不合适	1. 划线不正确 2. 锉刀锉出加工界线	1. 按图样尺寸正确划线 2. 锉削时要经常测量，对每次锉削量要心中有数
表面粗糙度值太大	1. 锉刀粗细选用不当 2. 锉屑嵌在锉刀中未清除	1. 合理选用锉刀 2. 经常清除锉屑
不应锉的部分被锉掉	1. 锉垂直面时未选用光边锉刀 2. 锉刀打滑，锉伤邻近表面	1. 选用光边锉刀 2. 注意消除油污等引起打滑的因素

复 习 题

一、简答题

1. 锉刀有哪几类？其规格是怎样表示的？
2. 锉刀的光边有何用处？
3. 双齿纹锉刀的面齿角和底齿角的大小为什么不一样？
4. 根据什么原则选用锉刀的粗细、大小和断面形状？
5. 怎样正确使用和保管锉刀？
6. 怎样正确采用顺锉法、交叉锉法和推锉法？

7. 怎样平衡锉削力矩?

8. 试述键的锉配过程。

二、选择题

1. 选择锉刀时，锉刀的（ ）要和工件加工表面形状相适应。

A. 大小 B. 粗细 C. 新旧 D. 断面形状

2. 精锉时必须采用（ ），使锉痕平直、纹理一致。

A. 交叉锉 B. 旋转锉 C. 掏锉 D. 顺向锉

3. 运锉的最佳速度是（ ）/min。

A. 1 次 B. 10 ~ 20 次 C. 30 ~ 60 次 D. 100 次以上

4. 平锉刀的尺寸规格是以锉身的（ ）部分长度规定的。

A. 刻齿 B. 光滑 C. 尾部 D. 全长

5. 锉刀的主要工作面指的是（ ）。

A. 有锉纹的上、下两面 B. 两个侧面

C. 全部表面 D. 顶端面

三、判断题

1. 圆锉刀也可以用来锉削平面。（ ）

2. 锉削完毕，锉刀应涂油以防止生锈。（ ）

3. 用完的锉刀，为了方便可以随手放置，不需按规范摆放。（ ）

4. 平锉刀边制成光边，目的是锉削内直角时不损伤相邻的直角边。（ ）

5. 锉刀深浅两种齿纹角度不同，可使锉齿倾斜排列，锉出来的表面比较光滑。（ ）

6. 锉削内圆弧面时，锉刀要同时完成前进运动、绕锉刀中心线作旋转运动两个运动。（ ）

7. 交叉锉法可以从锉痕上判断出被锉面的高低情况。（ ）

第六章　钻　　孔

用钻头在实心材料上钻出所需尺寸的孔的过程称为钻孔。任何一台机器的各个部分，为了连接成一个可以分拆的整体，通常都要钻孔，然后通过孔用螺栓等零件连接起来。

钻孔的工作多数是在各种钻床上进行的。钻孔时工件固定不动，钻头装在钻床主轴上，一面旋转，一面沿钻头轴线方向切入工件内，钻出钻屑。因此，钻头的运动是由以下两种运动合成的，如图 6-1 所示。

1. 切削运动（主运动）

切削运动是钻头绕其本身轴线的旋转运动，它使钻头沿着圆周进行切削。

2. 进给运动

进给运动是钻头沿轴线方向的前进运动，它使钻头切入工件，并连续地进行切削。

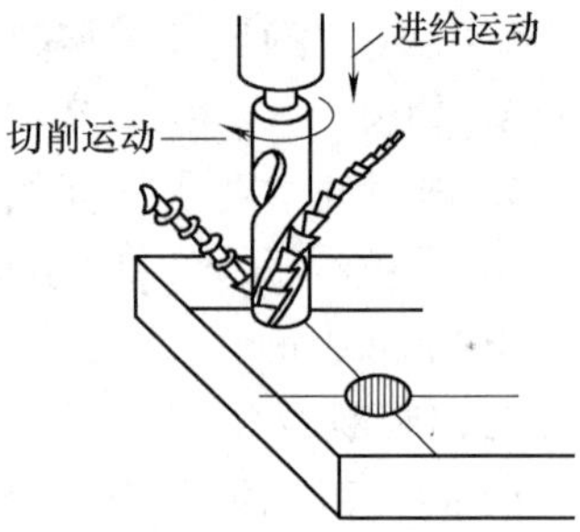

图 6-1　钻头的运动

由于两种运动同时进行，因此，除钻头轴线以外每一点的运动轨迹都是螺旋线，钻屑也呈螺旋形。

钻孔的加工精度一般只能达到 IT11 ~ IT10 级，表面粗糙度只能达到 $Ra50 \sim 12.5\mu m$，所以仅适合加工精度要求比较低的孔。

第一节　麻　花　钻

钻头是钻孔的主要切削工具，其种类很多，有麻花钻、中心钻、锪钻、硬质合金钻等。

一、麻花钻的构造

麻花钻是最常用的钻头，它由柄部、颈部、工作部分和切削部分组成，如图 6-2 所示。

1. 柄部

柄部是供钻床或电钻装夹用的部分，其作用是传递转矩和轴向力，并使钻头的轴线保持正确的位置。钻柄分直柄和锥柄两种。

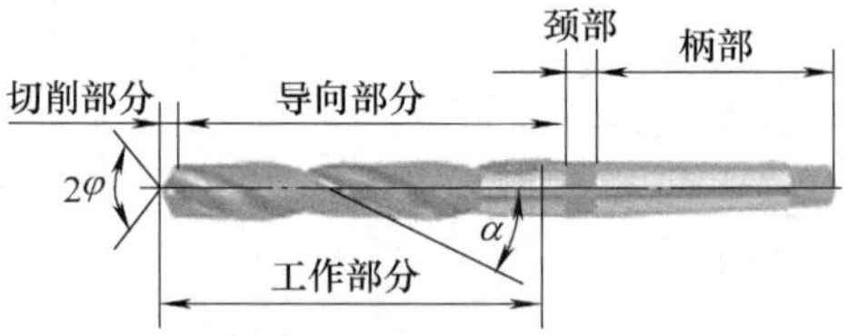

图 6-2　麻花钻的构造

（1）直柄　柄部呈圆柱形，用钻夹头夹持，能传递的转矩较小，只适用于直径在 13mm 以下的钻头。

（2）锥柄　柄部呈圆锥形，装在主轴的莫氏锥孔内，靠圆锥面之间的摩擦力传递转矩。因它传递的转矩较大，故适用于直径在 13mm 以上的钻头。

为了防止锥柄在锥孔内打滑，将锥柄尾部做成扁尾形状，并在锥孔内做成与扁尾相配的孔形，以使扁尾也能够通过两侧平面起传递转矩的作用。此外，扁尾也用于将钻头从锥孔内打出。

2. 颈部

颈部的作用是制造钻头时供砂轮磨削退刀，一般也在这个部位的表面上刻印商标、钻头直径和材料牌号。

3. 工作部分

工作部分由切削部分和导向部分组成。

（1）切削部分　钻头的切削部分如图 6-3 所示，包括两条主切削刃和顶端的一条横刃，两条主切削刃在钻孔中起着主要的切削作用。其各几何要素的名称和作用如下：

前刀面——形成切削刃的钻头螺旋槽表面，其作用是排屑。

后刀面——钻头顶端的两个曲面（圆锥螺旋面）。

主切削刃——前刀面与后刀面的交线。

横刃——两个后刀面之间的交线，对工件起挤压刮削作用。横刃太长时，轴向阻力大，钻头的定心作用不良。

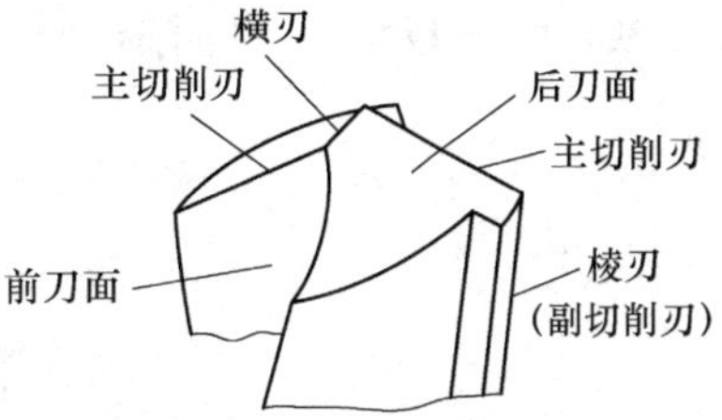

图 6-3　切削部分

（2）导向部分　钻头头部与颈部之间的部分称为导向部分，其在切削过程中起引导钻头按正确方向钻孔和修光孔壁的作用，同时又是钻头的备用部分。它由以下要素组成：

螺旋槽——钻头上有两条形状相同的螺旋槽，其作用是形成两条切削刃的前角，并起排屑和输送切削液的作用。

棱边——为减少钻头与孔壁间的摩擦，将钻头的两外圆柱导向面铣得很窄，形成两条沿螺旋槽边上分布的突起的窄边。为了进一步减少摩擦，又将棱边的直径磨成倒锥，倒锥的数值见表 6-1。

表 6-1　麻花钻倒锥数值表

钻头直径/mm	1 ~ 6	6 ~ 18	18 ~ 80
每 100mm 减小量/mm	0.03 ~ 0.05	0.04 ~ 0.1	0.05 ~ 0.12

棱边外表面是起引导作用的面，称为副后刀面。它与螺旋槽表面的交线称为副切削刃（棱刃），在钻孔中起修光孔壁的作用。

钻心与刃瓣——钻心是钻头两螺旋形刃瓣中间的实心部分，它连接两个螺旋形刃瓣共同保持钻头的强度和刚度。钻头工作部分的材料一般用高速工具钢（W18Cr4V）制成，并淬硬至 62 ~ 68HRC，其热硬性可达到 1096 ~ 1146K；柄部材料则可差些（尤其是尺寸较大的钻头），一般用 45 钢，淬硬至 30 ~ 45HRC。

二、麻花钻的主要角度

1. 螺旋角 ω

螺旋角是螺旋槽上最外缘的螺旋线展开成直线后与钻头轴线的夹角，一般 $\omega = 30°$。在钻头的不同半径处，螺旋角的大小是不相同的，自外缘向中心逐渐减小，如图 6-4 所示。

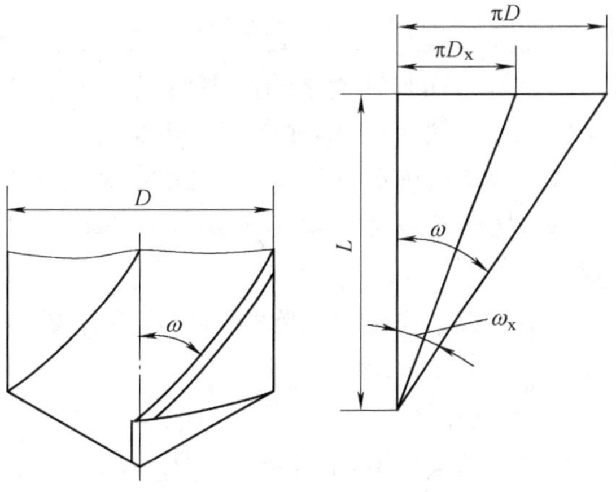

图 6-4　螺旋角的变化

2. 顶角（2φ）

顶角是钻头两主切削刃在其轴向平行平面 M-M 上投影的夹角，如图6-5所示。有了合适的顶角，钻头才容易钻入工件，才能保持良好的定心能力，孔径不容易扩大。

顶角的大小与所钻材料的性质有关，一般钻硬的材料要比钻软的材料选得大些，常用的顶角为116°～118°。不同材料所选用钻头顶角的大小见表6-2。

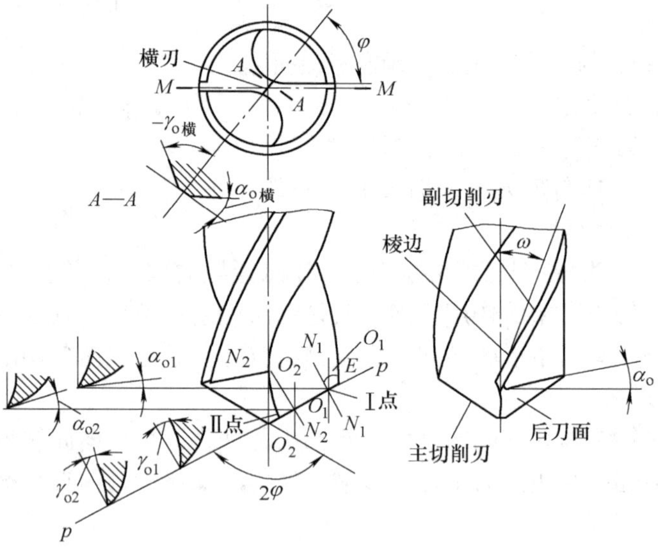

图6-5 麻花钻的几何参数

表6-2 钻头顶角的选择

加工材料	顶角 2φ	加工材料	顶角 2φ
钢和生铁	116°～118°	硬铝合金	90°～118°
钢锻件	125°	塑料制品	80°～90°
铜及铜合金	110°～130°		

3. 前角 γ_o

在钻头主截面 N_1-N_1 或 N_2-N_2（通过主切削刃上任意点并垂直于切削平面和基面的平面）内，前刀面与基面之间的夹角（γ_{o1}、γ_{o2}）称为前角，如图6-5所示。钻头的前角在外缘处最大（一般为30°左右），自外缘向中心逐渐减小（图中 $\gamma_{o1}>\gamma_{o2}$），在中心 $D/3$ 范围内为负值。如接近横刃处的 $\gamma_o=-30°$，横刃上的 $\gamma_{o横}=-54°\sim60°$（图中 A—A 断面）。前角的大小与螺旋角有关（横刃处除外），螺旋角越大，前角也越大；外缘处的前角与螺旋角数值相近。

前角的大小决定着切除材料的难易程度和切屑在前刀面上的摩擦阻力，前角越大，切削越省力。

4. 后角 α_o

在钻头的圆柱截面 O_1-O_1 或 O_2-O_2 内，后刀面与切削平面之间的夹角（α_{o1}、α_{o2}）称为后角，如图6-5所示。主切削刃上每一点的后角也是不相等的。与前角相反，后角在外缘处最小，越接近中心则越大（图中 $\alpha_2 > \alpha_1$）。一般麻花钻外缘处的后角按钻头直径的大小分为：$D<15\text{mm}$，$\alpha_o=10°\sim14°$；$D=15\sim30\text{mm}$，$\alpha_o=9°\sim12°$；$D>30\text{mm}$，$\alpha_o=8°\sim11°$。钻心处的后角 $\alpha_o=20°\sim26°$，横刃处的后角 $\alpha_{o横}=30°\sim36°$。

后角的作用是减少后刀面与加工表面的摩擦，使切削刃能锋利地切削材料。但如果后角太大，则会使切削刃的强度减弱。

钻硬材料时，为了保证刀具的强度，后角可适当小些；钻软材料时，后角可稍大些。但是钻削黄铜这类材料时，由于后角太大会产生扎刀现象，所以后角不宜太大。

5. *横刃斜角 ψ*

横刃与主切削刃的平行轴向平面 *M-M* 之间的夹角称为横刃斜角，如图 6-5 所示。它的大小与后角的大小有关，当刃磨的后角大时，横刃斜角就会减小，横刃长度也随之变长，钻孔时，钻削的轴向阻力大且不易定心。一般 $\psi=50°\sim55°$。

三、麻花钻的刃磨

1. *麻花钻刃磨的技术要求*

麻花钻的切削刃用钝之后，为了恢复其切削性能，必须对其进行刃磨。刃磨时，只刃磨两个后刀面，但要同时保证后角、顶角和横刃斜角都达到正确的角度。

（1）刃磨后角 α_o　麻花钻两主切削刃上各点的后角是不相等的，且随钻头直径的大小而不同。标准麻花钻外缘处的后角一般可取 8°～14°。

（2）刃磨顶角 2φ　一般磨成 118°，且必须与钻头轴线对称，两切削刃的长短应一致。

（3）刃磨横刃斜角 ψ　横刃斜角一般磨成 55°，5mm 以上的钻头还应修磨横刃。

上述三个角度可用综合样板检验，如图 6-6 所示。

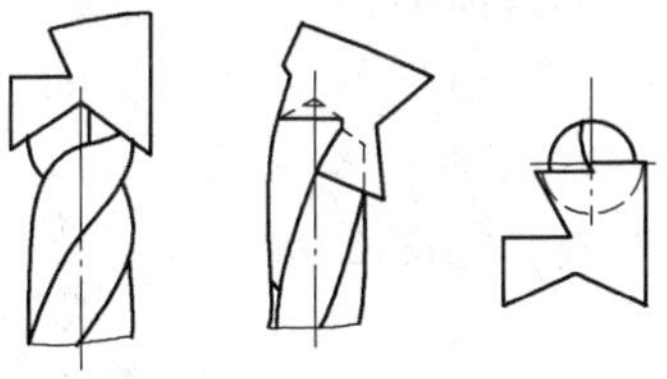

a)　b)　c)

图 6-6　用综合样板检验钻头的刃磨角度

a）检验顶角　b）检验后角　c）检验横刃斜角

图 6-7a 所示为刃磨正确的钻头的钻孔情况。图 6-7b 所示为顶角刃磨得不对称时的钻孔情况，此时，只有右切削刃进行切削而左切削刃不起作用，两边受力不平衡，右切削刃上的切削力把钻头向左边推移，结果使钻孔扩大和倾斜。图 6-7c 所示为顶角磨得虽对称但切削刃长度不相等的情况，此时，钻出的孔径大于钻头的直径。图 6-7d 所示为顶角磨得不对称，切削刃长度也不一样的情况，钻出的孔径也大于钻头的直径。

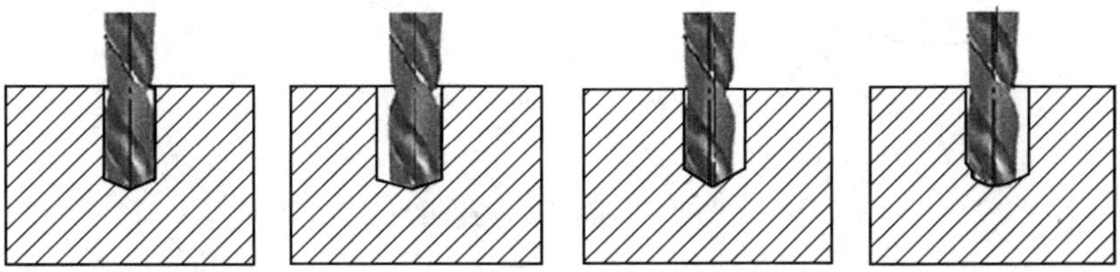

a)　b)　c)　d)

图 6-7　刃磨后钻头的钻孔情况

2. 刃磨方法

在砂轮上刃磨钻头的方法如图 6-8 所示，右手握钻头前部，左手握钻柄（反之亦可），右手搁在支架上作为支点，使钻身位于砂轮中心水平面，钻头轴线与砂轮圆柱面素线的夹角等于钻头顶角 2φ 的一半（如59°），然后使钻头后刀面接触砂轮进行刃磨。在刃磨过程中，右手应使钻头绕钻头轴线作微量的转动，左手使钻尾作少量的上下摆动，就可同时磨出顶角、后角和横刃斜角。磨好一面再磨另一面，但两面必须对称。刃磨时要随时检验角度的正确性，同时应随时用水冷却钻头，以防钻头切削部分因过热而退火。

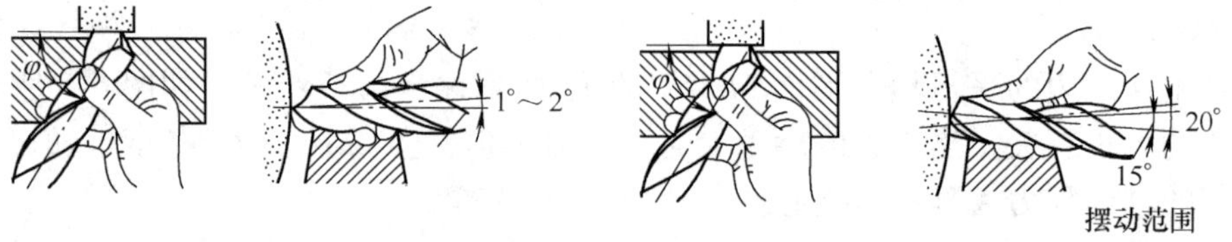

图 6-8 麻花钻的刃磨方法

四、麻花钻的修磨

针对麻花钻的缺点，麻花钻有以下修磨内容。

1. 修磨横刃

修磨横刃是把横刃磨短，将横刃的前角磨大。5mm 以上的钻头通常都要修磨横刃，修磨后的横刃长度 b 为原长的（1/5～1/3）。修磨横刃后形成内刃，内刃斜角 $\tau=20°\sim30°$，内刃处前角 $\gamma_\tau=-15°\sim0°$。横刃修短后，轴向阻力将减小，从而改善了切削情况，定心也更准确，如图 6-9a 所示。

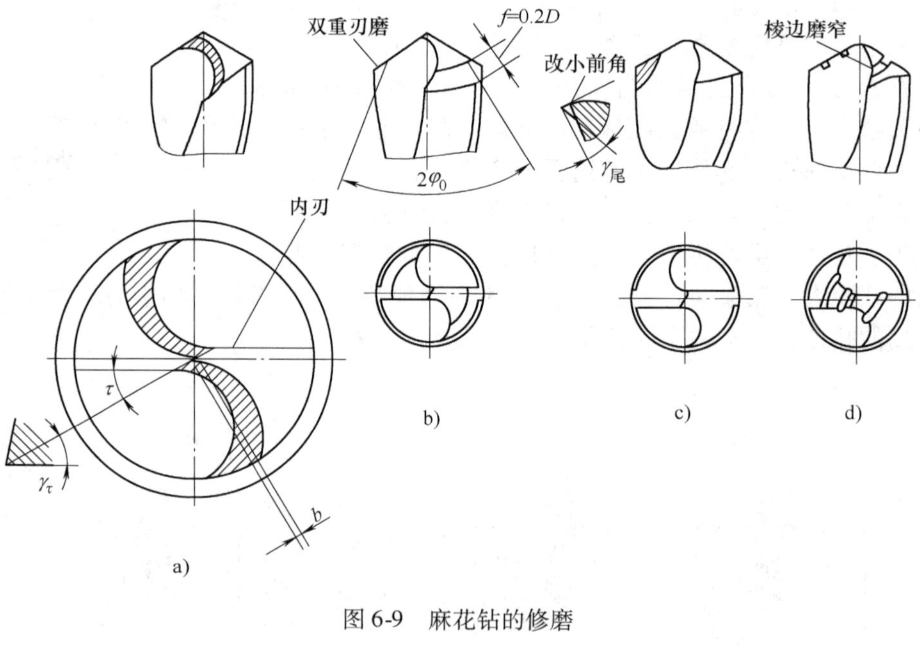

图 6-9 麻花钻的修磨

2. 修磨切削刃（修磨顶角）

修磨切削刃是在主切削刃的外缘处磨出第二顶角 $2\varphi_0$，如图 6-9b 所示，这样可增加切削

刃总长和刀尖角 ε，从而改善散热条件，增强主切削刃与棱刃交角处的抗磨性，延长钻头的使用寿命。一般 $2\varphi_0=70°\sim75°$；$f=0.2D$。这种修磨顶角后的钻头适宜于钻铸铁。

3. 修磨前角

将主切削刃与副切削刃交角处的前刀面磨去一块（阴影部分），如图 6-9c 所示，以减小此处的前角，使切削刃稍钝一些。这样可避免钻黄铜时，因过分锋利而引起扎刀现象；钻削硬材料时，还可提高钻头的强度。

4. 修磨分屑槽

当麻花钻直径较大时，可在两个后刀面上磨出几条相互错开的分屑槽，如图 6-9d 所示，使宽的切屑变窄，排屑容易。直径大于 15mm 的钻头都可磨分屑槽。如前刀面上已制有分屑槽，则不必再在后刀面上开槽。带分屑槽的钻头适于钻削钢料。

5. 修磨棱边

在靠近主切削刃的一段棱边上，磨出副后角 $\alpha_{o1}=6°\sim8°$，并保留棱边的宽度为原来的 1/3～1/2，以减少对孔壁的摩擦，延长钻头的使用寿命。

第二节 钻 孔 方 法

一、工件的夹持

钻孔时，应根据钻孔直径和工件的形状及大小，选用合适的夹持方法，以保证钻孔的质量和安全。

1. 用手握牢

钻直径在 8mm 以下、精度要求不高的小孔时，能用手握牢的（较大的长条形工件）可以直接用手握牢工件钻孔。但工件边角必须倒钝，孔将钻穿时进给量要小。不能用手直接握牢的小工件，可用手虎钳夹持，如图 6-10 所示；或用小台式虎钳夹持，如图 6-11 所示。如钻孔的精度要求较高，则必须用夹具将工件固定在工作台上。

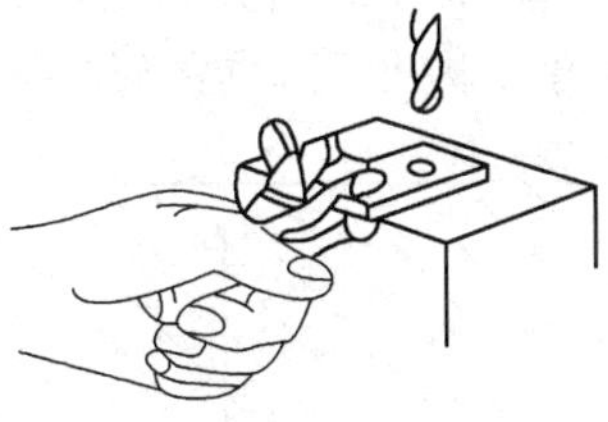

图 6-10 用手虎钳夹持工件

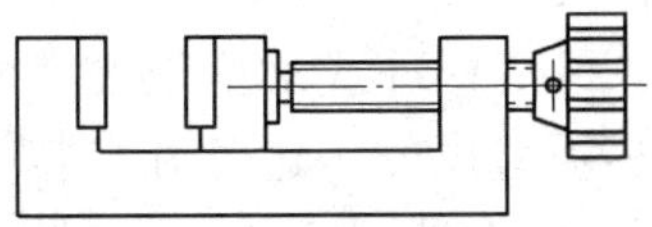

图 6-11 小台虎钳

2. 用机用虎钳夹持

机用虎钳适合夹持平整工件，如图 6-12 所示。当孔径大于 8mm 时，机用虎钳还应用螺栓固定在钻床工作台上。

3. 用螺栓靠住

在长的工件上钻精度低的小孔时，虽可用手握住，但在台面上最好用一固定螺栓靠住，以确保安全，如图 6-13 所示。

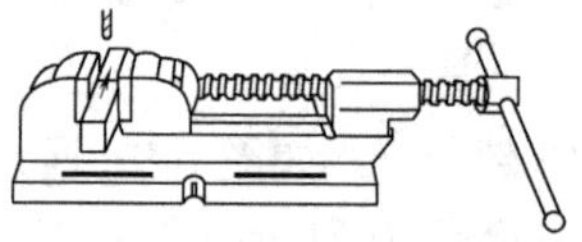

图 6-12 用机用虎钳夹持工件

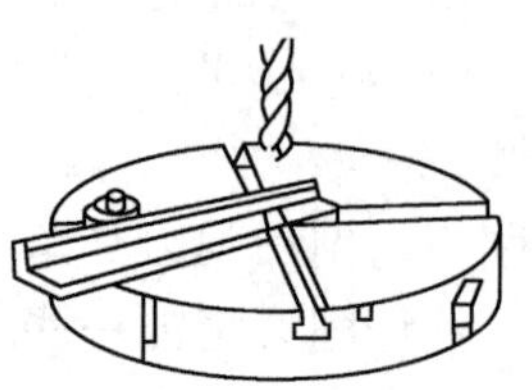

图 6-13 用螺栓靠住钻孔

4. 用 V 形铁配以螺钉、压板夹持

这种方法适用于在圆柱形工件上钻孔，如图 6-14 所示，使圆柱形工件在钻孔时不会转动。

5. 搭压板夹持

钻孔直径大、用机用虎钳也不好夹持的工件，可用压板、螺栓、垫铁等固定在钻床工作台上，如图 6-14 所示。搭压板时应注意以下几点：

1）螺栓应尽量靠近工件，使其有较大的压紧力。

2）垫铁应比工件被压紧的表面略高或等高，但不能低。否则，压紧后压板的着力点将在工件的边缘处，受压面积小，工件就会翘起。而垫铁稍高时，即使压板略有变形，仍能使着力点不会偏在边缘处，有较大的压紧面积。

3）精加工的表面，为防止压出印痕，应在压板下垫铜皮或铝皮。

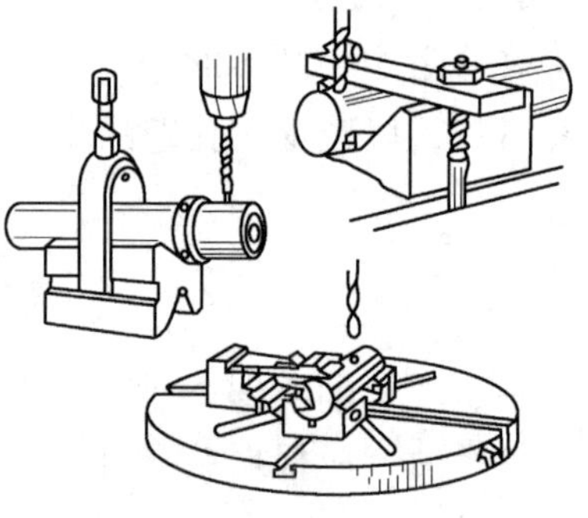

图 6-14 圆柱形工件钻孔的夹持方法

二、按照划线钻孔的方法

钻孔前，先把孔中心的样冲眼冲大一些，以使钻头预先落入样冲眼中。这样，钻孔时钻头就不会偏离中心。钻孔时，先使钻头尖对准钻孔中心，然后试钻一浅坑，观察钻孔位置是否正确。如钻出的浅坑与所划的钻孔圆周线不同心，则应移动工件或钻头的位置，朝偏离钻孔圆周线较远的浅坑一侧，继续试钻浅坑以纠正偏心，使浅坑眼处于圆周的正中。当浅坑偏心太大时，可用样冲或油槽錾在浅坑的中心向钻头必须移位的一边錾几条槽，以减少此处的阻力（图 6-15）。再试钻时，钻头就能偏过去切削有槽的部分，从而使钻坑的位置居中。试钻达到同心的要求时，即可固定工件和钻轴正式钻孔。在孔快要钻穿时，必须减小进给量。如采用自动进给，此时最好改为手动进给，这样孔的质量好，钻头不易损坏。

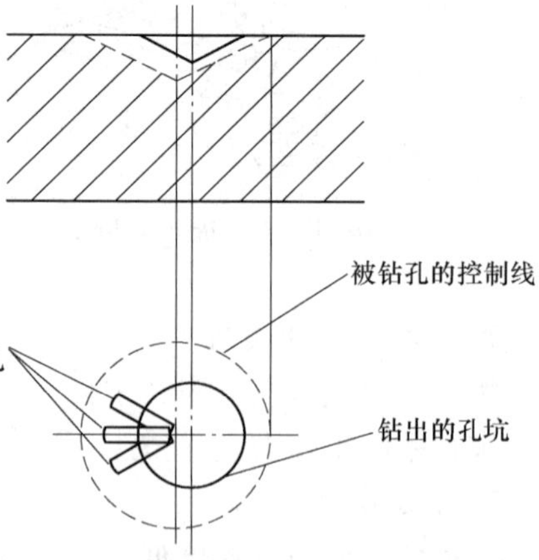

图 6-15 錾槽纠正钻偏的孔

钻不通孔时，要按钻孔深度调整挡块。钻深孔时，要注意防止因切屑阻塞而折断钻头，一般钻进深度达到直径的 3 倍时，就应退出钻头排屑，以后每钻进一定的深度，就要退出排屑一次。直径超过 30mm 的大孔可分两次钻削，先用直径为孔径的 50% ~70% 的钻头钻孔，然后用所需孔径的钻头钻孔。这样可减小轴向阻力，保护机床的同时又可提高钻孔质量。

三、在圆柱形工件上钻孔的方法

在轴或套等圆柱形工件上钻与轴线垂直并通过轴线的孔，当孔中心线与工件中心线的对称精度要求较高时，钻孔前对工件的装夹要求是：

1）在钻轴下安放 一 V 形铁，以搁置圆形工件并用压板压紧。

2）V 形铁的对称中心线与工件的钻孔中心线，必须找正到与钻轴的中心线在一条铅垂线上，这样才能使孔钻正和钻直。校正 V 形铁位置的方法是：在钻夹头上夹上一个定心工具（图 6-16a），并用百分表找正定心工具的圆锥体与主轴的同心度，使它的偏摆量在 0.01 ~0.02mm 之间。然后移动 V 形铁使其与圆锥体的角度贴合，此即为 V 形铁的正确位置。找正后用压板固定 V 形铁，再把工件放在 V 形铁槽上。用直角尺找正工件端面的钻孔中心线（此线应先划好）使其保持垂直，即得工件的正确位置。用压板压紧工件后，便可对准钻孔的中心试钻浅坑，并看浅坑是否与钻孔中心线对称。如不对称，可借正工件再试钻，直到对称为止，然后正式钻孔。如工作仔细，可以得到对称度误差在 0.1mm 内的孔。

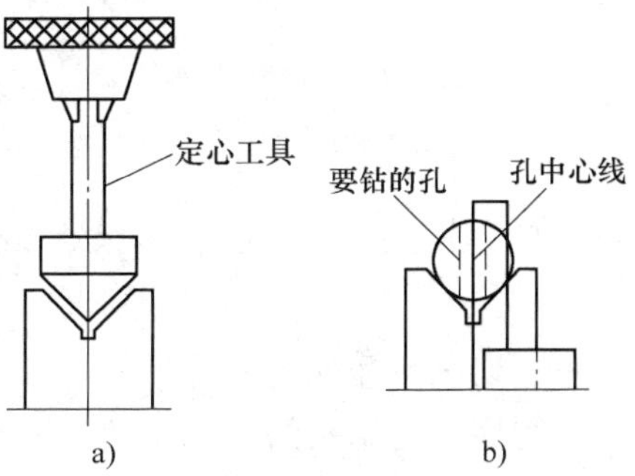

图 6-16　在圆柱形工件上钻与轴线垂直的孔

当对称精度要求不高时，可不用定心工具，而用钻头顶尖来找正 V 形铁的中心位置。然后用直角尺找正工件端面的中心线，并使钻尖对准孔中心进行试钻和钻孔，如图 6-16b 所示。

四、在斜面上钻孔的方法

在斜面上钻孔时，钻头的两条切削刃只有一条在切削。由于材料对钻头的抗力会使钻头产生偏斜，所以孔会钻歪，加上斜面上容易滑移，钻得不当甚至会使钻头折断。此时可采用以下方法：

1）在斜面钻孔处用立铣刀铣出一个平面，然后再钻孔，如图 6-17 所示。

2）在斜面钻孔处用錾子錾出一个小平面后，打上样冲眼，再用中心钻钻锥坑，或用小钻头钻一个小孔，这样有了定心坑，再用大钻头钻孔，钻头就不会偏出中心。

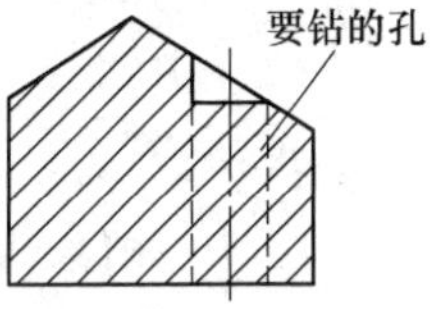

图 6-17　在斜面上先铣平面再钻孔

五、钻半圆孔的方法

对需钻半圆孔的工件，当孔在工件的边缘时，可把两工件合起来夹在台虎钳内钻孔，如图 6-18 所示。若只需一件时，可用一块相同的材料与工件拼起来夹在台虎钳内钻孔。

在装配机器的工件中，为了阻止衬套相对壳体的运动，须在两者之间钻骑缝螺钉孔，如图 6-19 所示。此时，由于两者材料一般不相同，钻孔时，孔中心的样冲眼要打在略偏向硬材料的一边，以抵消因阻力小而引起钻头向软材料一面偏移，这样可使钻孔中心正好处于两个工件的中间。

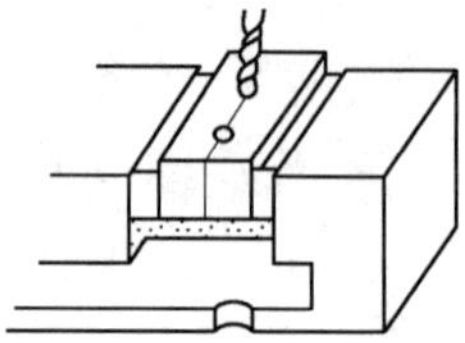

图 6-18　钻半圆孔

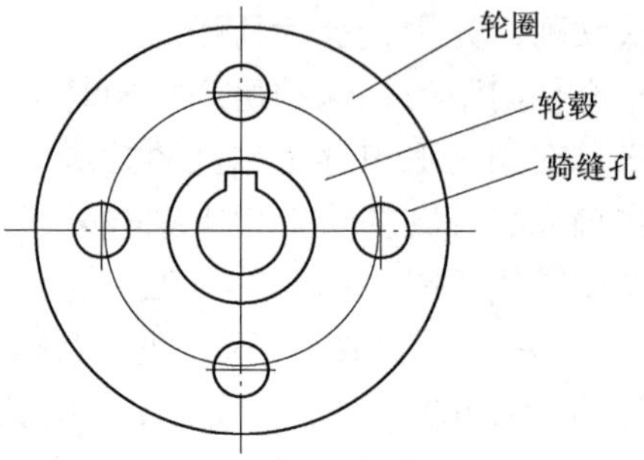

图 6-19　钻骑缝孔

第三节　切削用量的选择

一、切削用量的内容

切削用量是钻头的切削速度、进给量和吃刀量的总称。切削用量的正确与否，对生产率、钻头的使用寿命和加工工件的质量，有着重要的影响。

1. 切削速度（v）

钻孔时，钻头切削刃上最外一点（直径处）的线速度 v（m/min）可由下式计算

$$v=\frac{\pi Dn}{1000}$$

式中　D——钻头直径（mm）；

n——钻头的转速（r/min）。

例　钻头直径为 16mm，以 500r/min 的转速钻孔时，切削速度是多少？

解　$v=\frac{\pi Dn}{1000}=\frac{3.14\times16\times500}{1000}\text{m/min}\approx25\text{m/min}$

2. 进给量（f）

钻孔时，钻头每转一周向下移动的距离（图 6-20）称为进给量，其单位为 mm/r。

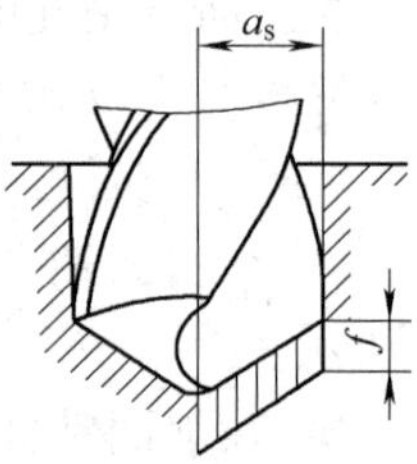

图 6-20　钻孔时的进给量和吃刀量

3. 吃刀量（a_s）

钻孔时的吃刀量等于钻头的半径，如图 6-28 所示，即

$$a_s=\frac{D}{2}$$

二、切削用量的选择

选择切削用量的原则是在保证加工精度、孔壁表面粗糙度及钻头使用寿命的前提下，尽量选择较大的切削用量，以节约工时，提高生产率。但是，不允许超过额定功率和机床、刀具、工件、夹具等的强度和刚度。由于吃刀量已由钻头直径决定，所以只需选择切削速度和进给量。选用较高的切削速度和进给量都能提高生产率，但切削速度太大会引起强烈摩擦，

以致降低钻头的使用寿命，而如果进给量太大，虽对刀具使用寿命的影响较小，但对加工表面粗糙度值的影响较大，会使工件表面不光滑。因此，钻孔时选择切削用量的基本原则是在允许范围内，尽量先选较大的进给量，当进给量受表面粗糙度和钻头刚度的限制时，再考虑选较大的切削速度。选择切削用量时，可从切削手册中查表确定。

第四节　钻削安全操作规程及钻孔废品分析

一、钻削安全操作规程

1）钻孔前，工作台面上不准放置刀具、量具及其他物品；钻孔时工件一定要夹紧；钻通孔时要垫垫块或使钻头对准工作台的槽，以免损坏工作台。

2）钻孔时应戴好安全帽，不准戴手套及使用棉纱，以免引发事故；清除切屑时应用刷子，不要用嘴吹，以防切屑飞入眼内。

3）孔快要钻穿时要减小进给量，因为当横刃刚钻穿工件时，轴向阻力突然下降，这时钻头走刀机构的弹性变形恢复，使走刀量突然增大，极易引发事故。

4）停车后才能用手去松紧钻夹头，松紧钻夹头时必须用钥匙，不可用敲打的方法；从钻头套中退出钻头时要用楔铁敲出。

5）钻床要变速时应先停车。

6）使用电钻时，应戴橡皮手套和穿胶鞋，以防触电。

二、钻孔时产生废品的分析

钻孔时产生废品的主要原因是钻头刃磨、工件装夹、切削用量选择或操作不正确。钻孔时产生废品的原因和预防方法见表 6-3。

表 6-3　钻孔时产生废品的原因和预防方法

废品形式	产生原因	预防方法
孔呈多角形	1. 钻头后角太大 2. 两切削刃长短不同、角度不对称	正确刃磨钻头
孔径大于规定尺寸	1. 钻头两主切削刃长短、高低不同 2. 钻头摆动	1. 正确刃磨钻头 2. 消除钻头摆动
孔壁粗糙	1. 钻头不锋利 2. 后角太大 3. 进刀量太大 4. 冷却不足，切削液润滑性差	1. 把钻头磨锋利 2. 减小后角 3. 减小进刀量 4. 选用润滑性好的切削液
钻孔位置偏移或歪斜	1. 工件表面与钻头不垂直 2. 钻头横刃太长 3. 钻床主轴与工作台不垂直 4. 进给过快 5. 工件固定不紧	1. 正确安装工件 2. 磨短横刃 3. 检查钻床主轴的垂直度 4. 进给不要太快 5. 工件要装夹牢固

三、钻孔时钻头损坏的原因和预防方法

钻孔时钻头损坏的原因和预防方法见表6-4。

表6-4 钻孔时钻头损坏的原因和预防方法

损坏形式	损坏原因	预防方法
钻头工作部分折断	1. 用钝钻头工作 2. 进刀量太大 3. 钻屑塞住钻头的螺旋槽 4. 钻孔快钻穿时，因进给阻力迅速降低而突然增加进给量 5. 工件松动 6. 钻铸铁时碰到缩孔	1. 把钻头磨锋利 2. 减小进刀量，合理提高切削速度 3. 钻深孔时，钻头退出几次，以使钻屑及时排出 4. 钻孔将要钻穿时减小进给量 5. 将工件可靠地固定 6. 钻有缩孔的铸件时减小进给量
切削刃迅速磨损	1. 切削速度过高 2. 钻头刃磨角度与工件硬度不适应	1. 降低切削速度 2. 根据工件硬度选择钻头的刃磨角度

复 习 题

一、简答题

1. 试述麻花钻各组成部分的名称及作用。麻花钻为什么要有倒锥？

2. 根据图6-21a所示麻花钻，分别用代号（或名称）表示几个主要角度，并说明其定义和作用。

3. 根据图6-21b所示麻花钻，标注其主要的刃和面，并说明这些刃的定义和作用。

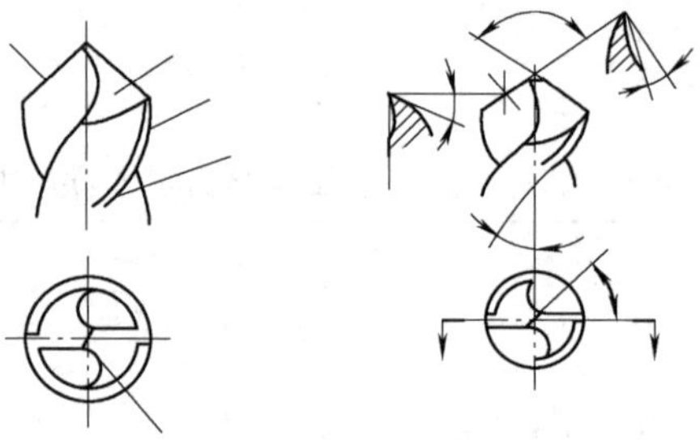

a) b)

图 6-21

4. 为什么在麻花钻的不同半径处，螺旋角、前角和后角是不相等的？

5. 钻削时钻头的后角为何减小？

6. 标准麻花钻在结构上有哪些特点？

7. 麻花钻要修磨哪些部位？对这些部位进行修磨有什么作用？

8. 怎样在斜面上钻孔？

9. 钻孔时怎样搭压板？夹持钻孔工件有哪些方法？

10. 钻孔时一般能达到怎样的精度和表面粗糙度 Ra 值？

11. 在孔快要钻穿时可能产生哪些不良现象？怎样预防？

二、选择题

1. 标准麻花钻修磨分屑槽时是在（　　）磨出分屑槽。

A. 前刀面　　B. 副后刀面　　C. 基面　　D. 后刀面

2. 在钻床上钻孔时，钻头的旋转是（　　）运动。

A. 主　　B. 进给　　C. 切削　　D. 工作

3. 当钻头直径大于 13mm 时，柄部一般做成（　　）。

A. 直柄　　B. 莫氏锥柄　　C. 方柄　　D. 直柄、锥柄都可

4. 标准麻花钻的后角是（　　）内后刀面与切削平面之间的夹角。

A. 基面　　B. 主截面　　C. 柱截面　　D. 副后刀面

5. 使用锉刀时，不能（　　）。

A. 推锉　　B. 双手锉　　C. 来回锉　　D. 单手锉

三、判断题

1. 全新的钻头因其切削刃无磨损，所以最好用。（　　）

2. 顶角越小，钻头越锋利，所以钻头磨得越尖越好。（　　）

3. 在圆柱形工件上钻与轴线垂直并过轴线的孔时，可放在 V 形铁上压紧。（　　）

第七章　扩孔、锪孔和铰孔

第一节　扩　　孔

扩孔是指把工件上已有的孔用扩孔钻进行扩大，扩孔钻的吃刀量 $a=\dfrac{D-d}{2}$，如图 7-1 所示。如图 7-2 所示，扩孔钻的形状与麻花钻相似，所不同的是：

1）扩孔钻有较多的切削刃（3～4 齿），没有横刃。由于刀齿棱边较多，所以有较好的导向性能，切削也比较平稳。因此，扩孔的质量比钻孔高，一般尺寸精度可达 IT10～IT9，表面粗糙度可达 $Ra6.3\sim2.5\mu m$，常用于孔的半精加工或铰孔前的预加工。

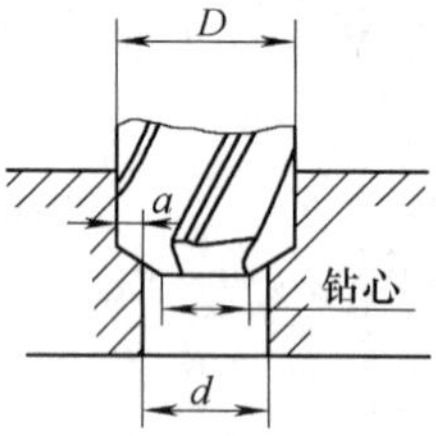

图 7-1　扩孔

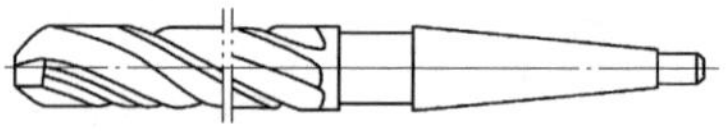
图 7-2　扩孔钻

2）由于扩孔钻的钻心较粗，刚度较好，因此可以增大进给量和改善加工质量。扩孔的进给量约为钻孔进给量的 1.5～2 倍，但切削速度因受进给量、吃刀量等的影响，一般比钻孔时小一倍。

钻直径较大的孔时，一般都应分两次钻出，即先用小直径钻头钻出底孔 d，然后用麻花钻或扩孔钻扩大。用麻花钻扩孔时，底孔直径约为要求直径的 50%～70%；用扩孔钻扩孔时，底孔直径约为要求直径的 90%。

第二节　锪　　孔

在孔口处用锪钻加工出一定形状的孔的过程称为锪孔。例如，锪圆柱形埋头孔、锪用于安放垫圈用的凸台平面等，如图 7-3 所示。

一、锪钻的种类和主要特点

1. 柱形锪钻

锪圆柱形埋头孔的柱形锪钻如图 7-4 所示。它的端面切削刃是起主要切削作用的主切削刃；螺旋槽的斜角就是它的前角（$\gamma_o=\omega=15°$），后角 $\alpha_o=8°$。外圆柱面的切削刃是副切削刃，起修光孔壁的作用。锪钻前端有导向柱，导向柱与已有孔采用公差带代号为 f7 的间隙配合，以保证有良好的定心作用。导向柱与锪钻可以制成整体式（图 7-3a）或装卸式（图

7-4)，装卸式的端面刀齿刃磨比较方便。当缺乏标准柱形锪钻时，可用标准麻花钻改制，如图 7-5 所示，即将麻花钻前端磨出导向柱，并在锯片砂轮上磨出端面切削刃，还要把导向柱上螺旋槽的锋口倒钝，以免刮伤小孔的孔壁。不带导向柱的平底锪钻是用来锪平底不通孔的，如图 7-6 所示。

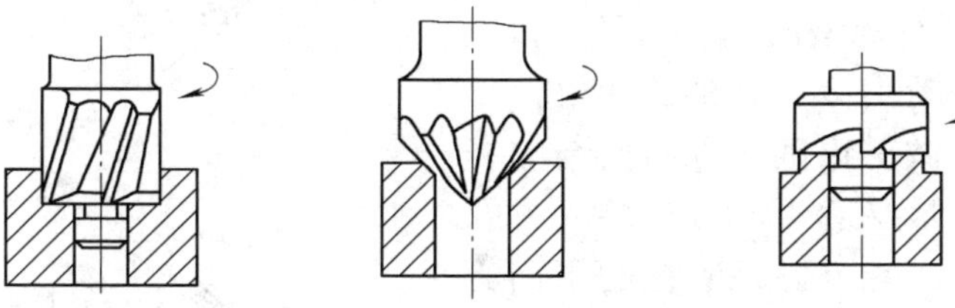

a)　　b)　　c)

图 7-3　锪孔

a）锪圆柱埋头孔　b）锪圆锥孔　c）锪圆凸台平面

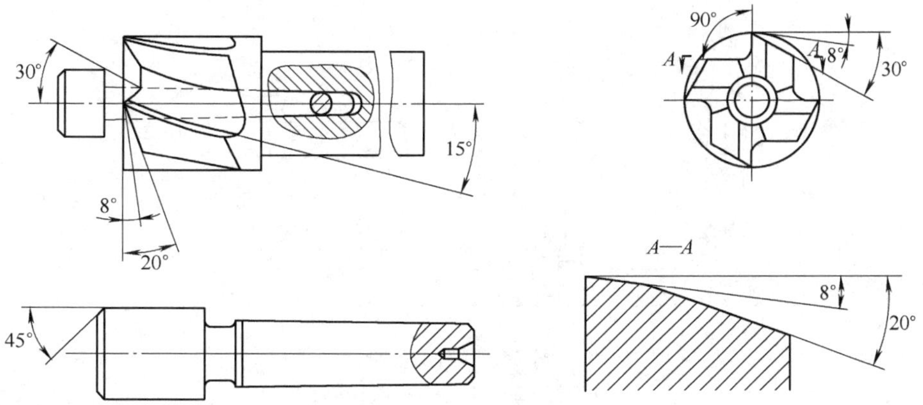

图 7-4　柱形锪钻

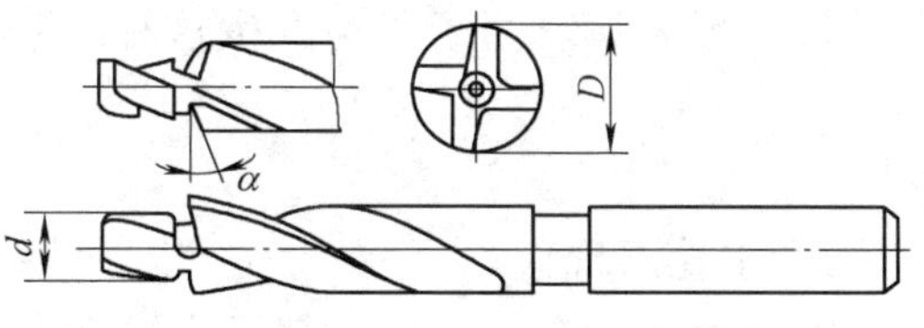

图 7-5　用麻花钻改制柱形锪钻

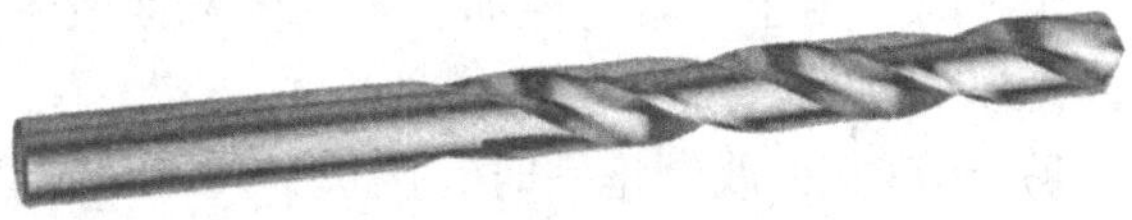

图 7-6　不带导柱的平底锪钻

2. 锥形锪钻

锥形锪钻用来锪圆锥形的埋头孔，其主要构造如图 7-7 所示。锥形锪钻的锥角（2φ）有 60°、75°、90°和 120°四种，其中 90°的用得最多。锥形锪钻的直径 d 为 12 ~ 60mm，齿数为 4 ~ 12 个。为改善钻尖处的容屑条件，每隔一齿将此处的切削刃切去一块。锥形锪钻的前角 $\gamma_o = 0°$，后角 $\alpha_o = 6° \sim 8°$。

没有锥形锪钻时，也可用麻花钻改制而成。此时，顶角 2φ 要磨成所需大小，并与轴线对称，后角要磨得小些。这样才能锪出光滑的锥坑，否则容易产生振痕。

3. 端面锪钻

端面锪钻用来锪凸台的平面，其构造如图7-8所示。它由刀杆1、刀片2和紧定螺钉3组成。刀片用白钢刀磨成，底部平面上磨有两条切削刃，用来切削凸台平面。切削刃的前角：锪铸铁时，$\gamma_o = 5° \sim 10°$；锪钢时，$\gamma_o = 15° \sim 25°$。后角 $\alpha_o = 6° \sim 8°$，两侧还有 $2° \sim 3°$ 的侧后角。

刀杆上的方孔要做得正确，方向要与刀杆垂直，与刀片配合松紧要适当。刀片装入方孔后用螺钉紧固。此时，主切削刃所在的平面必须与刀杆垂直，否则，锪出的凸台平面位置会偏斜。刀杆头部的直径与孔的配合，采用公差带代号为f7的间隙配合，以保证良好的引导作用。

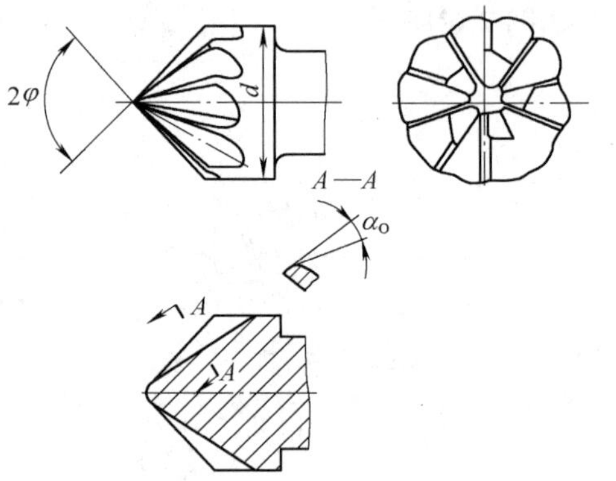

图7-7 锥形锪钻

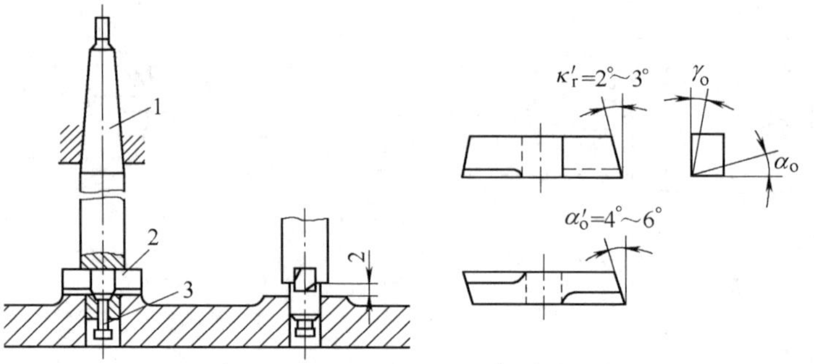

图7-8 端面锪钻

1—刀杆 2—刀片 3—紧定螺钉

二、锪孔工作要点

锪孔时，由于刀具的振动，锪出的端面或锥面经常出现振痕。为了避免产生这种缺陷，应注意以下几点：

1）用麻花钻改制锪钻时，应选择短钻头，以减小振动。

2）要适当减小锪钻的后角和外缘处的前角，以防产生扎刀现象。

3）锪孔的切削速度应比钻孔低（一般为钻孔切削速度的1/3～1/2），甚至在精锪时，可利用停车后的钻轴惯性来锪，以减小振动而获得光滑的表面。

4）锪钻的刀杆和刀片都要装夹牢固，工件要压紧。

5）锪钢件时，要在导向柱和切削表面加些机油。

第三节 铰 孔

一、铰刀的种类和特点

铰刀的种类很多，按其使用方法可分为机用铰刀和手用铰刀；按其材料可分为高速工具钢铰刀和硬质合金铰刀；按其形状可分为圆柱形铰刀和圆锥形铰刀。圆柱形铰刀按其直径尺寸，又可分为整体式和可调式两种。

1. 整体圆柱形机铰刀和手铰刀

铰刀由工作部分、颈部和柄部三部分组成，如图 7-9 所示。

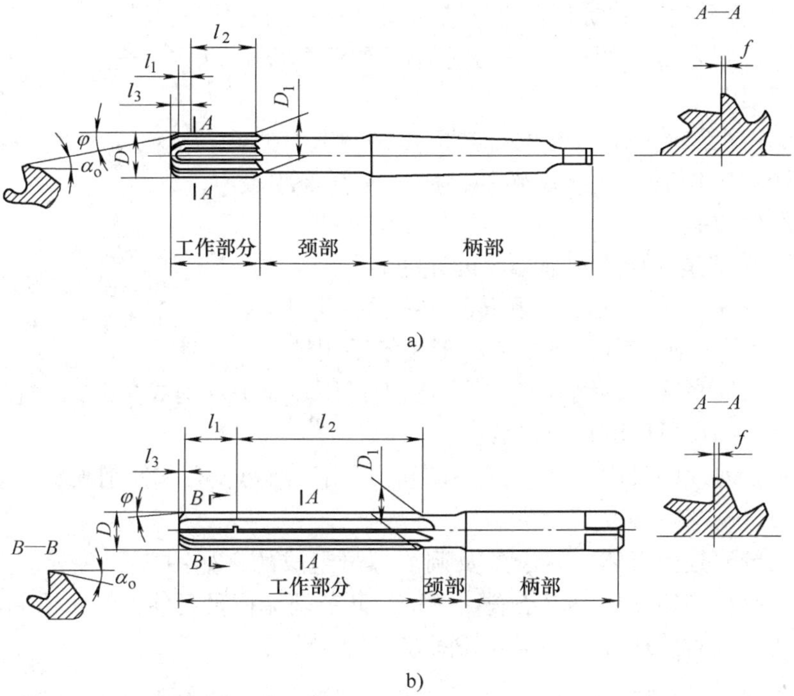

图 7-9　铰刀
a）机用铰刀　b）手用铰刀

（1）工作部分　由切削部分 l_1、校正修光部分 l_2 和引导部分 l_3 组成。

1）切削部分 l_1。切削部分 l_1 担任主要切削工作，由于铰孔余量很小，铰刀的前角 γ_o 可取 0°，使铰削近似于刮削，以降低孔壁的表面粗糙度值。

为了减少铰刀与孔壁的摩擦，铰刀的后角一般取 6° ~ 8°。铰刀的切削锥角 φ 一般取 3° ~ 15°：加工铸铁时，φ 取 3° ~ 5°；加工钢料时，φ 取 12° ~ 15°。标准手用铰刀的锥角较小，约为 40′ ~ 1°，这是为了容易定向和减小轴向力，使工作省力。

2）修光部分 l_2。修光部分 l_2 担任修光孔的表面、校正孔的尺寸和引导铰削方向的工作，它也是铰刀的备修部分。此部分的切削刃上有后角为 0°的棱边 f，棱边要做得很窄（f = 0. 1 ~ 0. 3mm），以减少与孔壁的摩擦。校正部分后段做成倒锥，倒锥长度一般为 0. 02 ~ 0. 05mm，这也是为了减少铰刀与孔壁的摩擦，并防止孔口扩大。

机铰的切削速度比手铰高，为了减少摩擦和防止孔口扩大，校正部分做得较短，倒锥量也大些。由于手铰的切削速度低，全靠校正部分导向，所以校准部分较长，倒锥较小。

3）引导部分 l_3。引导部分 l_3 有一个 45°的倒角，便于将铰刀放进孔内，并保护切削刃不易被碰坏。

4）铰刀刀齿的分布。有均匀分布和不均匀分布两种，如图 7-10 所示。手用铰刀的齿距在圆周上是不均匀分布的，这种分布方式有如下优点：

1）当切削刃碰到孔壁材料的硬点时，铰刀就会退让，于是各切削刃就会在孔壁上切出凹痕。如果铰刀齿距相同，则切削刃每转到此处就要产生重复退让，凹痕就会越来越深；用齿距不等的铰刀，则不会重复切入已有的凹痕中，因而能将硬点切除。

2）铰孔每次停歇时，其旋转的角度基本上是一定的。如铰刀齿距相同，则容易使切削刃在孔壁上因重复停歇而在同一处产生凹痕。

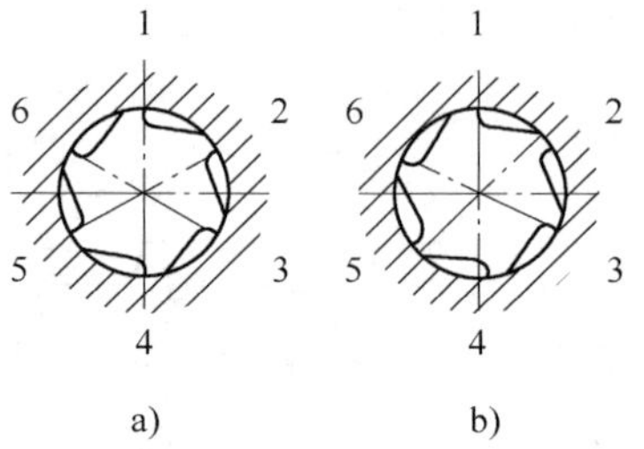

图 7-10 铰刀刀齿的分布
a）均匀分布 b）不均匀分布

机用铰刀的齿距都是均匀分布的。其优点是制造方便，而且由于机用铰刀工作时是连续旋转的，所以不会像手铰刀那样使孔壁产生凹痕。

（2）颈部 颈部是为加工切削刃而设计的。

（3）柄部 它是用来装夹铰刀和传递转矩的，有圆柱形、圆锥形和圆柄方榫形三种，圆柄方榫形用于手用铰刀。

机用铰刀一般用高速工具钢制造，手用铰刀可用高速工具钢或高碳钢制造。高碳钢铰刀的耐热性差，但切削刃可以磨得很锋利。

镶焊硬质合金刀片的机用铰刀（图 7-11），可用于高速铰孔和铰削硬材料。

2. 可调节手用铰刀

可调节手用铰刀是由刀体、刀齿条及调节螺母组成的，如图 7-12 所示。刀体上开有六条斜底直槽，具有相同斜度的刀齿条嵌在槽里。调节两端螺母可使刀齿条沿斜槽移动，即能改变铰刀的直径。旋紧两螺母即可压紧和固定刀齿的位置。

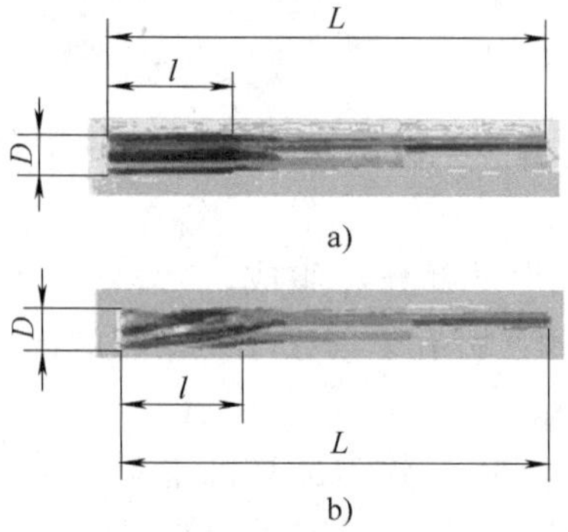

图 7-11 硬质合金机用铰刀

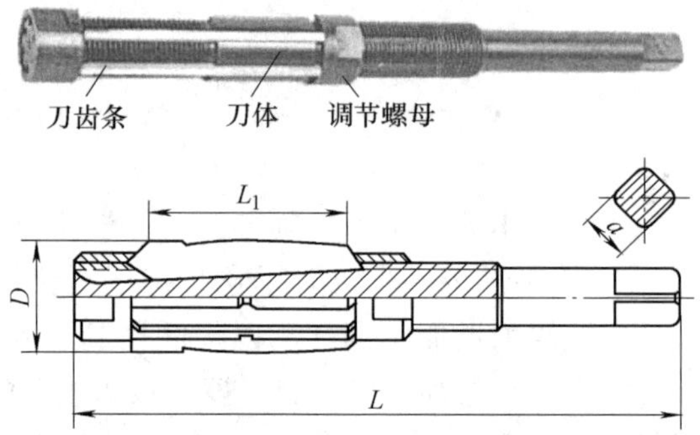

图 7-12 可调节手用铰刀

标准可调节手用铰刀的直径范围为 6 ~ 54mm，适用于修配、单件生产，以及在尺寸特殊的情况下铰削通孔。

3. 螺旋槽手用铰刀

螺旋槽手用铰刀如图 7-13 所示，因为切削刃沿螺旋槽分布，所以铰孔时切削平稳，铰出的孔壁光滑。有键槽的孔不能用直齿铰刀铰削，因为其切削刃易被键槽边勾住，而用螺旋槽手用铰刀铰孔则不会被勾住。铰刀的螺旋槽方向一般是左旋，以避免铰削时因铰刀顺时针转动而产生自动旋进的现象。左旋的切

图 7-13 螺旋槽手用铰刀

削刃还能使铰下的切屑容易被推出孔外。

4. 锥铰刀

锥铰刀用来铰削圆锥孔，常用的锥铰刀有以下四种：

1∶10 锥铰刀——用来加工联轴器上与柱销配合的锥孔。

莫氏锥铰刀——用来加工 0～6 号莫氏锥孔（其锥度为近似为 1∶20）。

1∶30 锥铰刀——用来加工套式刀具上的锥孔。

1∶50 锥铰刀——用来加工锥形定位销孔。

锥铰刀的切削刃全部参加切削，铰削起来比较费力。1∶10 的锥孔和莫氏锥孔的锥度比较大，加工余量也较大，为了使铰孔时比较省力，可先将孔钻成阶梯形，如图 7-14 所示。阶梯孔的最小直径按锥孔的小端直径确定，并留有铰削余量；其余各段直径可根据锥度计算公式算出孔径后留出铰削余量，以使铰孔省力。

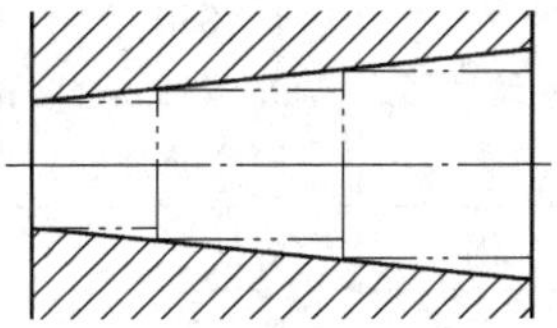

图 7-14　钻阶梯形孔

1∶10 锥铰刀和莫氏锥铰刀一般是 2～3 把配成一套，其中一把是精铰刀，其余是粗铰刀。图 7-15a 所示为两把一套的锥铰刀，其中一把为粗铰刀，另一把为精铰刀。粗铰刀上开有呈螺旋形分布的容屑槽，以减轻铰削负荷。图 7-15b 所示为 1∶50 的锥度销子铰刀。

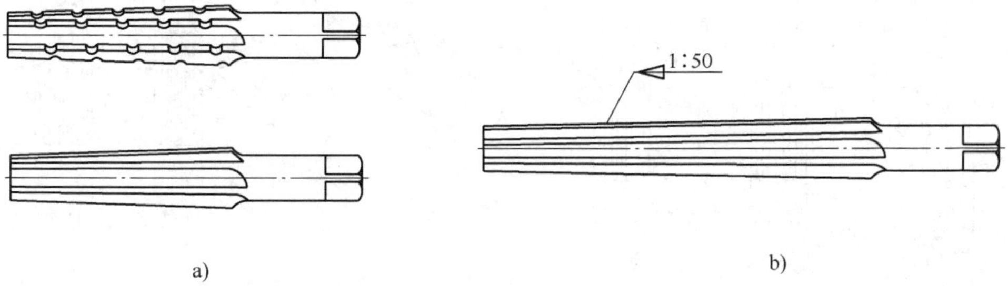

图 7-15　锥铰刀

二、铰孔方法

1. 铰削用量

铰削用量包括铰削余量、切削速度和进给量。铰削用量选择得正确与否直接影响铰削的精度和表面粗糙度。

铰削余量太大，会增加铰削次数或加大背吃刀量；铰削余量太小，上道工序所留下的刀痕将不能被全部铰掉，达不到铰孔的要求。铰削余量的范围见表 7-1。

表 7-1　铰削余量的范围　（单位：mm）

铰孔直径	<5	5～20	20～32	32～50	50～70
铰削余量	0.1～0.2	0.2～0.3	0.3	0.5	0.8

铰孔时的切削速度（机铰）比钻孔时小，铰孔的进刀量则比钻孔时大。因为切削速度太高铰刀容易磨损，进给量过大或过小，都会使孔壁粗糙。

2. 铰孔时的冷却与润滑

铰孔时，因为铰刀与孔壁摩擦很严重，所以需要润滑以减少摩擦。由于摩擦发热会使铰刀尺寸变大，结果是孔径也随之变大，影响铰孔的精度，因此需要冷却。在铰削的过程中，采用适当的切削液，以减少摩擦和散发热量，同时可将切屑及时冲掉。铰孔时切削液的选择见表 7-2。

表 7-2 铰孔时用的切削液的选择

加工材料	切削液
钢	1. 10% ~20% 的乳化液 2. 铰孔要求高时，采用 30% 菜油加 70% 肥皂水 3. 铰孔的要求更高时，可采用茶油、柴油、猪油等
铸铁	1. 不用 2. 煤油，会使孔径缩小，最大缩小量为 0.02 ~0.04mm 3. 低浓度的乳化液
铝	煤油
铜	乳化液

3. 铰孔的方法

（1）手铰圆柱孔的方法（图 7-16）

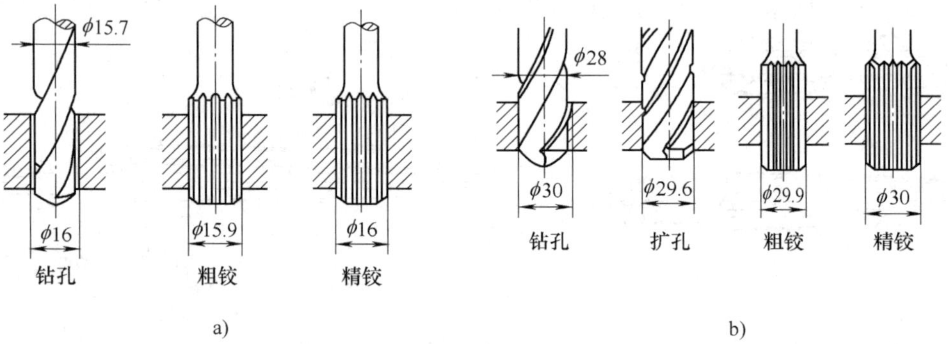

图 7-16 铰圆柱孔的方法

1）根据孔径和孔的精度要求（包括尺寸精度和表面粗糙度），确定孔的加工方法和工序间的加工余量。

2）钻孔或扩孔。

3）检查铰刀质量和尺寸，合格者装入铰手。

4）把工件夹牢，但要防止其变形。

5）铰孔时，铰刀的轴线应与孔的轴线重合。

6）手铰时，两手用力应均匀，按顺时针方向转动铰刀并略用力向下压，任何时候都不能倒转。否则，切屑将挤压住铰刀，划伤孔壁，使铰刀切削刃崩裂，使铰出的孔表面粗糙、不圆也不准确。

7）铰孔过程中，如果转不动不要硬扳，应小心地抽出铰刀，检查铰刀是否被切屑卡住或遇到硬点。否则，会折断铰刀或使切削刃崩裂。

8）进给量的大小要适当、均匀，并不断地加切削液。

9）孔铰完后，要顺时针方向旋转退出铰刀。

10）在铰孔过程中，要经常注意清除粘在刀齿上的切屑，并用油石将切削刃修光，否则孔壁会拉毛。如铰刀齿略有磨损，也可用油石仔细地修磨刀齿后刀面，以使切削刃锋利。

（2）铰圆锥孔的方法 尺寸较小的圆锥孔，可先按圆锥孔的小端直径钻出圆柱孔，然后用圆锥铰刀铰削即可。尺寸和深度较大的圆锥孔，应首先钻出阶梯孔，然后再铰孔。在铰削过程中，要经常用与其相配的锥销检查铰孔尺寸，如能用手将锥销塞入孔内80%～85%，则铰孔完成。

（3）机铰孔时的要点

1）选择合适的切削速度和进给量，用高速工具钢铰刀铰削铸铁时，切削速度不应超过10m/min，进给量应在0.8mm/r左右；铰削钢料时，切削速度不应超过8m/min，进给量应在0.4mm/r左右。

2）铰孔完成后，必须先把铰刀退出来再停车，否则孔壁将产生刀痕或被铰刀拉毛。铰通孔将要铰通时，铰刀的校准部分不能伸出孔外，否则孔的下端会被刮坏。

3）机铰孔时，要注意机床主轴、铰刀和工件上所铰孔三者间的同轴度是否符合要求。当三者的同轴度不能满足铰孔精度的要求时，应选用浮动装夹的方式来调整铰刀与所铰孔的中心位置。如图7-17所示，可用万向浮动铰刀夹头进行调整，它的夹头体与套筒、销轴与套筒之间都有一定的间隙。工作时，通过销轴和垫块将转矩和轴向力传给套筒和铰刀。由于有垫块的控制，销轴和套筒之间仍保持着一定的间隙，因而，当需要调整铰削中心偏差时，铰刀可以作任意方向的偏移和倾斜。

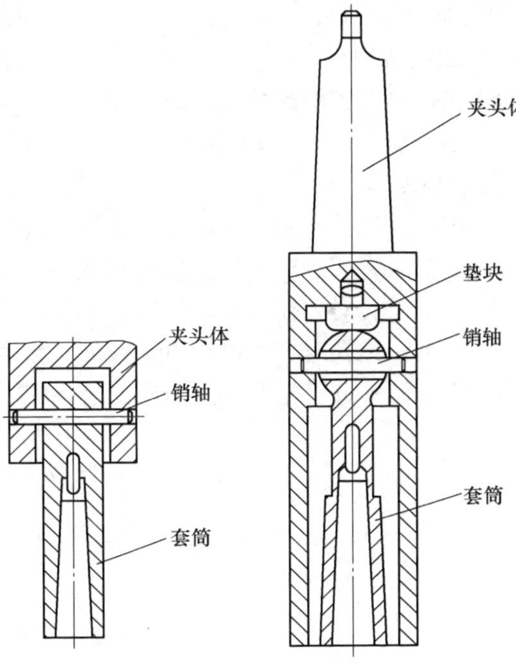

图7-17 万向浮动铰刀夹头

复 习 题

一、简答题

1. 什么叫锪孔？常见的锪孔有哪些形式？
2. 端面锪钻的形状和切削部分的几何角度是怎样的？
3. 扩孔比钻孔在切削性能上有哪些优点？怎样提高钻孔的精度，降低表面粗糙度值？
4. 怎样确定扩孔前的钻孔直径大小？
5. 试述整体圆柱手用铰刀各部分的名称及作用。
6. 为什么有些手用铰刀的齿距做成不等分的？
7. 铰孔余量是怎样确定的？为什么不能太大或太小？
8. 铰孔时孔径扩大或缩小的原因是什么？
9. 铰孔时铰刀为什么不能反转？

二、选择题

1. 手用铰刀刀齿在圆周上是（　　）的。

A. 均匀分布　B. 不均匀分布　C. 对称分布　D. 高低不等

2. 用麻花钻扩孔时，底孔直径约为要求直径的（　　）。

A. 小于50%　B. 50%～60%　C. 50%～70%　D. 90%

3. 用麻花钻改制锪钻时，应选择（　　）钻头以减小振动。

A. 长　B. 短　C. 大　D. 小

4. 铰孔过程中，如果转不动，应（　　）。

A. 加大力转动　B. 反转

C. 加润滑油　D. 不要硬扳，小心地抽出铰刀进行检查

5. 在钢料上铰削高精度孔时，用（　　）润滑。

A. 乳化液　B. 煤油　C. 柴油或猪油　D. 不用

三、判断题

1. 用扩孔钻扩孔和用麻花钻钻孔同是孔加工，所以两者的加工精度一样。（　　）
2. 手铰时，应按逆时针方向转动铰刀，并稍用力向下压。（　　）
3. 手工铰孔时，铰刀可以反转。（　　）
4. 铰削键槽孔时，不能用直齿铰刀，因为切削刃易被键槽边勾住。（　　）
5. 粗铰刀上开有呈螺旋形分布的容屑槽，是为了减轻铰削负荷。（　　）

第八章　攻螺纹和套螺纹

第一节　攻　螺　纹

用丝锥在孔壁上切削出内螺纹的过程称为攻螺纹。

一、丝锥

1. 丝锥的组成

丝锥是用工具钢或高速工具钢制成的，并经淬火硬化。丝锥由切削部分、定径部分及柄部等组成，如图 8-1 所示。其切削部分和定径部分有 3 ~ 4 道纵向容屑槽，柄部有方榫，用以安装攻螺纹绞手，在切削时传递转矩。切削部分呈圆锥形，使切削负荷分布在几条切削刃上，从而减少每条切削刃上的切削量，使切削省力，且不容易崩刃或折断，同时也能降低螺纹的表面粗糙度值。切削刃上的前角（γ_o）$=8° \sim 10°$，后角（α_o）$=4° \sim 6°$；定径部分的后角（α_o）为 0°，可以起到修光作用。

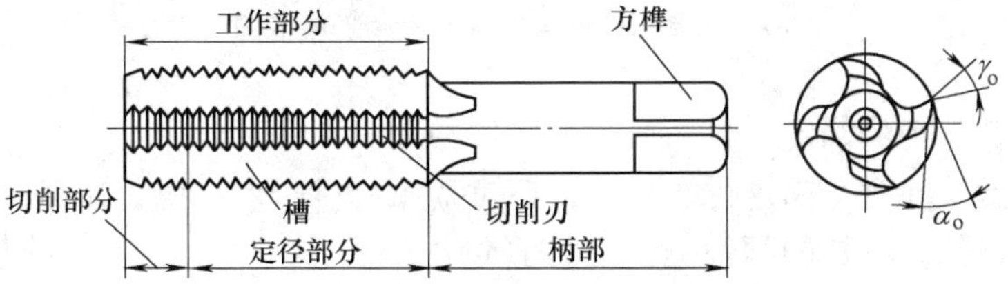

图 8-1　丝锥的组成

2. 丝锥的种类

丝锥分手用丝锥和机用丝锥两种。

（1）手用丝锥　手用丝锥一般是用 2 ~ 3 支组成一套，分头锥、二锥和三锥。它们的圆锥半角（α）各不相等，定径部分的外径也不相同。手用丝锥为了减小切削力和延长使用寿命，可将切削工作量分配给 2 ~ 3 支丝锥来承担。通常 M6 ~ M24 的丝锥一套有 2 支，M6 以下及 M24 以上的丝锥一套有 3 支。2 支一套的丝锥如图 8-2 所示，头锥的 $\alpha/2=17°$，切削部分中不完整牙约有 6 个，可完成切削总工作量的 75%；二锥的 $\alpha/2=20°$，不完整牙约有 2 个，完成切削总工作量的 25%。3 支一套的丝锥如图 8-3 所示，头锥的 $\alpha/2=4° \sim 5°$，切削部分中不完整牙有 5 ~ 7 个；二锥的 $\alpha/2=10° \sim 15°$，切削部分中不完整牙有 3 ~ 4 个；三锥的 $\alpha/2=20°$左右，切削部分中不完整牙有 1 ~ 2 个。3 支一套丝锥切削量的分配为 60%、30% 和 10%。这样分配可使丝锥磨损均匀，延长其使用寿命，攻螺纹时也省力。

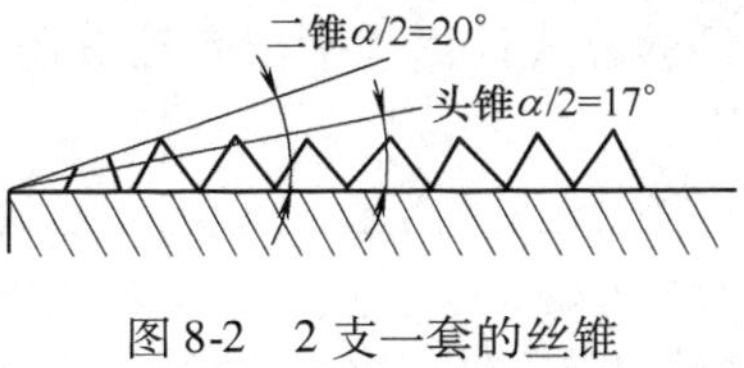

图 8-2　2 支一套的丝锥

（2）机用丝锥　机用丝锥装在机床上，靠机械动力来攻螺纹。为了装夹方便，机用丝锥的柄部较长，切削部分也比手用丝锥长。

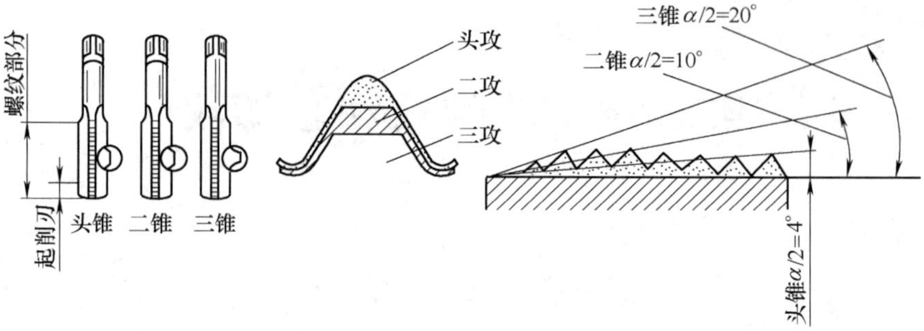

图 8-3　3 支一套的丝锥

（3）管螺纹丝锥　钳工常用丝锥除米制粗牙普通螺纹和细牙普通螺纹丝锥外，还有管螺纹丝锥，如图 8-4 所示。由于管螺纹的名义尺寸是管子的内径，所以管螺纹丝锥的直径比管子的公称直径大。

a)　　b)

图 8-4　管螺纹丝锥

a）非密封管螺纹丝锥　b）密封管螺纹丝锥

二、螺纹底孔直径的确定

攻螺纹时，丝锥除对金属进行切削外，还对金属材料产生挤压，如图 8-5 所示，这种挤压作用会使材料扩张，材料的塑性越大，扩张量也越大。如果螺纹底孔直径与螺纹内径一致，材料扩张时就会卡住丝锥，这样丝锥就容易折断。但如果底孔直径过大，会使攻出的螺纹牙型高度不够而成为废品。所以，底孔直径的大小要根据金属材料的塑性来考虑。钻螺纹底孔直径时，可通过查表法（表 8-1），或用经验公式计算来确定底孔直径。

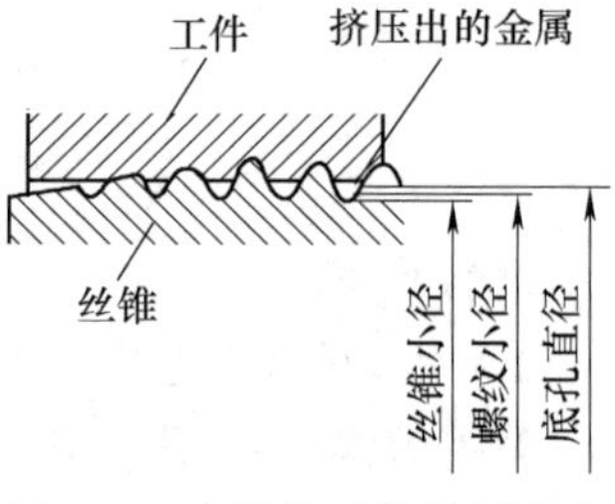

图 8-5　攻螺纹时的挤压现象

表 8-1　米制螺纹钻底孔直径　（单位：mm）

螺纹大径 d	螺距 P	钻头直径 D		螺纹大径 d	螺距 P	钻头直径 D	
		铸铁、青铜、黄铜	钢、可锻铸铁、纯铜、层压板			铸铁、青铜、黄铜	钢、可锻铸铁、纯铜、层压板
2	0.4	1.6	1.6	4	0.7	3.3	3.3
	0.25	1.75	1.75		0.5	3.5	3.5
2.5	0.45	2.05	2.05	5	0.8	4.1	4.2
	0.35	2.15	2.15		0.5	4.5	4.5
3	0.5	2.5	2.5	6	1	4.9	5
	0.35	2.65	2.65		0.75	5.2	5.2

（续）

螺纹大径 d	螺距 P	钻头直径 D	
		铸铁、青铜、黄铜	钢、可锻铸铁、纯铜、层压板
8	1.25	6.6	6.7
	1	6.9	7
	0.75	7.1	7.2
10	1.5	8.4	8.5
	1.25	8.6	8.7
	1	8.9	9
	0.75	9.1	9.2
12	1.75	10.1	10.2
	1.5	10.4	10.5
	1.25	10.6	10.7
	1	10.9	11
14	2	11.8	12
	1.5	12.4	12.5
	1	12.9	13
16	2	13.8	14
	1.5	14.4	14.5
	1	14.9	15
18	2.5	15.3	15.5
	2	15.8	16
	1.5	16.4	16.5
	1	16.9	17
20	2.5	17.3	17.5
	2	17.8	18
	1.5	18.4	18.5
	1	18.9	19
22	2.5	19.3	19.5
	2	19.8	20
	1.5	20.4	20.5
	1	20.9	21
24	3	20.7	21
	2	21.8	22
	1.5	22.4	22.5
	1	22.9	23

米制螺纹的底孔直径可用下列经验公式计算确定：

钢料及韧性材料 $D \approx d - P$

铸铁及脆性材料 $D \approx d - (1.05P \sim 1.1P)$

式中　D——底孔直径；

d——螺纹大径；

P——螺距。

例 8-1　在中碳钢和铸铁工件上攻 M10 的螺纹，应用多大的钻头钻底孔直径？

因中碳钢属于韧性材料，故底孔直径为

$$D \approx d - P \approx (10 - 1.5)\ \text{mm} = 8.5\text{mm}$$

因铸铁属于脆性材料，故底孔直径为

$$D \approx d - 1.1P = (10 - 1.1 \times 1.5)\text{mm} = 8.35\text{mm}$$

攻不通孔螺纹时，由于丝锥切削部分攻不出完整的螺纹，因此钻孔深度应超过所需要的螺纹深度，一般应加上 $0.7d$，即

$$\text{钻孔深度} = \text{所需螺纹深度} + 0.7d \ (d\ \text{为螺纹大径})$$

例 8-2　攻 M10 的螺纹，所需螺纹深度为 30mm，求钻孔深度。

$$\text{钻孔深度} = (30 + 0.7 \times 10)\text{mm} = 37\text{mm}$$

三、攻螺纹方法

1）攻螺纹前，工件上螺纹底孔的孔口要用90°的锪钻倒角，如图8-6所示。如无锪钻，可用大于底孔直径的钻头代替。通孔螺纹两端都要倒角，这样便于攻螺纹起削，并可防止孔口出现毛边或孔口崩裂。

2）工件的装夹位置必须正确，应使螺孔中心线处于水平或垂直位置，使丝锥中心线与底孔的中心线重合，然后对丝锥稍加压力并顺时针转动绞手。当切入1~2圈时，从间隔90°的两个方向用肉眼观察，或用钢直尺、直角尺观察找正，如图8-7所示。为了便于正确起削，可在丝锥上旋入光制螺母，或将丝锥插入导向套内进行起削，如图8-8所示。

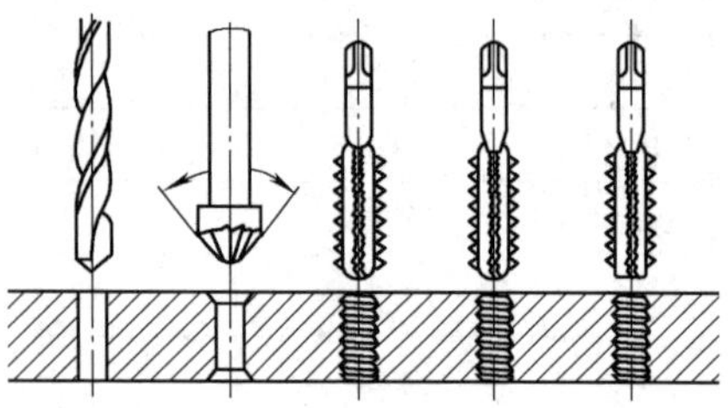

图8-6　攻螺纹的基本步骤

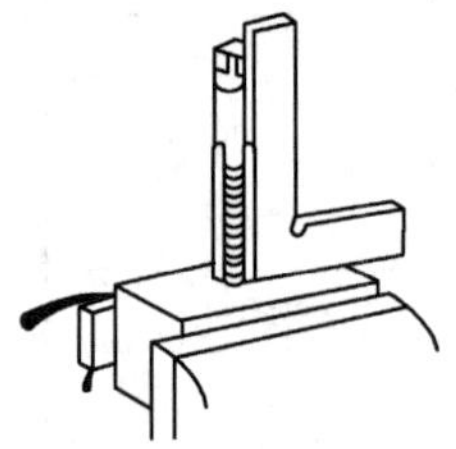

图8-7　用直角尺检查

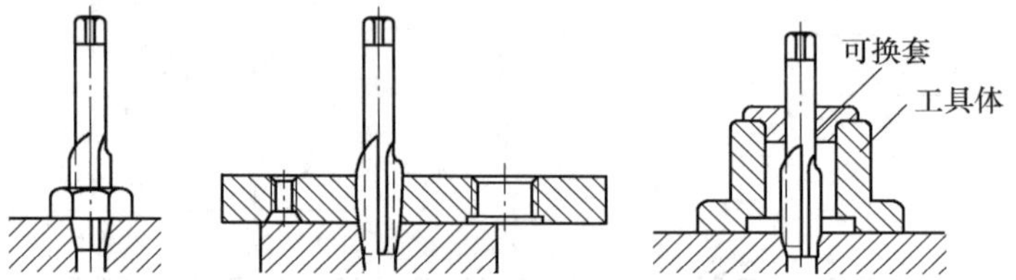

图8-8　攻螺纹导向起削工具

3）攻螺纹时，当切削刃切入后，就不必再加压力，两手用均匀、平稳的旋转力将螺纹攻出即可。每旋转1/2~1圈时，应反转1/4~1/2圈，以利于切屑排出，如图8-9所示。尤其是在攻韧性材料、深孔及不通孔时，更要注意，以免因切屑堵塞容屑槽而损坏丝锥。

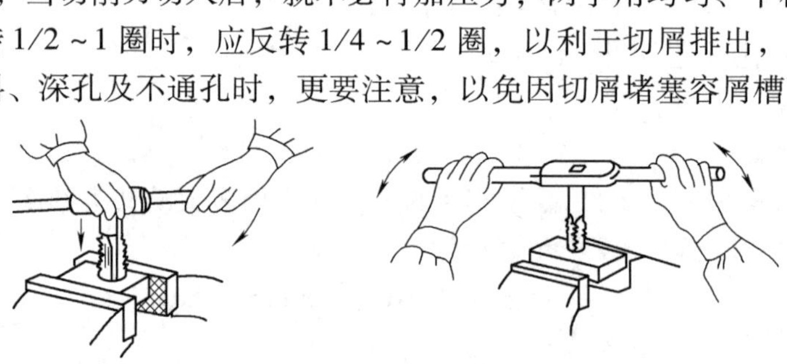

a)　　b)

图8-9　攻螺纹方法

4）攻螺纹时，必须按头锥、二锥和三锥的顺序攻削。头锥攻完后，用二锥和三锥攻时，先用手将丝锥旋入后再用绞手攻，防止没对准原螺纹而造成乱扣。

5）攻韧性材料时，要加切削液，以减小切削阻力，提高螺纹精度，减小螺纹表面粗糙度值，延长丝锥寿命。

四、攻螺纹时产生废品的原因及防止丝锥折断的方法

攻螺纹时，工件产生废品的原因及预防方法见表 8-2，丝锥折断的原因及预防方法见表 8-3。

表 8-2　工件产生废品的原因及预防方法

废品形式	产生原因	预防方法
螺纹乱牙	1. 底孔直径太小，丝锥不易切入，孔口乱牙 2. 攻二锥时没旋入已切出的螺纹 3. 螺纹歪斜过多而用丝锥强行纠正 4. 韧性材料未加切削液或切屑未断碎强行攻削，把已切削出的螺纹损坏 5. 丝锥刃口已钝	1. 根据工件材料，选择合理的底孔直径 2. 先用手将二锥旋入螺孔，再用绞手攻入 3. 开始攻入时，两手用力要均衡，并多检查丝锥与工件表面的垂直度 4. 攻韧性材料时加切削液，多倒转丝锥使切屑断碎 5. 用油石或砂轮修磨丝锥的前刀面
螺孔偏斜	1. 丝锥与工件平面不垂直 2. 攻削时两手用力不均衡	1. 开始切入时丝锥要与工件平面垂直，以后要多检查和校正 2. 要始终保持两手用力均衡
螺纹高度不够	底孔直径过大	根据材料正确选择底孔直径

表 8-3　丝锥折断的原因及预防方法

丝锥折断原因	预防方法
1. 底孔直径太小	1. 根据工件材料合理选择底孔直径
2. 工件材料中夹有杂质或较大砂眼	2. 攻螺纹前检查螺纹孔中砂眼、夹渣等情况，如有上述缺陷应设法清除或小心慢攻
3. 丝锥绞手过大或用活扳手攻螺纹，造成扭力过大或产生横向力	3. 选择合理的绞手，不要用活扳手攻螺纹
4. 没有及时断碎和清除切屑，使切屑在孔中堵死	4. 经常反转割断切屑，并及时排除切屑
5. 丝锥歪斜，单边受力过大	5. 多用肉眼或直角尺检查，使丝锥与工件表面保持垂直
6. 攻韧性大的材料（不锈钢等）时不用切削液，使工件与丝锥咬住	6. 应使用切削液并勤反转断屑
7. 攻不通孔时，丝锥顶住孔底仍用力旋转	7. 应事先检查孔深，在丝锥上做好深度标记并及时把切屑清除再攻

第二节　套　螺　纹

用板牙在圆杆、管子外径上切削出外螺纹的过程称为套螺纹。

一、套螺纹工具

1. 圆板牙

圆板牙是切削外螺纹的工具，其构造如图 8-10 所示。圆板牙由碳素工具钢或高速工具钢制成，并经热处理淬硬。板牙由切削部分、定径部分、排屑孔（一般有 3 ~ 4 个孔）组

成。圆板牙两端有由40°～50°锥角形成的切削部分（可以在两个方向切削），前角γ_o一般为15°～25°，后角α_o为7°～9°。定径部分因起修光作用，故其前角比切削部分的前角小，一般为4°～6°，后角为0°。板牙的外圆上有一条深槽和四个锥坑。锥坑用于定位和紧固板牙，深槽的作用是在定径部分磨损后用片状砂轮沿槽切开，可利用槽两边的调整螺钉使直径缩小，缩小的范围为0.1～0.25mm，如图8-11所示；相反，也可用螺钉把槽胀开一些，螺孔也就相应地扩大一些。

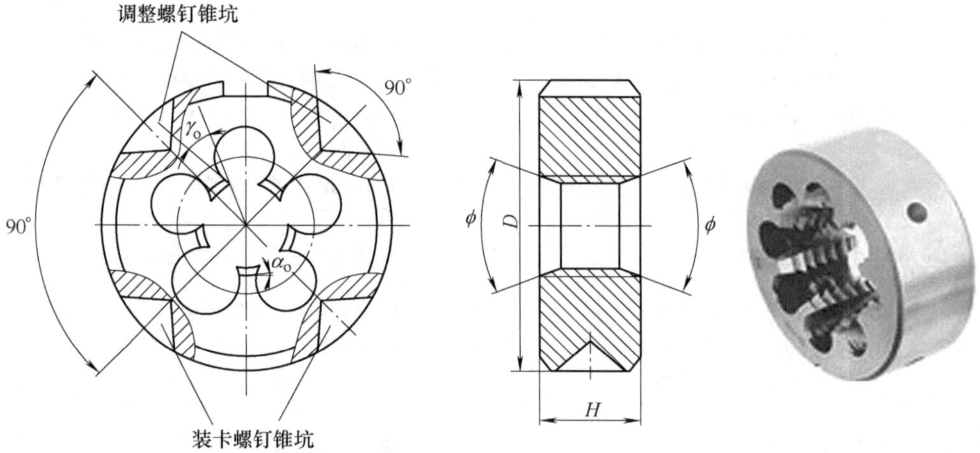

图8-10　圆板牙的构造

2. 管螺纹板牙

管螺纹板牙用于在管子上切削外螺纹，分为固定式（小尺寸）和可调节式。可调节式管螺纹板牙是由带手柄的板牙架和四块活板牙组成的，如图8-12所示。管螺纹板牙架可装三副不同规格的活管板牙，扳动手柄能使每副四块板牙同时合拢或张开，可以切削不同直径的螺纹。板牙架前面有三块扶正器（无螺纹），其作用是使板牙架在管子上保持稳定，并引导板牙切削。套螺纹时需要分两次切削，直径在1 in（英寸）以上时可分三次切削。

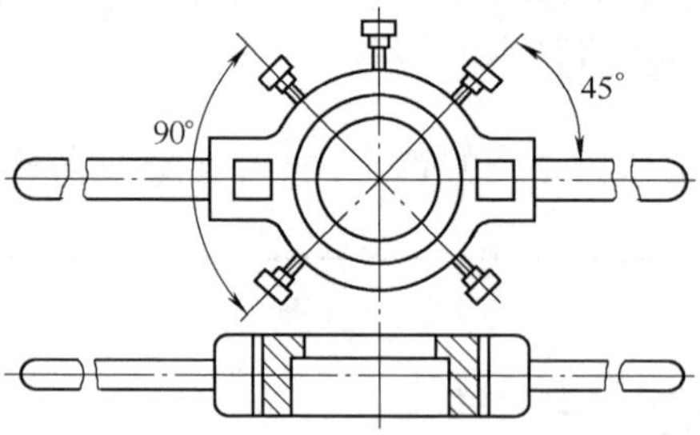

图8-11　可调节式圆板牙及扳手

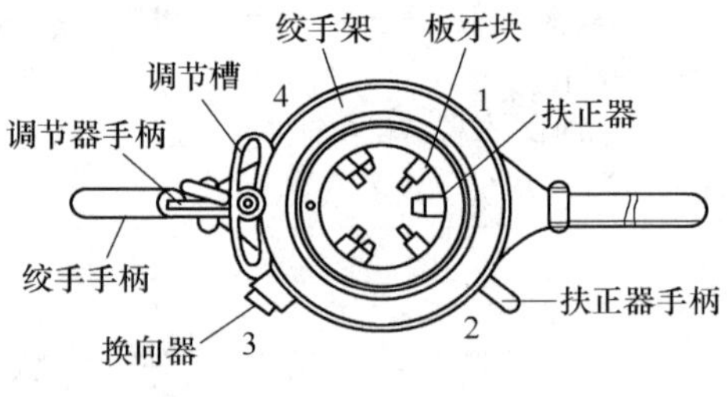

图8-12　可调节式管螺纹板牙

二、圆杆直径的确定

套螺纹和攻螺纹一样，由于材料也要受挤压，切削阻力会增大，板牙容易损坏，还会影响螺纹质量。因此，圆杆直径应小于螺纹公称尺寸，可通过查（表8-4）或用下列经验公式来确定

表 8-4　圆杆直径的确定　（单位：mm）

粗牙普通螺纹				寸制螺纹			管螺纹		
螺纹直径	螺距	螺杆直径		螺纹直径 /in	螺杆直径		螺纹直径 /in	管子外径	
		最小直径	最大直径		最小直径	最大直径		最小直径	最大直径
M6	1	5.8	5.9	1/4	5.9	6	1/8	9.4	9.5
M8	1.25	7.8	7.9	5/16	7.4	7.6	1/4	12.7	13
M10	1.5	9.75	9.85	3/8	9	9.2	3/8	16.2	16.5
M12	1.75	11.75	11.9	1/2	12	12.2	1/2	20.5	20.8
M14	2	13.7	13.85	—	—	—	5/8	22.5	22.8
M16	2	15.7	15.85	5/8	15.2	15.4	3/4	26	26.3
M18	2.5	17.7	17.85	—	—	—	7/8	29.8	30.1
M20	2.5	19.7	19.85	3/4	18.3	18.5	1	32.8	33.1
M22	2.5	21.7	21.85	7/8	21.4	21.6	11/8	37.4	37.7
M24	3	23.65	23.8	1	24.5	24.8	11/4	41.4	41.7
M27	3	26.65	26.8	11/4	30.7	31	13/8	43.8	44.1
M30	3.5	29.6	29.8	—	—	—	11/2	47.3	47.6
M36	4	35.6	35.8	11/2	37	37.3	—	—	—
M42	4.5	41.55	41.75	—	—	—	—	—	—
M48	5	47.5	47.7	—	—	—	—	—	—
M52	5	51.5	51.7	—	—	—	—	—	—
M60	5.5	59.45	59.7	—	—	—	—	—	—
M64	6	63.4	63.7	—	—	—	—	—	—
M68	6	67.4	67.7	—	—	—	—	—	—

$$\text{圆杆直径} = d - 0.13P$$

式中　d——螺纹大径；

　　P——螺距。

和攻螺纹一样，套螺纹圆杆直径应根据材料塑性的大小适当选择。

三、套螺纹的方法

1）将套螺纹圆杆顶端倒角 15°～20°，以利于板牙切入；否则不但不易切入，还会造成顶端乱牙。

2）将圆杆夹在软钳口内，要夹正紧固，并尽量低些。

3）板牙开始套螺纹时，要检查找正，务必使板牙与圆杆垂直，然后适当加压力沿顺时针方向扳动绞手，当切入 1～2 牙后就可不加压力旋转。同攻螺纹时 一样要经常反转，使切屑断碎，及时排屑。

4）为了提高板牙的切削性能和减小螺纹的表面粗糙度值，应根据材料的性质，选择适当的切削液。

四、套螺纹时产生的废品原因及预防方法

套螺纹时产生的废品原因及预防方法见表 8-5。

表 8-5 套螺纹时产生的废品原因及预防方法

废品形式	产生原因	预防方法
螺纹乱牙	1. 塑性材料没有使用切削液，螺纹被撕坏 2. 套螺纹时没有反转割断切屑，使切屑堵塞，咬坏螺纹 3. 圆杆直径太大 4. 板牙歪斜太多而强行纠正	1. 根据材料塑性选用切削液 2. 应经常反转，使切削断碎，及时排屑 3. 根据材料性质正确选择圆杆直径 4. 要多检查和找正
螺纹歪斜	1. 圆杆倒角歪斜，开始起削时就已歪斜，使螺杆一边浅一边深 2. 两手用力不均匀，使板牙歪斜	1. 倒角要四周均匀，起削要正 2. 两手用力要均衡
螺纹太瘦	1. 扳手摆动太大，或由于偏斜多次校正，切削过多使螺纹中径小了 2. 起削后仍使用压力扳动	1. 要摆稳板牙，用力要均衡 2. 起削后去除压力，只用旋转力
螺纹太浅	圆杆直径太小	根据材料正确选择或计算圆杆直径

复 习 题

一、简答题

1. 攻螺纹前底孔直径是否等于螺纹内径？为什么？
2. 手用丝锥一套有几支？其使用顺序怎样确定？
3. 试分别用计算法和查表法确定以下几个攻螺纹前钻底孔的钻头直径。

（1）在钢料上攻 M14 的螺纹孔；

（2）在铸铁上攻 M12 的螺纹孔；

（3）在钢料上攻 M12×1 的螺纹孔。

4. 试述攻螺纹的方法。
5. 分析攻螺纹时丝锥损坏的原因。
6. 套螺纹前圆杆直径为什么要比螺纹直径小一些？圆杆直径怎样确定？
7. 攻螺纹时螺纹乱牙的原因及预防方法有哪些？
8. 套螺纹时螺纹太瘦的原因及预防方法有哪些？

二、选择题

1. 丝锥由（　　）材料制成。

A. 低碳钢　　B. 不锈钢　　C. 铝合金　　D. 工具钢或高速工具钢

2. 可调节式管螺纹板牙上三块没有螺纹的滑块是用来（　　）的。

A. 定心　　B. 定径　　C. 定长度　　D. 定螺距

3. 大于 1in 的管螺纹套螺纹时可分（　　）次完成。

A. 1　　B. 2　　C. 3　　D. 4

4. 攻螺纹时，丝锥使用的顺序是（　　）。

A. 三锥、二锥、头锥　　B. 头锥、二锥、三锥

C. 头锥、三锥、二锥　　D. 没有顺序

三、判断题

1. 圆板牙由碳素工具钢或高速工具钢制成，不需经热处理淬硬。（　）
2. 套螺纹前，若板牙上已有倒角，圆杆套螺纹端就不用再倒角了。（　）
3. 套螺纹时，应保持板牙的端面与圆杆轴线垂直。（　）
4. 从外形上看，头锥比二锥或三锥要尖些，螺牙也短些。（　）
5. 手动攻螺纹时，每旋转 1/2 ~1 圈时，应反转 1/4 ~1/2 圈，以利于切屑排出。（　）
6. 管螺纹丝锥的直径比管子的公称直径大。（　）

第九章　刮削与研磨

第一节　刮　　削

一、刮削概述

用刮刀刮除工件表面薄层的加工方法称为刮削。

1. 刮削原理

刮削是在工件与校准工具或与其相配合的工件之间涂上一层显示剂，经过对研，使工件上较高的部位显示出来，然后用刮刀进行微量刮削，刮去较高的金属层。刮削的同时，刮刀对工件还有推挤和压光的作用，这样反复地显示和刮削，就能使工件的加工精度达到预定的要求。

2. 刮削的特点及应用

刮削具有切削量小、切削力小、产生热量小、装夹变形小的特点，不存在车、铣、刨等机械加工中不可避免的振动、热变形等因素，所以能获得很高的尺寸精度、几何精度、接触精度、传动精度和很小的表面粗糙度值。

在刮削过程中，由于工件多次受到刮刀的推挤和压光作用，从而使工件表面组织变得比原来紧密，表面粗糙度值很小。刮削后的工件表面还能形成比较均匀的微浅凹坑，可创造良好的存油条件，改善了相对运动零件之间的润滑情况。

因此，机床导轨、与滑行面和滑动轴承接触的面、工具和量具的接触面及密封表面等，在机械加工之后通常用刮削的方法进行加工。

3. 刮削余量

由于每次刮削只能刮去很薄的一层金属，刮削操作的劳动强度又很大，所以工件在机械加工后留下的刮削余量不宜太大，一般为 0.05～0.4mm，具体数值见表 9-1。

表 9-1　刮削余量　（单位：mm）

平面刮削余量	平面宽度	平面长度				
		100～500	>500～1000	>1000～2000	>2000～4000	>4000～6000
	<100 100～500	0.1 0.15	0.15 0.2	0.2 0.25	0.25 0.3	0.3 0.4
孔的刮削余量	孔　径	孔　长				
		<100	100～200	>200～300		
	<80 80～180 >180～360	0.05 0.10 0.15	0.08 0.15 0.20	0.12 0.25 0.35		

确定刮削余量时，还应考虑工件刮削面积的大小，面积大时余量大；刮削前加工误差大时余量大，工件结构刚性差时余量也应大一些。具有合适的余量，才能在反复刮削后达到尺寸精度及几何精度的要求。

4. 刮削的种类

（1）平面刮削　平面刮削分单个平面（如平板、工作台面等）刮削和组合平面（如V形导轨面、燕尾槽面等）刮削两种。

平面刮削一般要经过粗刮、细刮、精刮和刮花四步。

粗刮是用粗刮刀在刮削平面上均匀地铲去一层较厚的金属，可以采用连续推铲的方法，刀迹要连成长片。粗刮能很快地去除刀痕、锈斑和过多的余量。当粗刮到每25mm×25mm的方框内有2~3个研点时，即可转入细刮。

细刮是用细刮刀在刮削面上刮去稀疏的大块研点（俗称破点），目的是进一步改善不平现象。细刮时采用短刮法，刀痕宽而短，刀迹长度均为切削刃宽度，而且随着研点的增多，刀迹逐步缩短。每刮一遍时，须按同一方向刮削（一般要与平面的边成一定的角度），刮第二遍时要交叉刮削，以消除原方向刀迹。在整个刮削面上达到12~15点/25mm×25mm时，细刮结束。

精刮是用精刮刀更仔细地刮削研点（俗称摘点），目的是增加研点数量，改善表面质量，使刮削面符合质量要求。精刮时采用点刮法，刀迹长度约为5mm。刮面越窄小、精度要求越高，刀迹就越短。精刮时，更要注意压力要轻，提刀要快，在每个研点上只刮一刀，不要重复刮削，并始终交叉地进行刮削。当研点增加到20点/25mm×25mm以上时，精刮结束。注意交叉刀迹的大小应一致，排列应整齐，以增加刮削面的美观性。

刮花是在刮削面或机器的外观表面上，用刮刀刮出装饰性花纹，目的是使刮削面美观，并使滑动件之间形成良好的润滑条件。常见的花纹如图9-1所示。

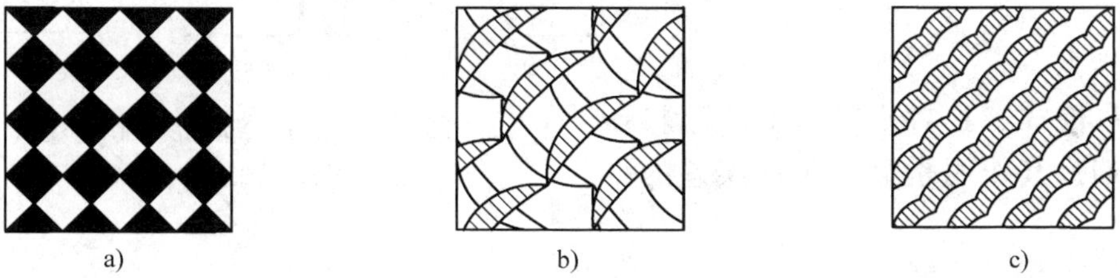

图9-1　刮花的花纹

a）斜花纹　b）鱼鳞纹　c）半月纹

（2）曲面刮削　曲面刮削的原理和平面刮削一样，只是曲面刮削使用的刀具和握持刀具的方法与平面刮削有所不同。刮削曲面时，应根据不同形状和不同的刮削要求选择合适的刮刀和显点方法。一般是以标准轴（也称工艺轴）或与其配合的轴作为内曲面研点的校准工具。研合时将显示剂涂在轴的圆柱面上，使轴在内曲面中旋转显示研点（图9-2a），然后根据研点进行刮削。内曲面的刮削姿势有两种，如图9-2b、c所示。

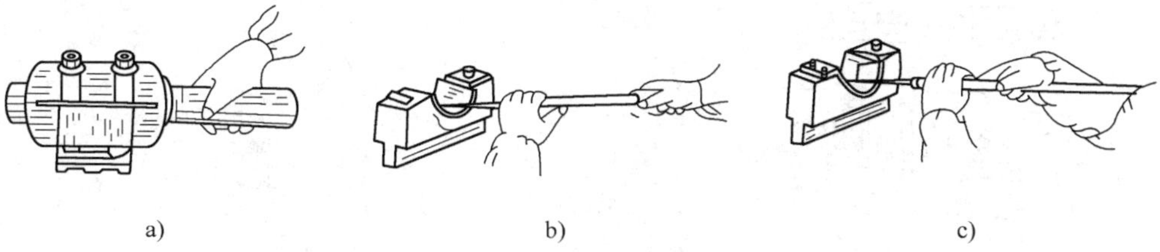

图9-2　曲面刮削

二、刮削工具

1. 刮刀

刮刀是刮削的主要工具。刮削时，由于工件的形状不同，要求刮刀有不同的形式，一般分为平面刮刀和曲面刮刀两类。

（1）平面刮刀　平面刮刀用于刮削平面和刮花，一般采用 T12A 钢制成。当工件表面较硬时，也可以焊接高速工具钢或硬质合金刀头。常用的平面刮刀有直头刮刀和弯头刮刀两种，如图 9-3 所示。刮刀头部的形状和角度如图 9-4 所示。

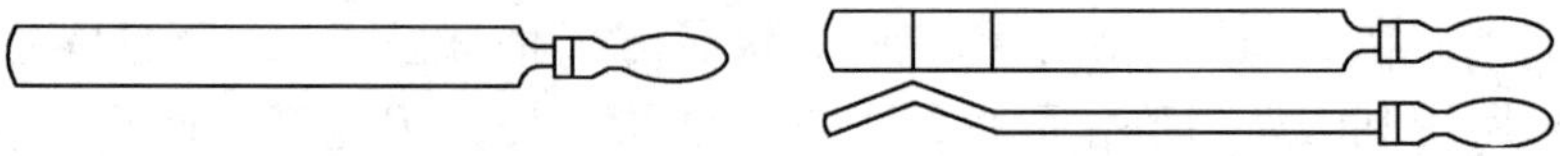

图 9-3　平面刮刀

（2）曲面刮刀　用于刮削内曲面，常用的有三角刮刀、柳叶刮刀和蛇头刮刀，如图 9-5 所示。

2. 校准工具

校准工具是用来推磨研点和检查被刮面准确性的工具，也称研具。常用有校准平板（通用平板）、校准直尺、直角直尺，以及根据被刮面的形状设计制造的专用校准型板等，如图 9-6 ~ 图 9-8 所示。

3. 显示剂

工件和校准工具对研时所加的涂料称为显示剂，其作用是显示工件误差的位置和大小。

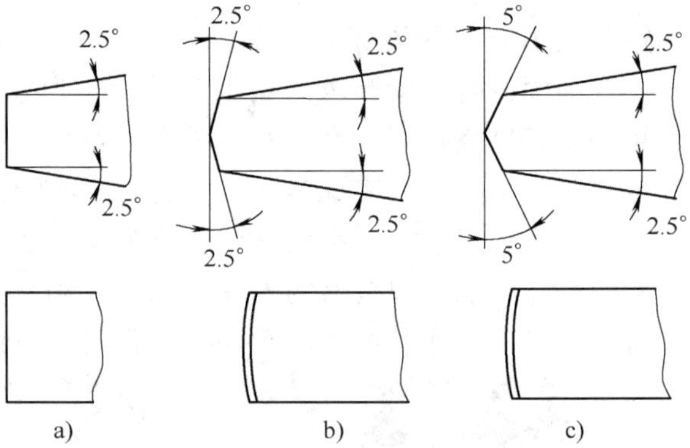

图 9-4　刮刀头部的形状和角度
a）粗刮刀　b）细刮刀　c）精刮刀

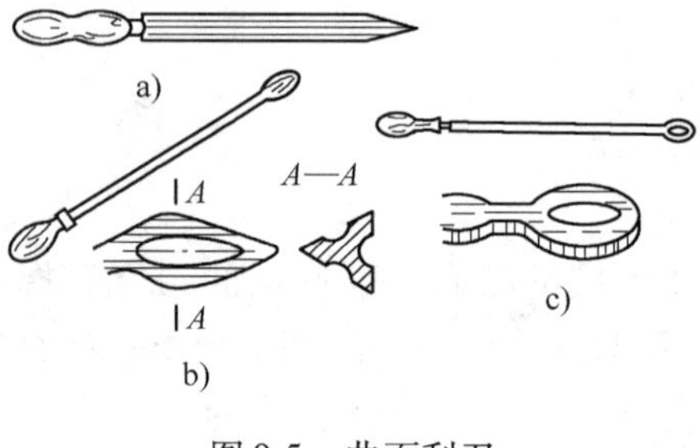

图 9-5　曲面刮刀
a）三角刮刀　b）柳叶刮刀　c）蛇头刮刀

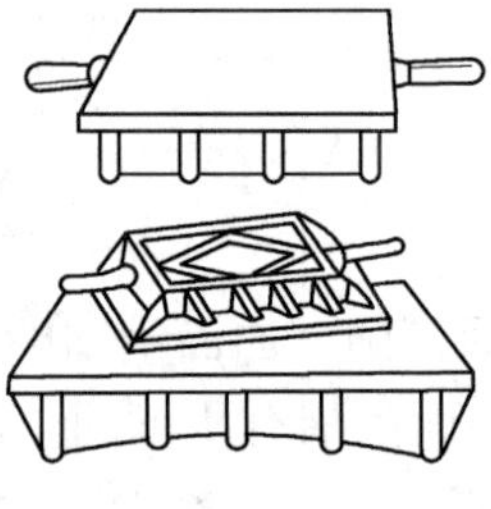

图 9-6　校准平板

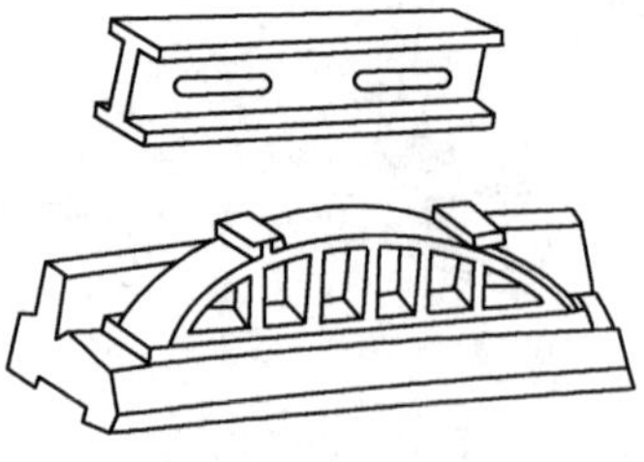

图 9-7　校准平尺

图 9-8　校准型板

（1）显示剂的种类

1）红丹粉。红丹粉分铅丹（氧化铅，呈桔红色）和铁丹（氧化铁，呈褐红色）两种，颗粒较细，用机油调和后使用，广泛用于钢和铸铁工件。

2）蓝油。蓝油是用蓝粉、蓖麻油及适量全损耗系统用油调和而成的，呈深蓝色，其研点小而清楚，多用于精密工件和有色金属及其合金的工件。

（2）显示剂的用法　刮削时，显示剂可以涂在工件表面上，也可以涂在校准件上。前者在工件表面显示的结果是红底黑点，没有闪光，容易看清楚，适用于精刮时使用；后者只在工件表面的高处着色，研点暗淡，不易看清，但切屑不易沾附在切削刃上，刮削方便，适用于粗刮时选用。

调和显示剂时要注意：粗刮时可调得稀些，这样在刀痕较多的工件表面上便于涂抹，显示的研点也大；精刮时应调得干些，涂抹要薄而均匀，这样显示的研点细小，否则研点会模糊不清。

（3）显点的方法　显点的方法根据刮削面的不同形状和大小而有所区别。图 9-9 所示为平面与曲面的显点方法。

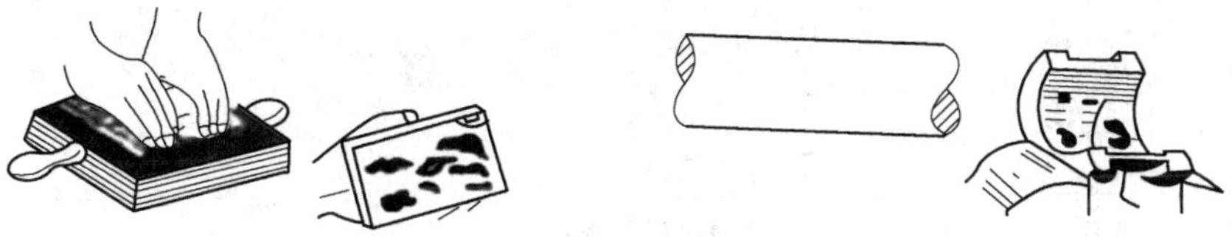

a)　　b)

图 9-9　平面与曲面的显点方法

a）平面显点方法　b）曲面显点方法

1）中小型工件的显点。一般是校准平板固定不动，工件被刮面在平板上推研，推研时压力要均匀，以避免显示失真。如果工件被刮面小于平板面，推研时最好不要超出平板；如果被刮面等于或稍大于平板面，则允许工件超出平板，但超出部分应小于工件长度的 1/3。推研应在整个平面上进行，以防平板局部磨损。

2）大型工件的显点。将工件固定，平板在工件的被刮面上推研。推研时，平板超出工件被刮面的长度应小于平板长度的 1/5。对于面积大、刚性差的工件，平板的质量要尽可能减小，必要时还要采取卸荷推研。

3）形状不对称工件的显点。推研时应在工件某个部位托或压，如图 9-10 所示，但用力的大小要适当、均匀。显点时还应注意，如果两次显点有矛盾，应分析原因，认真检查推研方法，谨慎处理。

三、刮削质量的检验

刮削精度包括尺寸精度、几何精度、接触精度及帖合程度、表面粗糙度等。检查刮削质量最常用的方法，是将被刮面与校准工具对研后，将边长为 25mm 的正方形方框罩在被检查面上，根据方框内的研点来决定接触精度，如图 9-11 所示。各种平面接触精度的研点数见表 9-2；曲面刮削主要是对滑动轴承内孔的刮削，不同接触精度的研点数见表 9-3。

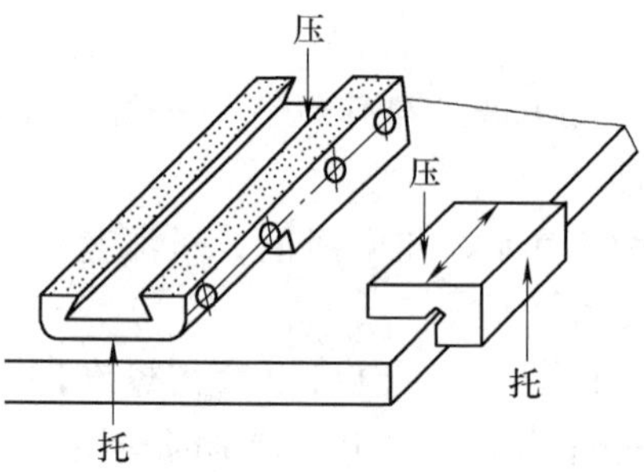

图 9-10 不对称工件的显点

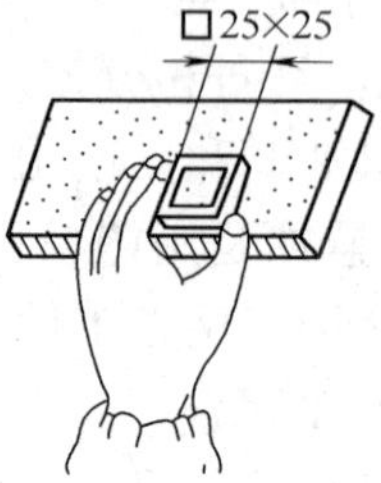

图 9-11 用方框检查研点

表 9-2 各种平面接触精度的研点数

平面种类	每 25mm×25mm 内的研点数	应用
一般平面	2～5	较粗糙工件的固定结合面
	>5～8	一般结合面
	>8～12	机器台面、一般基准面、机床导向面、密封结合面
	>12～16	机床导轨及导向面、工具基准面、量具接触面
精密平面	>16～20	精密机床导轨、直尺
	>20～25	1 级平板、精密量具
	>25	0 级平板、高精度机床导轨、精密量具

注：表中 1 级平板、0 级平板是指通用平板的精度等级。

表 9-3 滑动轴承的研点数

轴承直径 /mm	机床或精密机械主轴轴承			锻压设备和通风机械的轴承		动力机械和冶金设备的轴承	
	高精度	精密	普通			重要	普通
	每 25mm×25mm 内的研点数						
≤120	25	20	16	12	8	8	5
>120	—	16	10	8	6	6	2

大多数刮削平面还有平面度和直线度的要求，如工件平面大范围内的平面度、机床导轨面的直线度等，这些误差可以用光学自准直仪或框式水平仪检查。有些工件（如导轨配合面）除了用方框检查研点数外，还要用塞尺检测配合面之间的间隙大小（图 9-12）。

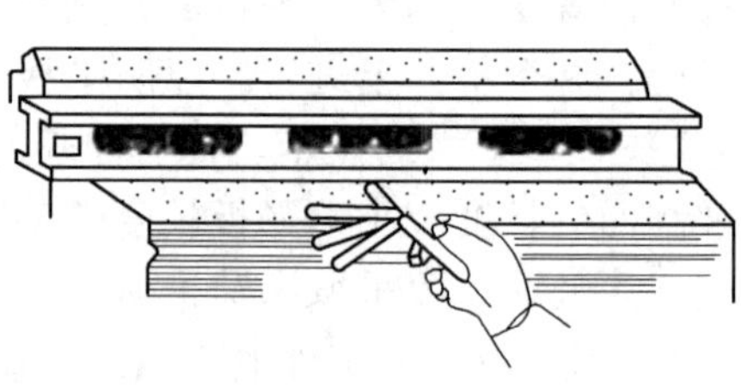

图 9-12 用塞尺检测配合面间隙

第二节 研　　磨

一、研具

在研磨加工中，研具是保证研磨工件几何形状正确的主要因素，因此研具的材料、几何精度要求较高，且表面粗糙度值要小。

1. 研具材料

研具材料应满足如下技术要求：材料的组织要细致均匀，要有很高的稳定性和耐磨性，具有较好的嵌存磨料的性能，工作面的硬度应比工件表面硬度稍软。

常用的研具材料有如下几种：

（1）灰铸铁　它有润滑性好、磨耗较慢、硬度适中、研磨剂在其表面容易涂布均匀等优点，是一种研磨效果较好、价廉易得的研具材料，因此得到了广泛的应用。

（2）球墨铸铁　它比一般灰铸铁更容易嵌存磨料，且更均匀、牢固、适度，同时还能延长研具的使用寿命。采用球墨铸铁制作研具已得到了广泛应用，尤其适用于精密工件的研磨。

（3）软钢　它的韧性较好，不易折断，常用来做小型的研具，如研磨螺纹和小直径工具、工件等。

（4）铜　性质较软，表面容易被磨料嵌入，适于做研磨软钢类工件的研具。

2. 研具的类型

生产中需要研磨的工件是多种多样的，不同形状的工件应用不同类型的研具进行加工。常用的研具有以下几种：

（1）研磨平板　主要用来研磨平面，如研磨量块规、精密量具的平面等。它分光滑的和有槽的两种，如图 9-13 所示。有槽平板用于粗研，研磨时易于将工件压平，可防止将研磨面磨成凸弧面；精研时，则应在光滑平板上进行。

（2）研磨环　研磨环主要用来研磨外圆柱表面。研磨环的内径应比工件的外径大 0.025 ~0.05mm，其结构如图 9-14 所示。研磨一段时间后，若研磨环内孔磨大，拧紧调节螺钉 3，可使孔径缩小，以达到所需间隙，如图 9-14a 所示。如图 9-14b 所示的研磨环，其孔径的调整则靠右侧的螺钉完成。

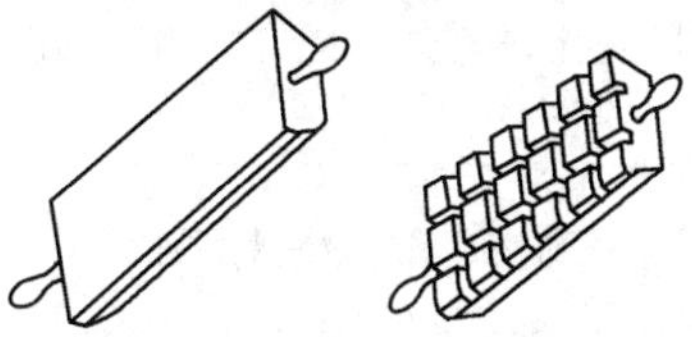

a)　b)

图 9-13　研磨平板

a）光滑平板　b）有槽平板

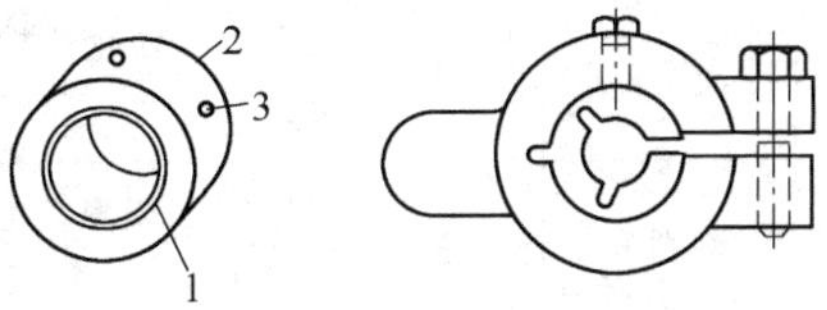

a)　b)

图 9-14　研磨环

1—开口调节圈　2—外圈　3—调节螺钉

（3）研磨棒　研磨棒主要用于圆柱孔的研磨，有固定式和可调式两种，如图 9-15 所示。

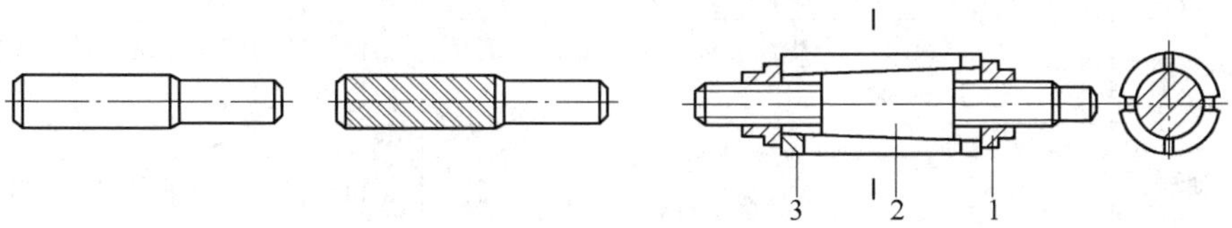

a)　b)　c)

图 9-15　研磨棒

a）固定式光滑研磨棒　b）固定式带槽研磨棒　c）可调式研磨棒

1—调整螺母　2—锥度心轴　3—调节螺钉

固定式研磨棒制造容易，但磨损后无法补偿，多用于单件研磨或机修。对工件上某一尺寸孔径的研磨，需要由 2 ~3 个预先制好的有粗、半精、精研磨余量的研磨棒来完成。有槽的用于粗研，光滑的用于精研。

可调式研磨棒能在一定的尺寸范围内进行调整，适用于成批生产中工件孔的研磨，其寿命较长，应用较广。

如果把研磨环的内孔、研磨棒的外圆做成圆锥形，则可用来研磨内、外圆锥表面。

二、研磨剂

研磨剂是由磨料和研磨液混合而成的混合剂。

1. 磨料

磨料在研磨中起切削作用，研磨工作的效率、工件的精度和表面粗糙度，都与磨料有密切的关系。常用的磨料有以下三种。

（1）氧化物磨料　氧化物磨料有粉状和块状两种，主要用于碳素工具钢、合金工具钢、高速工具钢和铸铁工件的研磨。

（2）碳化物磨料　碳化物磨料呈粉状，它的硬度高于氧化物磨料，除用于一般钢铁材料制件的研磨外，主要用来研磨硬质合金、陶瓷之类的高硬度工件。

（3）金刚石磨料　金刚石磨料分人造和天然两种，其切削能力、硬度比氧化物、碳化物磨料都高，使用效果也好。但由于价格昂贵，一般只用于硬质合金、宝石、玛瑙和陶瓷等高硬度材料的精研磨加工。

磨料的系列与用途见表 9-4。

表 9-4　磨料的系列与用途

系　列	磨料名称	代　号	特　性	适用范围
氧化铝系	棕刚玉	A	棕褐色，硬度高，韧性大，价格便宜	粗、精研磨钢、铸铁和黄铜
	白刚玉	WA	白色，硬度比棕刚玉高，韧性比棕刚玉差	精研磨淬火钢，高速钢、高碳钢及薄壁零件
	铬刚玉	PA	玫瑰红或紫红色，韧性比白刚玉高，所磨工件表面粗糙度值低	研磨量具、仪表等零件
	单晶刚玉	SA	淡黄色或白色，硬度和韧性比白刚玉高	研磨不锈钢、高钒高速工具钢等强度高、韧性大的材料
碳化物系	黑碳化硅	C	黑色、有光泽，硬度比白刚玉高，脆而锋利，导热性和导电性良好	研磨铸铁、黄铜、铝、耐火材料及非金属材料
	绿碳化硅	GC	绿色，硬度和脆性比黑碳化硅高，具有良好的导电性和导热性	研磨硬质合金、宝石、陶瓷、玻璃等材料
	碳化硼	BC	灰黑色，硬度仅次于金刚石，耐磨性好	精研磨和抛光硬质合金、人造宝石等硬质材料
金刚石系	人造金刚石		无色透明或淡黄色、黄绿色、黑色，硬度高，比天然金刚石略脆，表面粗糙	粗、精研磨硬质合金、人造宝石、半导体等高硬度脆性材料
	天然金刚石		硬度最高，价格昂贵	
其他	氧化铁		红色至暗红色，比氧化铬软	精研磨或抛光钢、玻璃等材料
	氧化铬		深绿色	

研磨所用磨料应根据研磨精度的高低按表 9-5 选用。

表 9-5 常用磨料

号 数	研磨加工类别	可达表面粗糙度	号 数	研磨加工类别	可达表面粗糙度
W100 ~ W50	用于最初的研磨加工		W14 ~ W7	用于半精研磨加工	*Ra*0.2 ~ 0.1μm
W40 ~ W20	用于粗研磨加工	*Ra*0.4 ~ 0.2μm	W5 以下	用于精研磨加工	*Ra*0.1μm 以下

2. 研磨液

研磨液在研磨中起调和磨料、冷却和润滑的作用。研磨液应具备以下的条件：

1）有一定的黏度和稀释能力。磨料通过研磨液的调和与研具表面有一定的粘附性，这样才能使磨料对工件产生切削作用。

2）有良好的润滑和冷却作用。

3）对工人健康无害，对工件无腐蚀作用，且易于洗净。

常用的研磨液有煤油、汽油、机油、工业用甘油、透平油及熟猪油等。

三、研磨要点

1. 平面研磨

（1）一般平面的研磨　一般平面的研磨方法如图 9-16 所示，工件沿平板全部表面，按 8 字形、仿 8 字形或螺旋形运动轨迹进行研磨。研磨时工件受压要均匀，压力大小应适中。压力大，研磨切削量大，表面粗糙度值大，还会将磨料压碎，划伤表面。粗研时宜用压力（1 ~ 2）× 10^5MPa，精研时宜用压力（1 ~ 5）× 10^4MPa。研磨速度不应太快：手工粗研时为 40 ~ 60 次/min，精研磨时为 20 ~ 40 次/min。否则会引起工件发热，降低研磨质量。

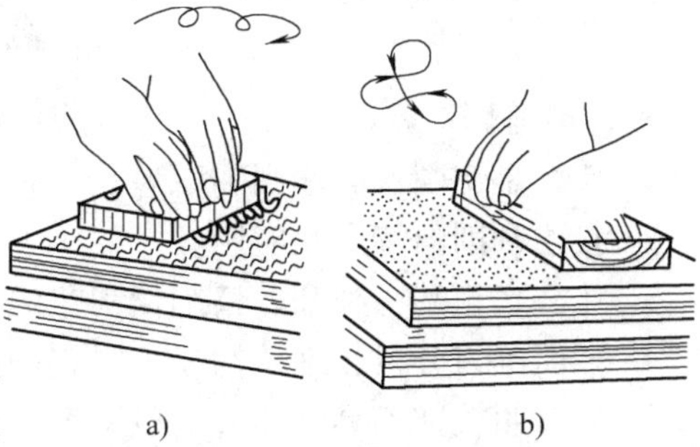

图 9-16 一般平面研磨
a）螺旋形运动轨迹 b）仿 8 字形运动轨迹

（2）狭窄平面的研磨　图 9-18 所示为狭窄平面的研磨方法。为防止所研磨平面产生倾斜和圆角，研磨时应用金属块做成“导靠”（图 9-17a），采用直线研磨轨迹；图 9-17b 所示为将样板研磨成半径为 *R* 的圆角，采用摆动式直线研磨轨迹. 如工件数量较多，则应采用 C 形夹头，将几个工件夹在一起研磨，这样能有效地防止倾斜，如图 9-18 所示。

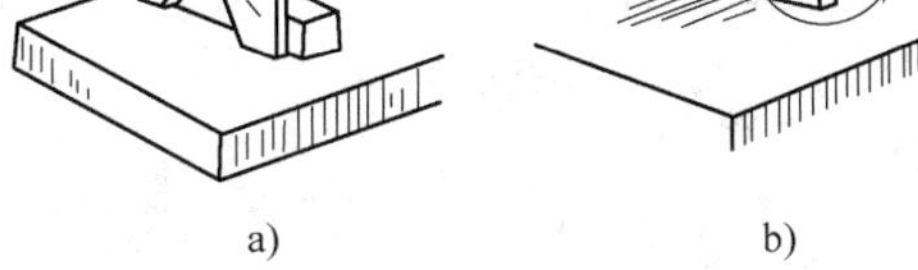

图 9-17 狭窄平面的研磨

图 9-18 多件研磨

2. 圆柱面研磨

圆柱面的研磨一般是手工与机器配合进行。

外圆柱面的研磨方法如图 9-19 所示，工件由车床带动，其上均匀涂布研磨剂，用手推动研磨环，通过工件的旋转和研磨环在工件上沿轴线方向作往复运动进行研磨。一般工件的转速，在直径小于或等于 80mm 时为 100r/min，直径大于 80mm 时为 50r/min。研磨环的往复速度，可根据工件在研磨时出现的网纹来控制，当出现 45°交叉网纹时，说明研磨环的移动速度适宜。

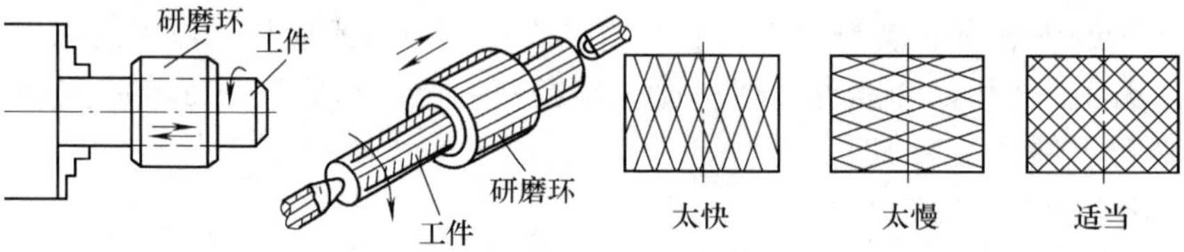

图 9-19 外圆柱面的研磨

研磨圆柱孔时，可将研磨棒用车床卡盘夹紧并转动，把工件套在研磨棒上进行研磨。对于机体上大尺寸的孔，应尽量置于垂直于地面的方向进行手工研磨。

复习题

一、简答题

1. 什么是刮削？简述刮削原理。
2. 叙述刮削的特点及应用。
3. 什么是粗刮、细刮、精刮？刮花的作用是什么？
4. 平面刮刀分粗、细、精三种，它们的几何角度有何不同？
5. 什么叫校准工具？什么叫显示剂？简述刮削时的显点方法。
6. 刮削质量如何检验？
7. 什么叫研磨？叙述研磨原理。
8. 研磨加工有何作用？
9. 对研具材料有何要求？常用研具材料有哪几种？各应用于什么场合？
10. 磨料在研磨中有何作用？分哪几种？各应用于什么场合？

二、选择题

1. 刮削余量一般为（　　）mm。

A. 0 ~ 0.01　　B. 0.05 ~ 0.4　　C. 0.7 ~ 0.8　　D. 大于 1

2. 用刮刀在工件表面上刮去一层很薄的金属，可以提高工件的加工（　　）。

A. 尺寸　　B. 强度　　C. 耐磨性　　D. 精度

3. 精刮的接触点要求达到（　　）点/25mm × 25mm。

A. 2 ~ 3　　B. 12 ~ 15　　C. 20　　D. 25

4. 研磨平板主要用来研磨（　　）。

A. 外圆柱面　　B. 内圆柱面　　C. 平面　　D. 圆柱孔

5. 手工精研时，每分钟研磨（　　）次，以避免研磨件发热。

A. 10～15　　B. 20～40　　C. 40～60　　D. 60～80

三、判断题

1. 粗刮是用粗刮刀在刮削平面上均匀地铲去一层较厚的金属，可以采用连续推铲的方法，刀迹要连成长片。（　　）

2. 研磨一般平面时，工件沿平板全部表面，按 8 字形、仿 8 字形或螺旋形运动轨迹进行研磨。（　　）

3. 研磨圆柱面只用手工，不需要机器配合。（　　）

4. 平面刮削一般要经过粗刮、细刮、精刮和刮花。（　　）

5. 精刮时，在每个研点上只能刮一刀，不重复刮削。（　　）

第十章　旋转件的平衡

一、旋转件不平衡的形式

1. 静不平衡

图 10-1 所示为旋转件在径向各截面上有不平衡量，但由此产生的惯性力合力通过旋转件重心，不会引起方向（矢量）垂直于旋转轴线的力矩，这种不平衡称为静不平衡。静不平衡的特点是：静止时，不平衡量自然地处于铅垂线下方；旋转时，不平衡惯性力只产生垂直于旋转轴线方向的振动。

2. 动不平衡

图 10-2 所示为旋转件在径向各截面上有不平衡量，且由此产生的惯性力的合力不通过旋转件的重心。所以旋转件旋转时不仅会产生垂直于旋转轴线的振动，还会产生使旋转轴倾斜的振动，这种不平衡称为动不平衡。

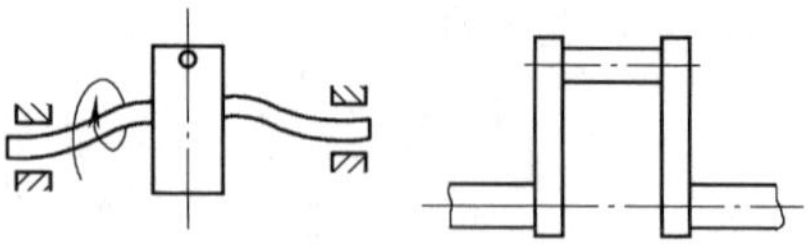

图 10-1　零件静不平衡

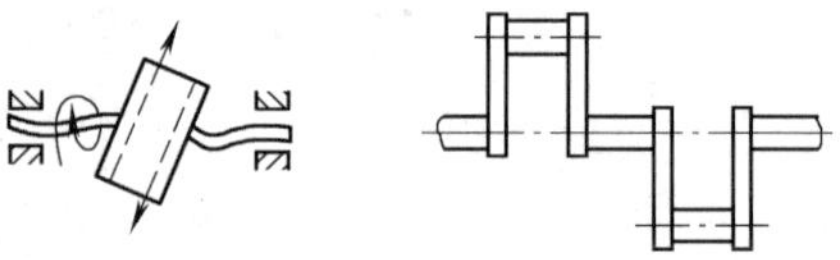

图 10-2　零件动不平衡

二、旋转件的平衡

对旋转零件作消除不平衡量的工作，称为平衡。对旋转零件进行平衡，通常采用加法或减法，即在不平衡量的对向位置加上一定的质量或在不平衡量位置减去一定的质量，使之达到平衡。加法是在配重的位置（与偏重位置在回转轴线上对称），永久地刚性连接一个配重块（一般是焊接或用螺栓紧固）；减法则是在偏重的位置，用机械加工的方法去除一定质量的材料（一般是钻孔或磨削）。

对于静不平衡旋转件，可将其装上心轴后放置到平衡支架上，找出不平衡量的位置后，用加法或减法使之达到平衡。对于动不平衡旋转件，要将其放在动不平衡试验机上，找出动不平衡量的位置及大小后，用加法或减法使之达到平衡。

对旋转零件进行平衡时，在不影响零件的强度、外观和其他技术要求的前提下应用减法，否则应用加法，也可加减法并用。

1. 静平衡的方法

静平衡的支架有导轨式和滚轮式两种，工件安置在其上面的滚动摩擦因数越小，平衡的精度就越高，因此要尽量减小滚动摩擦因数。静平衡的步骤如下。

（1）找平衡方位　将工件安置在平衡支架上，让其作自由滚动，若最后一次是作顺时针方向旋转，待其完全静止后，因滚动摩擦阻力的关系，工件的重心将位于垂直中心线的右侧，此时用白色划笔在工件的最低点处作一标记；再让工件自由滚动，待最后一次作逆时针方向旋转时（因滚动摩擦阻力的作用，工件的重心将位于垂直中心线的左侧），完全静止后在工件的最低点处用白色划笔再作一标记。两次标记的对称中心，便是偏重的方位。

（2）确定平衡重　首先将工件偏重的方位转到水平位置，在偏重方位的正对面找一个合适的点并加上适量的试重（可粘胶泥或磁铁作为试重），直至偏重方位和试重能静止保持在同一水平线上的位置。然后将工件反转 180°，看偏重方位和试重能不能保持在同一水平线上，若不能，则需要调整试重粘附的位置和质量的大小。经过反复多次的调整后，当工件转过任何角度都能保持静止时，将试重取下称重，确定平衡重的质量。

（3）加配重或减配重　按确定的平衡重，在试重的位置加上相应的金属配重；或通过力矩计算得出减配重的质量（图 10-3），在对应的位置用钻孔或机械加工的方法，使工件本体去除一个减配重的质量以达到静平衡。加配重或减配重后还应再次进行测试，如又出现静不平衡，就要对加配重或减配重进行微调，直到重新获得静平衡，静平衡的工作才算完成。

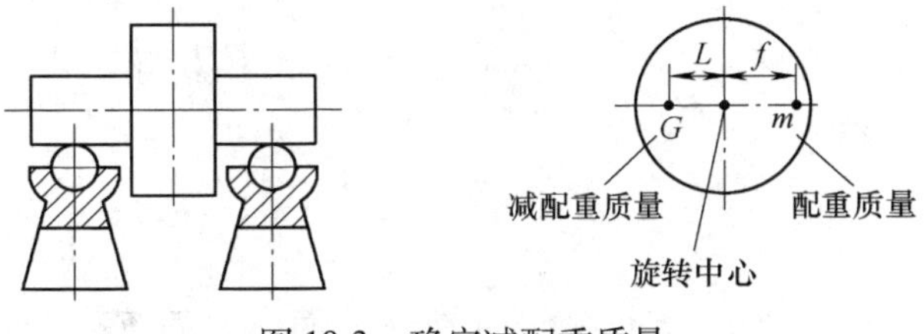

图 10-3　确定减配重质量

2. 动平衡的方法

对于长径比比较大或转速较高的旋转件，通常都要进行动平衡。动平衡不仅可以平衡不平衡量产生的离心力，还可以平衡离心力所组成的力矩。因此，动平衡包括了静平衡。在动平衡之前应先进行静平衡，以去除较显著的不平衡量，防止发生因振动过大而损坏机件的事故。图 10-4 所示为一根旋转体，假定它存在两个不平衡质量 m_1 和 m_2，当旋转体旋转时，它们产生的离心力分别为 $\boldsymbol{F}_1$ 和 $\boldsymbol{F}_2$。如图 10-5 所示，$\boldsymbol{F}_1$ 和 $\boldsymbol{F}_2$ 分别在两个不同的纵向平面内，但都垂直于旋转体的中心线。为了平衡这两个力，可在旋转体上选择两个与轴线垂直的横截面 A 和 B 作为动平衡校正面，将离心力 $\boldsymbol{F}_1$ 和 $\boldsymbol{F}_2$ 分别分解到平面 A 和平面 B 上。根据静力学原理有

$$\boldsymbol{F}_1 = -\boldsymbol{F}_{1A} + \boldsymbol{F}_{1B}$$
$$\boldsymbol{F}_{1A}L_1 = \boldsymbol{F}_{1B}(L - L_1)$$
$$\boldsymbol{F}_2 = \boldsymbol{F}_{2A} + \boldsymbol{F}_{2B}$$
$$\boldsymbol{F}_{2A}L_2 = \boldsymbol{F}_{2B}(L - L_2)$$

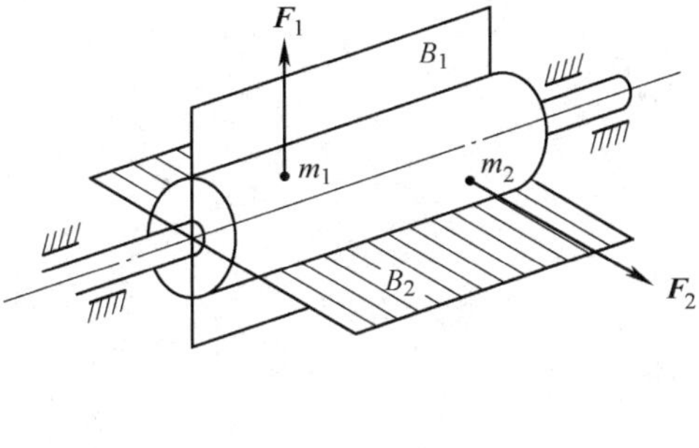

图 10-4　旋转体不平衡质量

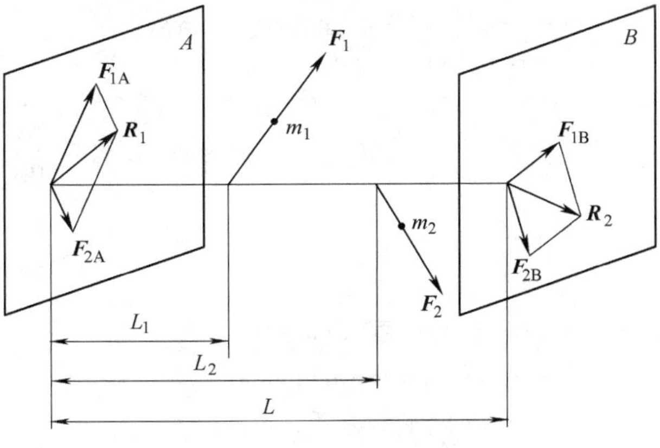

图 10-5　不平衡质量离心力的分解

解以上方程组得

$$F_{1A}=\left(1-\frac{L_1}{L}\right)F_1$$

$$F_{1B}=\frac{L_1}{L}F_1$$

$$F_{2A}=\left(1-\frac{L_2}{L}\right)F_2$$

$$F_{2B}=\frac{L_2}{L}F_2$$

因为$\boldsymbol{F}_{1A}$、$\boldsymbol{F}_{1B}$与$\boldsymbol{F}_1$同在A平面内，而$\boldsymbol{F}_{2A}$、$\boldsymbol{F}_{2B}$与$\boldsymbol{F}_2$同在B平面内，所以$\boldsymbol{F}_{1A}$、$\boldsymbol{F}_{1B}$的合力为$\boldsymbol{R}_1$，$\boldsymbol{F}_{2A}$、$\boldsymbol{F}_{2B}$的合力为$\boldsymbol{R}_2$。对于刚性旋转件来说，$\boldsymbol{R}_1$与$\boldsymbol{F}_1$等效，$\boldsymbol{R}_2$与$\boldsymbol{F}_2$等效。因此，只要在$\boldsymbol{R}_1$的对侧加上平衡质量G_1和在$\boldsymbol{R}_2$的对侧加上平衡质量G_2，使G_1产生的离心力为$-\boldsymbol{R}_1$，G_2产生的离心力为$-\boldsymbol{R}_2$，旋转体就可以获得动平衡。同理，在$\boldsymbol{R}_1$和$\boldsymbol{R}_2$方向上，分别减去与G_1和G_2相同的质量，也能使旋转体获得动平衡。从上面的分析可知，对于任何刚性旋转体，都可以将其不平衡力分解到两个任意选定的与轴线垂直的平衡校正面上。因此，在作动平衡时，只需在两个校正面上进行动平衡校正，就能使任意不平衡的刚性旋转体获得动平衡。

三、平衡精度

旋转体经过平衡调整后，其不平衡程度虽然得到了很大的改善，但仍会存在一定的不平衡剩余量，无法达到绝对的平衡，这个不平衡余量就是平衡精度。平衡精度有两种表示方法。

1. 许用剩余不平衡力矩M

$$M=TR=We$$

式中 T——剩余不平衡量（g）；

R——剩余不平衡量所在的半径（mm）；

W——旋转体质量（g）；

e——旋转体重心偏心距（mm）。

2. 许用偏心速度V_e

$$V_e=\frac{e\omega}{1000}$$

$$\omega=\frac{\pi n}{30}$$

式中 V_e——偏心速度（mm/s）；

e——偏心距（μm）；

ω——旋转体角速度（r/min）；

n——转速（r/min）。

四、平衡精度等级

在许用偏心速度标准中，平衡精度等级是指重心在旋转时的线速度等级，共分为 G0.4、G1.0、G2.5、G6.3、G16、G40、G100、G250、G630、G1600 和 G4000 十一个等级。其中 G0.4 级最高，G4000 级最低，见表 10-1。机械的旋转速度和使用寿命要求越高，其平衡精度等级也要求越高。单面平衡的旋转体取表 10-1 中的数值；双面平衡的旋转体，当轴向对称时取表 10-1 中数值的 1/2，轴向不对称时，则要根据旋转体质量沿轴向分布的情况来决定许用值的分配。

表 10-1　平衡精度等级

动平衡精度	精度代号	精度值范围 /（mm/s）	工作转速范围 /（r/min）	旋转体实例
一级	G0.4	0.16～0.4		精密磨床转子
二级	G1.0	0.1～1.0	1500～30000	特殊要求的小型电动机转子、磨床驱动件
三级	G2.5	1.0～2.5	600～30000	汽轮机、燃气轮机、增压器转子，机床主轴
四级	G6.3	2.5～6.3	<30000	电动机、水轮机转子，机床等一般传动件
五级	G16	16～40	<15000	螺旋桨、传动轴、多缸发动机曲轴
六级	G40	16～40	<6000	火车轮轴、变速箱轴
七级	G100	40～100	<3000	多缸和高速发动机曲轴、汽车发动机整机
八级	G250	100～250	<3000	高速四缸柴油机曲轴驱动件
九级	G630	250～630	<1000	弹性支承船用柴油机、曲轴驱动件
十级	G1600	630～1600	<1000	大型四冲程柴油机曲轴驱动件
十一级	G4000	1600～4000	<600	单数气缸低速船用柴油机曲轴驱动件

复　习　题

一、简答题

1. 简单阐述静平衡的方法。

2. 什么是平衡精度？

3. 在许用偏心速度标准中，平衡精度共分为哪几个等级？

4. 有一电动机的转子质量为 3.2kg，转子的最高转速为 3000r/min，平衡后的不平衡量为 50g · mm。试计算平衡精度达到许用偏心速度标准中的几级。

二、选择题

1. 许用偏心速度是指旋转时的（　　）。

A. 角速度　　B. 加速度　　C. 线速度　　D. 转数

2. 零部件在径向位置上有偏重，但由此产生的惯性力合力不通过旋转件的重心，这种不平衡称为（　　）。

A. 静不平衡　　B. 动不平衡　　C. 静平衡　　D. 动平衡

3. 许用偏心速度标准中，平衡精度等级共分十一级，其中（　　）精度最高。

A. G0.4 级　　B. G4000 级　　C. G40 级　　D. G100 级

4. 找出平衡量后，应在偏重位置（　　）。

A. 增加配重　　B. 减少配重

5. 动不平衡旋转件的惯性力合力（　　）。

A. 通过重心　　B. 不通过重心　　C. 总是通过轴线　　D. 与轴线平行

三、判断题

1. 对旋转零件进行平衡，通常可采用加法或减法。（　　）

2. 存在静不平衡的轴旋转时，不平衡惯性力只产生垂直于旋转轴线方向的振动。（　　）

3. 静不平衡的旋转件，只有当其偏重处于铅垂线上时才能静止不动。（　　）

4. 工件安置在静平衡的支架上的滚动摩擦因数越大，平衡的精度就越高。（　　）

5. 轴类零件在平衡支架上做静平衡试验时，零件完全静止后，其重心一定在轴线所在的铅垂面内。（　　）

第十一章　装配基础知识

第一节　装配工艺概述

机械产品一般由许多零件和部件组成。按规定的技术要求，将若干零件结合成部件，或将若干零件和部件结合成机器的过程称为装配。

在研究装配工艺之前，必须对机械产品的组成有充分的了解。

一、机器的组成

1. 零件

零件是构成机器的最小单元，如一根轴、一个螺钉等。

2. 部件

两个或两个以上零件结合形成机器的某个部分，如车床主轴箱、进给箱、滚动轴承等都是部件。部件是一个通称，其划分是多层次的。直接进入产品总装的部件称为组件，直接进入组件装配的部件称为一级分组件，直接进入一级分组件装配的部件称为二级分组件，其余类推。产品越复杂，分组级数越多，如图 11-1 所示。

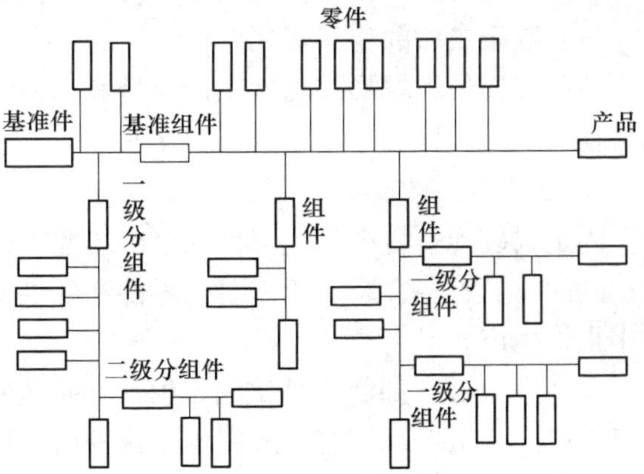

图 11-1　组件与分组件划分

3. 装配单元

可以独立进行装配的部件称为装配单元。任何一个产品都能分成若干个装配单元。

4. 装配基准件

最先进入装配的零件称为装配基准件，它可以是一个零件，也可以是低一级的装配单元。

二、装配工艺过程

产品的装配工艺包括以下四个过程。

1. 装配前的准备工作

1）熟悉产品装配图、工艺文件和技术要求，了解产品的结构、零件的作用及相互连接关系。

2）确定装配方法、顺序，准备所需要的工具。

3）对装配的零件进行清洗，去掉零件上的毛刺、铁锈、切屑和油污。

4）对某些零件还需要进行刮削等修磨工作，有特殊要求的零件还要进行平衡试验、密封试验等。

2. 装配工作

结构复杂的产品，其装配工作常分为部件装配和总装配。

（1）部件装配　部件装配是指产品在进入总装配前的装配工作。凡是将两个及两个以上的零件组合在一起或将零件与几个组件结合在一起，成为一个装配单元的工作，均称为部件装配。

（2）总装配　总装配是指将零件和部件结合成一台完整产品的过程。

3. 调整、精度检验和试车

（1）调整　调整是指调节零件或机构的相互位置、配合间隙、结合程度等，其目的是使机构或机器工作协调。如轴承间隙、镶条位置、蜗轮轴向位置的调整。

（2）精度检验　精度检验包括几何精度检验和工作精度检验等，如车床总装后，要检验主轴中心线和床身导轨的平行度、中拖板导轨和主轴中心线的垂直度及前、后顶尖的等高度。工作精度一般是指切削试验，如车床进行车圆柱或车端面试验。

（3）试车　试车是指试验机构或机器运转的灵活性、振动、工作温升、噪声、转速、功率等性能参数是否符合要求。

4. 喷漆、涂油和装箱

机器装配之后，为了使其美观、防锈和便于运输，还要做好喷漆、涂油和装箱工作。

三、装配工作的组织形式

装配工作的组织形式随着生产类型和产品复杂程度的不同而不同，一般分为固定式装配和移动式装配两种。

1. 固定式装配

固定式装配是将产品或部件的全部装配工作安排在一个固定的工作地点进行。装配过程中产品的位置不变，装配所需要的零件和部件都汇集在工作地点附近，主要应用于单件生产或小批量生产。

单件生产时（如新产品试制、模具和夹具制造等），产品的全部装配工作均在某一固定地点，由一个工人或一组工人完成。这种组织形式的装配周期长、占地面积大，并要求工人具有综合技能。

成批生产时，装配工作通常分为部件装配和总装配，每个部件由一个工人或一组工人完成，然后进行总装配。这种形式一般应用于较复杂的产品，如机床、飞机等。

2. 移动式装配

移动式装配是指工作对象（部件或组件）在装配过程中，有顺序地由一个工人转移到另一个工人。这种转移可以是装配对象的移动，也可以是工人自身的移动。通常把这种装配组织形式称为流水装配法。移动装配时，常利用传送带、滚道或轨道上行走的小车来运送装配对象。每个工作地点（或同一个工人）重复地完成固定的工作内容，并且广泛地使用专用设备和专用工具，因而其装配质量好、生产率高、生产成本低，适用于大批量生产，如汽车、拖拉机的装配。

四、装配工艺的制订

编制装配工艺时，为了便于分析研究，首先要把产品分解，划分为若干个装配单元，绘制产品装配系统图，再划分出装配工序和工步，制订装配工艺。

1. 产品装配系统图的绘制

表示产品装配单元的划分及其装配顺序的图称为产品装配系统图。图 11-2 所示为某锥齿轮轴组件的装配图，其装配顺序可按图 11-3 所示进行，图 11-4 所示为该组件的装配系统图。绘制装配单元系统图时，先画一条横线，在横线左端画出代表基准件的长方格，在横线右端画出代表产品的长方格，然后按装配图顺序从左向右将代表直接装到产品上的零件或组件的长方格从水平线引出，零件画在横线上面，组件画在横线下面。用同样的方法，可以把每一组件及分组件的系统图展开画出。长方格内要注明零件或组件的名称、编号和件数。产品装配系统图能反映装配的基本过程和顺序，以及各部件、组件、分组件和零件间的从属关系，从中可看出各工序之间的关系和所采用的装配工艺等。

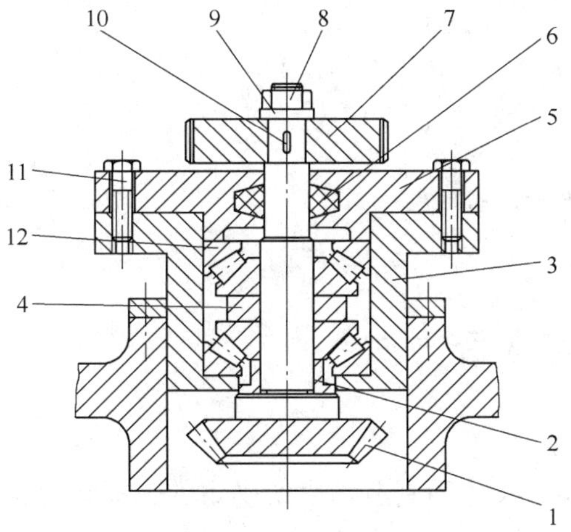

图 11-2　锥齿轮轴组件装配图
1—锥齿轮轴　2—衬垫　3—轴承套
4—隔圈　5—轴承盖　6—毛毡圈
7—圆柱齿轮　8—螺母　9—垫圈
10—键　11—螺钉　12—轴承

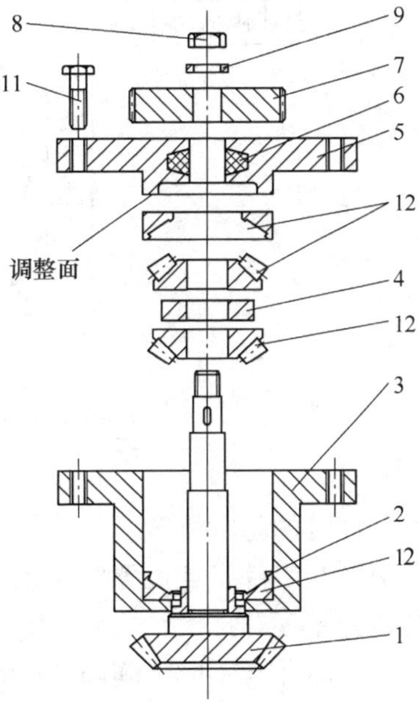

图 11-3　锥齿轮轴
（注同图 11-2）

2. 装配工序及工步的划分

通常将整台机器或部件的装配工作分成装配工序和装配工步顺序进行。由一个工人或一组工人，在不更换设备或地点的情况下完成的装配工作，称为装配工序。用同一工具，不改变工作方法，并在固定的位置上连续完成的装配工作，称为装配工步。部件装配和总装配都是由若干个装配工序组成的，一个装配工序中可包括一个或几个装配工步。

由图 11-4 可以看出，锥齿轮轴组件装配可分成：锥齿轮分组件装配（21）、轴承套分组件（22）装配、轴承盖分组件（23）装配和锥齿轮轴组件（11）总装配四个工序进行。

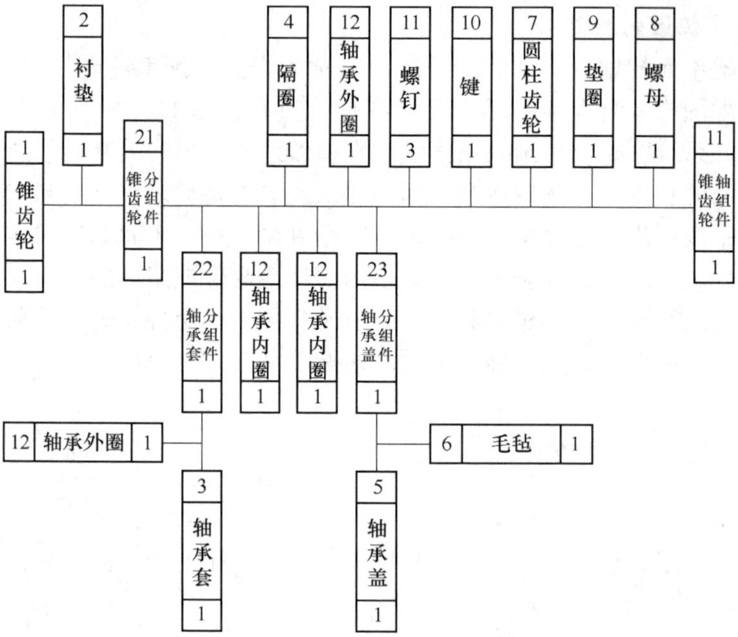

图 11-4 锥齿轮轴组件装配系统图

第二节 尺寸链和装配方法

一、尺寸链的基本概念

产品中某些零件相互位置的正确关系，是由零件尺寸和制造精度所确定的，即零件精度直接影响装配精度。

例如，齿轮孔与轴配合间隙 ΔA 的大小，与孔径 A_1 及轴径 A_2 的大小有关（图 11-5a）；又如，齿轮端面和箱内壁凸台端面配合间隙 ΔB 的大小，与箱内壁凸台端面距离尺寸 B_1、齿轮宽度 B_2 及垫圈厚度 B_3 的大小有关（图 11-5b）；再如，机床床鞍和导轨之间配合间隙 ΔC 的大小，与尺寸 C_1、C_2 及 C_3 的大小有关（图 11-5c）。

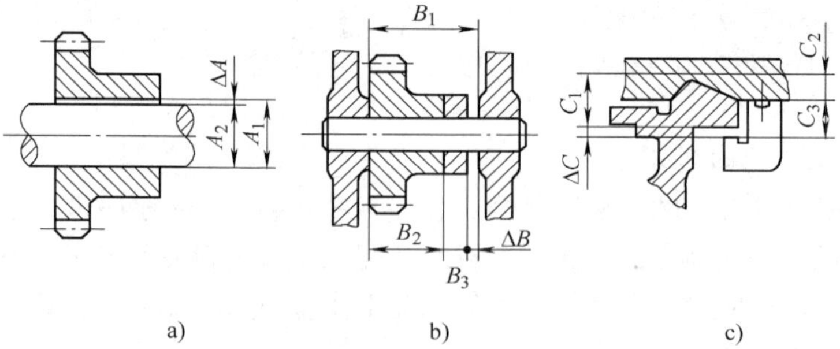

图 11-5 装配尺寸链的形成

如果把这些影响某一装配精度的有关尺寸彼此按顺序连接起来，可构成一个封闭外形。

如图 11-6a 所示，设计图样上标注的设计尺寸为 A_1 和 A_0，钻孔时若以左侧面为定位基准，则 A_2 及 A_1 为钻孔时的工艺尺寸（或工序尺寸），A_0 则变为加工过程中最后形成的尺寸。此时，A_1、A_2 和 A_0 将形成封闭外形，如图 11-6b 所示。

1. 尺寸链的概念

在机器装配或零件加工过程中，由相互连接的尺寸形成的封闭尺寸组，称为尺寸链。尺寸链按其功能分为设计尺寸链和工艺尺寸链。

(1) 设计尺寸链　组成尺寸全部为设计尺寸的尺寸链称为设计尺寸链。设计尺寸链又分为两种：

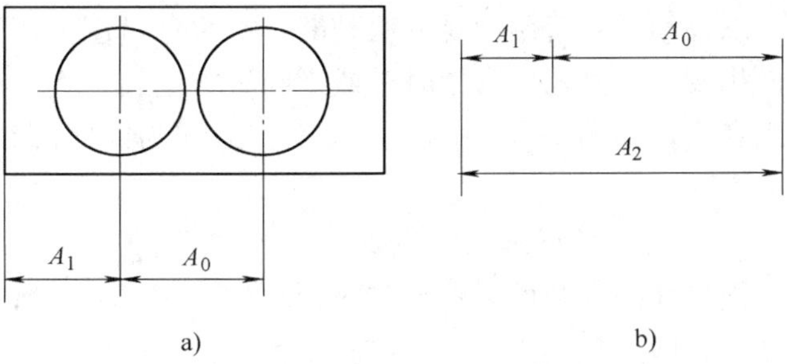

图 11-6　工艺尺寸链

1）装配尺寸链。全部组成尺寸为不同零件设计尺寸的尺寸链。

2）零件尺寸链。全部组成尺寸为同一零件设计尺寸的尺寸链。

(2) 工艺尺寸链　组成尺寸全部为同一零件工艺尺寸的尺寸链称为工艺尺寸链。所谓工艺尺寸，是指根据加工要求形成的尺寸，如工序尺寸、定位尺寸等。

2. 装配尺寸链简图

装配尺寸链可以在装配图中找出。为简便起见，通常不绘出该装配部分的具体结构，也不必按严格的比例绘制，只需依次绘出各有关尺寸，排列成封闭外形即可。图 11-5 所示的三种情况，其尺寸链简图如图 11-7 所示。

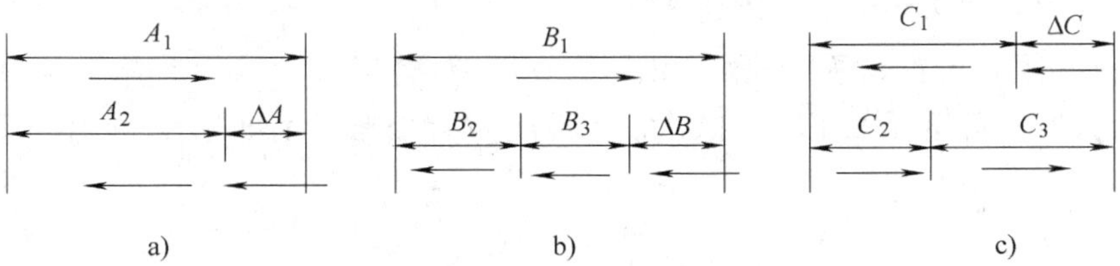

图 11-7　尺寸链简图

绘制尺寸链简图时，应由装配要求的尺寸首先画起，然后绘出与该项尺寸要求有关联的各个尺寸。

3. 尺寸链的环

构成尺寸链的每一个尺寸都称为尺寸链的环，每个尺寸链至少应有三个环。

(1) 封闭环　在零件加工或机器装配过程中，最后自然形成（间接获得）的尺寸称为封闭环。一个尺寸链只有一个封闭环，如上例中的 ΔA、ΔB、ΔC。在装配尺寸链中，封闭环即装配技术要求。

(2) 组成环　尺寸链中除封闭环以外的其余尺寸均称为组成环。同一尺寸链中的组成环，用同一字母表示，如上例中的 A_1、A_2；B_1、B_2、B_3；C_1、C_2、C_3。

(3) 增环　在其他组成环不变的条件下，当某组成环增大时，封闭环随之增大，那么该组成环称为增环，如图 11-7 中的 A_1、B_1、C_2 和 C_3 为增环。增环用字母上加符号“→”表示，如 $\vec{A}_1$、$\vec{B}_1$、$\vec{C}_2$、$\vec{C}_3$。

（4）减环　在其他组成环不变的条件下，当某组成环增大时，封闭环随之减小，那么该组成环称为减环，如图 11-7 中的 A_2、B_2、B_3 和 C_1 为减环。减环用字母上加符号“←”表示，如$\overleftarrow{A}_2$、$\overleftarrow{B}_2$、$\overleftarrow{B}_3$、$\overleftarrow{C}_1$。

增环和减环可用简易方法判断：在尺寸链图上假设一个旋转方向，即由尺寸链任一环的基面出发，绕其轮廓沿顺时针或逆时针方向转一周，回到这一基面。按该旋转方向给每个环标出箭头，如图 11-7 所示。凡是箭头方向与封闭环相反的为增环，箭头方向与封闭环相同的为减环。

4. 封闭环的极限尺寸及公差

由尺寸链简图可以看出，封闭环的公称尺寸 = 所有增环公称尺寸之和 - 所有减环公称尺寸之和，即

$$\Delta A = \sum^{m} \overrightarrow{A}_i - \sum^{n} \overleftarrow{A}_i$$

式中　m——增环的数目；

n——减环的数目。

由此可得出封闭环极限尺寸与各组成环极限尺寸的关系：

1）当所有增环都为上极限尺寸，而减环都为下极限尺寸时，封闭环为上极限尺寸，即

$$\Delta A_{\max} = \sum^{m} \overrightarrow{A}_{i\max} - \sum^{n} \overleftarrow{A}_{i\min}$$

式中　$\Delta A_{\max}$——封闭环的上极限尺寸；

$\overrightarrow{A}_{i\max}$——第 i 个增环的上极限尺寸；

$\overleftarrow{A}_{i\min}$——第 i 个减环的下极限尺寸。

2）当所有增环都为下极限尺寸，而减环都为上极限尺寸时，封闭环为下极限尺寸即

$$\Delta A_{\min} = \sum^{m} \overrightarrow{A}_{i\min} - \sum^{n} \overleftarrow{A}_{i\max}$$

式中　$\Delta A_{\min}$——封闭环的下极限尺寸；

$\overrightarrow{A}_{i\min}$——第 i 个增环的下极限尺寸；

$\overleftarrow{A}_{i\max}$——第 i 个减环的上极限尺寸。

两式相减，可得封闭环的公差为

$$\Delta\delta = \sum^{m+n} \delta_i$$

式中　$\Delta\delta$——封闭环公差；

δ_i——某组成环公差。

上式表明，封闭环的公差等于各组成环的公差之和。

例 11-1　如图 11-5b 所示的齿轮轴装配中，要求装配后齿轮端面和箱体凸台端面之间具有 0.1～0.3mm 的轴向间隙。已知 $B_1 = 80^{+0.1}_{0}$mm，$B_2 =$ （$60^{0}_{-0.06}$） mm，问 B_3 尺寸应控制在什么范围内才能满足装配要求？

1）根据题意绘制尺寸链简图（图 11-8），确定封闭环为 ΔB，增环为 $\overrightarrow{B}_1$，减环为 $\overleftarrow{B}_2$ 和 $\overleftarrow{B}_3$。

2）列尺寸链方程式，计算 B_3。

$$\Delta B = B_1 - (B_2 + B_3)$$

则
$$B_3 = B_1 - B_2 - \Delta B = (80 - 60 - 0)\text{mm} = 20\text{mm}$$

3）确定 B_3 的极限尺寸。

$$\Delta B_{max} = B_{1max} - (B_{2min} + B_{3min})$$

则
$$B_{3min} = B_{1max} - B_{2min} - \Delta B_{max} = (80.1 - 59.94 - 0.3)\text{mm} = 19.86\text{mm}$$

$$\Delta B_{min} = B_{1min} - (B_{2max} + B_{3max})$$

则
$$B_{3max} = B_{1min} - B_{2max} - \Delta B_{min} = (80 - 60 - 0.1)\text{mm} = 19.9\text{mm}$$

所以　$B_3 = 20^{-0.10}_{-0.14}\text{mm}$。

例 11-2　由钳工锉削如图 11-9a 所示的零件，因条件所限，仅有外径千分尺供测量使用。求 A、B 间距离应控制在什么尺寸范围内才能满足加工要求。

1）根据题意绘出尺寸链简图，如图 11-9b 所示。

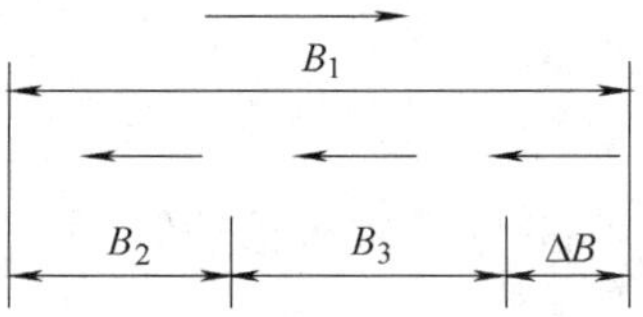

图 11-8　例 11-1 尺寸链简图

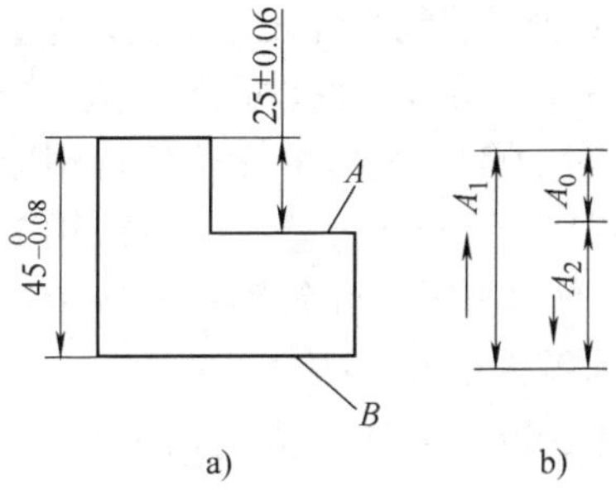

图 11-9　例 11-2 图

2）确定封闭环、增环和减环。A_1、A_2 为直接测得尺寸，（25 ±0.06）mm 为间接得到尺寸，为封闭环。可知，A_1 为增环，A_2 为减环。

3）计算 A_2。

$$A_2 = A_1 - A_0 = (45 - 25)\text{ mm} = 20\text{mm}$$

4）确定 A_2 极限尺寸。

$$A_{2max} = A_{1min} - A_{0min} = (44.92 - 24.94)\text{mm} = 19.98\text{mm}$$

$$A_{2min} = A_{1max} - A_{0max} = (45 - 25.06)\text{mm} = 19.94\text{mm}$$

即 $A_2 = 20^{-0.02}_{-0.06}\text{mm}$。

二、常用的装配方法

产品的装配过程不是简单地将有关零件连接起来的过程，而是每一步装配工作都应满足预定的装配要求，即应达到一定的装配精度。通过尺寸链分析可知，由于封闭环公差等于组成环公差之和，因此装配精度取决于零件制造公差，但零件制造精度过高，会造成生产成本过高。为正确处理装配精度与零件制造精度之间的关系，妥善处理生产的经济性与使用要求的矛盾，形成了不同的装配方法。

1. 完全互换装配法

在同类零件中，任取一个装配零件，不经修配即可装入部件中，并能达到规定的装配要求，这种装配方法称为完全互换装配法。完全互换装配法的特点是：

1）装配操作简便，生产率高。

2）容易确定装配时间，便于组织流水装配线。

3）零件磨损后便于更换。

4）零件加工精度要求高，制造费用随之增加，因此适用于组成环数少、精度要求不高的场合或大批量生产。

2. 选择装配法

选择装配法有直接选配法和分组选配法两种。

（1）直接选配法　直接选配法是由装配工人直接从一批零件中选择合适的零件进行装配。这种方法比较简单，其装配质量凭工人的经验和感觉来确定，装配效率不高。

（2）分组选配法　分组选配法是将一批零件逐一测量后，按实际尺寸的大小分成若干组，然后将尺寸大的包容件（如孔）与尺寸大的被包容件（如轴）相配，将尺寸小的包容件与尺寸小的被包容件相配。这种装配方法的配合精度取决于分组数，即增加分组数可以提高装配精度。分组选配法的特点是：

1）经分组选配后零件的配合精度高。

2）因零件制造公差大，所以加工成本降低。

3）增加了对零件的测量分组工作量，并需要加强对零件的储存和运输管理，可能造成半成品和零件的积压。

分组选配法常用于大批量生产中装配精度要求很高、组成环数较少的场合。

3. 修配装配法

装配时修去指定零件上预留修配量，以达到装配精度的装配方法称为修配装配法。其特点是：

1）通过修配得到装配精度，可降低零件制造精度。

2）装配周期长，生产率低，对工人技术水平要求较高。

修配装配法适用于单件或小批量生产以及装配精度要求高的场合。

4. 调整装配法

装配时调整某一零件的位置或尺寸，以达到装配精度的装配方法称为调整装配法。一般采用斜面、锥面、螺纹等移动可调整件的位置，采用调换垫片、垫圈、套筒等控制调整件的尺寸。

调整装配法的特点是：

1）零件可按经济精度确定加工公差，装配时通过调整达到装配精度。

2）使用中还可定期进行调整以保证配合精度，便于维护与修理。

3）生产率低，对工人技术水平要求高。

除必须采用分组选配的精密配件外，调整装配法一般可用于各种装配场合。

三、装配尺寸链解法

不论采用哪种装配方法，都需要应用尺寸链的概念，正确解决装配精度与零件制造精度，即封闭环公差与组成环公差合理分配的问题。装配方法不同时，两者间的关系也不同。

根据装配精度（封闭环公差）对有关尺寸链进行正确分析，并合理分配各组成环公差的过程，称为解尺寸链。它是保证装配精度、降低产品制造成本、正确选择装配方法的重要依据。

1. 完全互换法解尺寸链

按完全互换装配法的要求解有关的装配尺寸链，称为完全互换法解尺寸链。此时，装配精度由零件制造精度来保证，其工艺计算的一般步骤如下。

例 11-3　如图 11-10a 所示齿轮箱部件的装配要求是轴向窜动量 $\Delta A=0.2\sim0.7\text{mm}$。已知 $A_1=122\text{mm}$，$A_2=28\text{mm}$，$A_3=A_5=5\text{mm}$，$A_4=140\text{mm}$，试用完全互换法解此尺寸链。

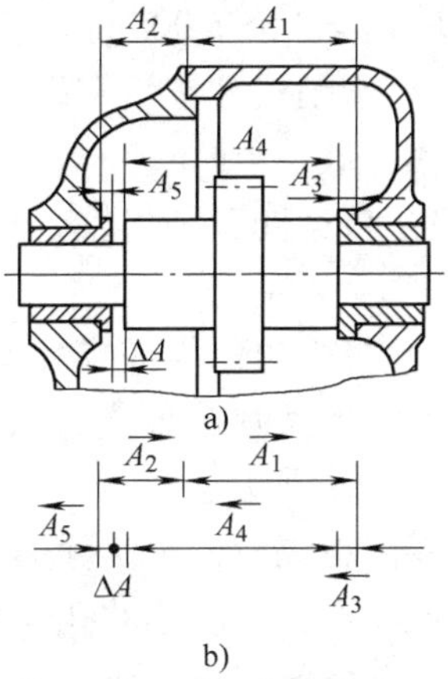

图 11-10　齿轮轴装配图

1）根据题意绘出尺寸链简图，并校验各环公称尺寸。图 11-10b 所示为尺寸链简图，其中 A_1、A_2 为增环，A_3、A_4、A_5 为减环，ΔA 为封闭环，则

$$\Delta A=(A_1+A_2)-(A_3+A_4+A_5)=(122+28)\text{mm}-(5+140+5)\text{mm}=0$$

可见各环公称尺寸确定无误。

2）确定各组成环的尺寸公差及极限尺寸。首先求出封闭环公差

$$\Delta\delta=(0.7-0.2)\ \text{mm}=0.5\text{mm}$$

根据 $\Delta\delta=\sum^{m+n}\delta_i=\delta_1+\delta_2+\delta_3+\delta_4+\delta_5=0.5\text{mm}$ 同时考虑各组成环尺寸的加工难易程度，合理分配各环尺寸公差，如 $\delta_1=0.20\text{mm}$，$\delta_2=0.10\text{mm}$，$\delta_3=\delta_5=0.05\text{mm}$，$\delta_4=0.10\text{mm}$，再按入体原则分配偏差得

$$A_1=122^{+0.20}_{\ \ 0}\text{mm},\ A_2=28^{+0.10}_{\ \ 0}\text{mm},\ A_3=A_5=5^{\ \ 0}_{-0.05}\text{mm}$$

3）确定协调环。为了满足装配精度的要求，应在各组成环中选择一个环，其极限尺寸由封闭环极限尺寸方程式来确定，此环称为协调环。一般选择便于制造及可用通用量具测量的尺寸作为协调环，此题将 A_4 定为协调环。

$$A_{4\min}=A_{1\max}+A_{2\max}-A_{3\min}-A_{5\min}-\Delta A_{\max}=(122.20+28.10-4.95-4.95-0.7)\text{mm}$$
$$=139.70\text{mm}$$

$$A_{4\max}=A_{1\min}+A_{2\min}-A_{3\max}-A_{5\max}-\Delta A_{\min}=(122+28-5-5-0.2)\text{mm}=139.80\text{mm}$$

所以 $A_4=140^{-0.20}_{-0.30}\text{mm}$。

2. 分组选配法解尺寸链

分组选配法是将尺寸链中组成环的制造公差放大到经济精度的程度，然后分组进行装配，以保证规定的装配精度。此时装配质量不取决于零件的制造公差，而取决于分组情况。分组选配法解尺寸链的具体方法如下。

例 11-4　图 11-11 所示为某发动机内直径为 ϕ28mm 的活塞销与活塞装配简图。装配技术要求为：销与销孔冷态装配时，应有 0.01～0.02mm 的过盈量。试用分组装配法解该尺寸链，并确定各组成环的偏差值。设轴、孔的经济公差均为 0.02mm。

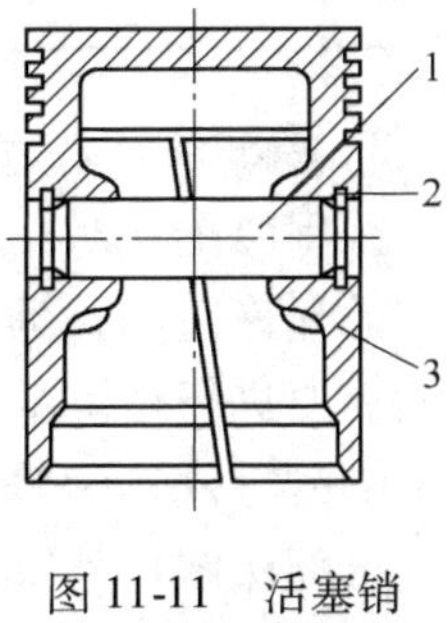

图 11-11　活塞销与活塞装配简图
1—活塞销　2—挡圈　3—活塞

1）按完全互换法确定各组成环的公差和偏差值

$$\Delta\delta=(-0.01)\text{mm}-(-0.02)\text{mm}=0.01\text{mm}$$

取 $\delta_1=\delta_2=0.005\text{mm}$（等公差分配）。

2）求销尺寸。活塞销的公差带分布位置应为单向负偏差（基轴制原则），即销的尺寸应为 $A_1=28_{-0.005}^{\ 0}\text{mm}$。

3）根据题意画出轴、孔公差带图，如图 11-12a 所示。由图 11-12a 可知，销孔的尺寸为 $A_2=28_{-0.020}^{-0.015}\text{mm}$。

4）将得出的组成环公差均扩大 4 倍，得到 $4\times0.005\text{mm}=0.02\text{mm}$ 的经济制造公差。按相同方向扩大制造公差，得销的极限尺寸为 $\phi28_{-0.020}^{\ 0}\text{mm}$，销孔的极限尺寸为 $\phi28_{-0.035}^{-0.015}\text{mm}$，如图 11-12b 所示。

零件制成后，按实际加工尺寸分四组，如图 11-12b 所示。装配时，大尺寸的孔与大尺寸的轴配合，小尺寸的孔与小尺寸的轴配合，各组配合的过盈见表 11-1。因分组配合公差与允许配合公差相同，所以符合装配要求。

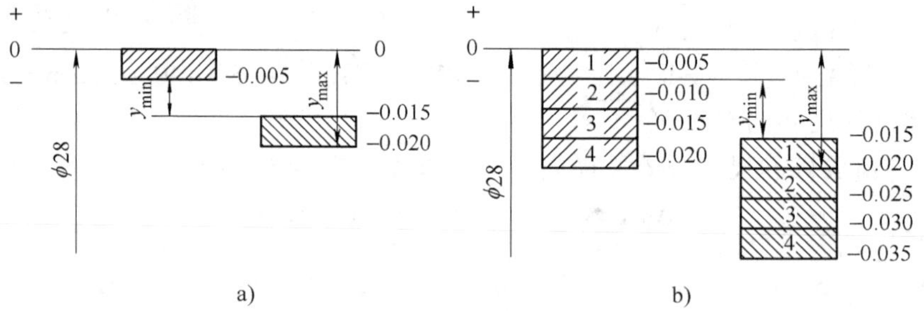

图 11-12　销与销孔的公差带

表 11-1　活塞销和销孔的分组尺寸　　（单位：mm）

组别	活塞销直径	活塞销孔直径	配合情况	
			最小过盈	最大过盈
1	$\phi28_{-0.005}^{\ 0}$	$\phi28_{-0.020}^{-0.015}$	0.010	0.020
2	$\phi28_{-0.010}^{-0.005}$	$\phi28_{-0.025}^{-0.020}$		
3	$\phi28_{-0.015}^{-0.010}$	$\phi28_{-0.030}^{-0.025}$		
4	$\phi28_{-0.020}^{-0.015}$	$\phi28_{-0.035}^{-0.030}$		

3. 修配法解尺寸链

采用修配法时，尺寸链各尺寸均按经济公差制造。装配时，封闭环的总误差有时会超出规定的允许范围，为了达到规定的装配精度，必须把尺寸链中某一零件加以修配，才能予以补偿。要进行修配的组成环称为修配环，也称补偿环。通常，选择容易加工并对其他尺寸没有影响的零件作为修配环。

修配法解尺寸链的主要任务是确定修配环在加工时的实际尺寸，保证修配时有足够的且是最小的修配量。

例 11-5　如图 11-13 所示，为保证精度要求，卧式车床前、后顶尖中心线只允许尾座高出 0～0.06mm。已知 $A_1=202\text{mm}$，$A_2=46\text{mm}$，$A_3=156\text{mm}$，组成环的经济公差分别为 $\delta_1=$

$\delta_3=0.1\text{mm}$（镗模加工），$\delta_2=0.5\text{mm}$（半精刨）。试用修配法解该尺寸链。

1）根据题意画出尺寸链简图，如图 11-14a 所示。实际生产中，通常把尾座体和尾座底板的接触面先配制好，并以尾座底板的底面为定位基准，精镗尾座体上的顶尖套孔，其经济加工精度为 0.1mm，装配时尾座体与底板是作为一个整体进入总装配的。因此，原组成环 A_2 和 A_3 合并成一个环 $A_{2.3}$，如图 11-14b 所示。此时，装配精度取决于 A_1 的制造精度（$\delta_1=0.1\text{mm}$）及 $A_{2.3}$ 的制造精度（$\delta_{2.3}=0.1\text{mm}$）。选定 $A_{2.3}$ 为修配环。

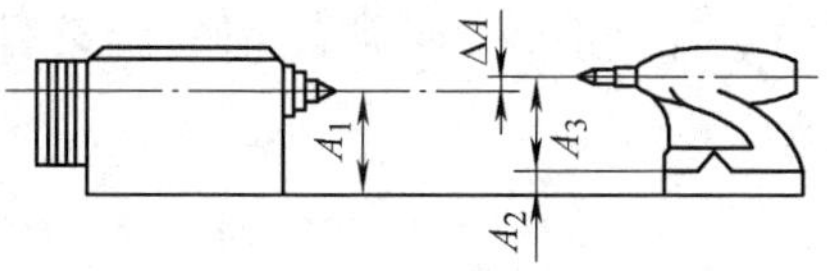

图 11-13　修刮尾座底板

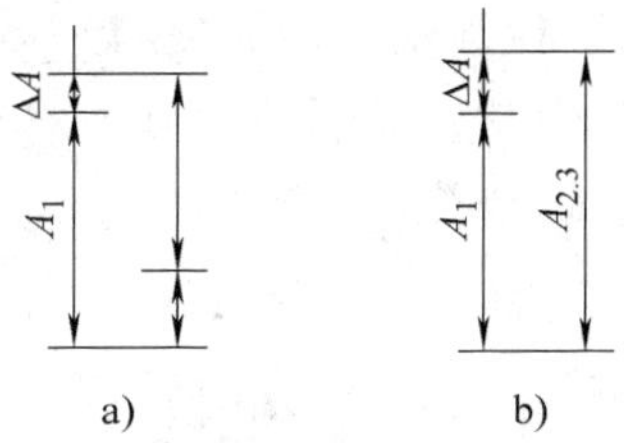

图 11-14　例 11-5 尺寸链图

2）根据经济加工精度确定各组成环的制造公差及公差带分布位置，如图 11-15 所示。

$$A_1=(202\pm0.05)\text{mm}$$

$$A_{2.3}=A_2+A_3=(46+156\pm0.05)\text{mm}=(202\pm0.05)\text{mm}$$

3）确定修配环尺寸。对 A_1 及 $A_{2.3}$ 的极限尺寸进行分析可知：当 $A_{1\min}=201.95\text{mm}$，$A_{2.3\max}=202.05\text{mm}$ 时要满足装配要求，$A_{2.3}$ 应有 0.04 ~ 0.10mm 的刮削余量，刮削后 ΔA 为 0 ~ 0.06mm；当 $A_{1\max}=202.05\text{mm}$，$A_{2.3\min}=201.95\text{mm}$ 时，则已没有刮削余量。

为了保证必要的刮削余量，应将 $A_{2.3}$ 的极限尺寸加大；为使刮削量不致过大，又应限制 $A_{2.3}$ 的增大值，一般认为最小刮削余量不应小于 0.15mm。这样，为保证当 $A_{1\max}=202.05\text{mm}$ 时仍有 0.15mm 的刮削余量，应使 $A'_{2.3\min}=(202.05+0.15)\text{mm}=202.20\text{mm}$。考虑到 $A_{2.3}$ 的制造公差，则有 $A'_{2.3\max}=(202.20+0.10)\text{mm}=202.30\text{mm}$。所以修配环的实际尺寸应为 $A'_{2.3}=202^{+0.30}_{+0.20}\text{mm}$。

4）计算最大刮削量。从图 11-15 可知，当 $A_{2.3\max}=202.30\text{mm}$，$A_{1\min}=201.95\text{mm}$ 时，要满足装配要求，$A'_{2.3\max}$ 应刮至 201.95 ~ 202.01mm，即刮削余量为 0.29 ~ 0.35mm，此余量就是最大刮削余量。

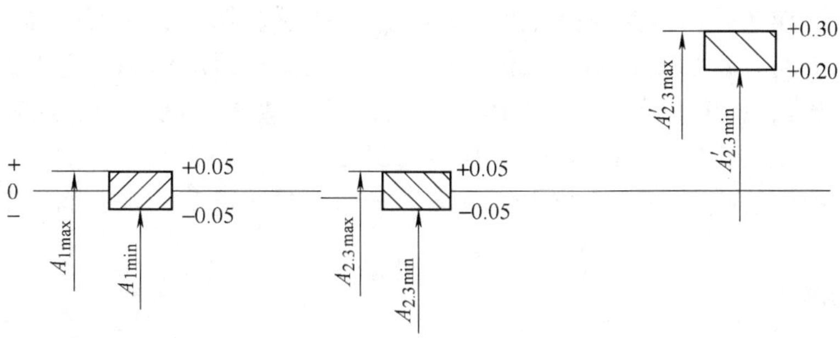

图 11-15　制造公差及公差带分布

4. 调整法解尺寸链

调整法解尺寸链时，改变调整环的方法有两种。

（1）可动调整法　即通过改变零件位置来达到装配精度的方法，如图 11-16 所示。此处以套筒为调整件。齿轮轴向尺寸 A_1 及机体尺寸 A_2 均按经济公差加工，装配时使套筒沿轴向移动（即调整 A_3），直至达到规定的间隙为止。然后通过机体上预先做好的螺孔，在套筒上钻一个沉坑，再用紧定螺钉固定套筒。

（2）固定调整法　这种方法是在尺寸链中选定一个或加入一个零件作为调整环，如图 11-17 所示。作为调整环的零件是按一定尺寸间隔级别制成的一组专用零件，根据装配需要，选用其中某一级别的零件作补偿，从而保证所需的装配精度。经常使用的调整件有垫圈、垫片、轴套等。

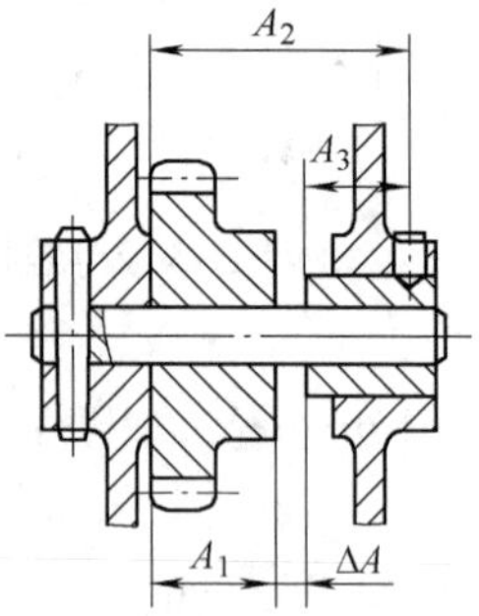

图 11-16　可动调整法

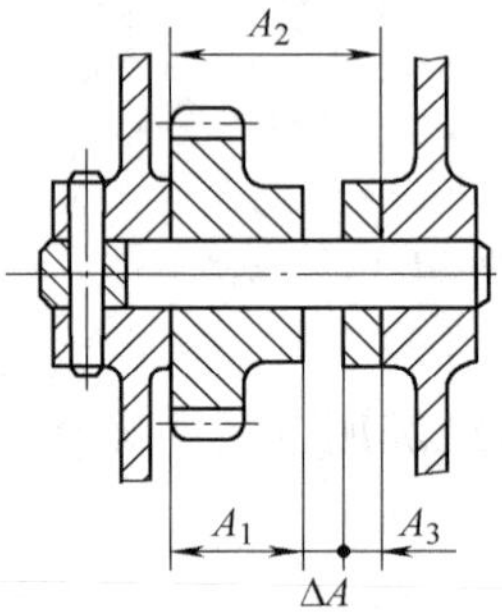

图 11-17　固定调整法

第三节　装配前的准备工作

在装配过程中，零件的清理和清洗工作对提高装配质量，延长产品使用寿命具有重要的意义，特别是对轴承、精密配合件、液压元件、密封件，以及有特殊清洗要求的零件更为重要。清理和清洗工作做得不好，会使轴承发热和过早失去精度，还会因为污物和毛刺划伤配合表面，使相对滑动的工作表面出现研伤，甚至发生咬合等严重事故，或因油路堵塞造成相互运动的零件之间得不到良好的润滑，使零件磨损加快。为此，装配过程中必须认真做好零件的清理和清洗工作。

一、零件的清理

零件的清理工作包括：清除零件上残存的型砂、铁锈、切屑、研磨剂等，特别是要仔细清除小孔、沟槽等易存杂物的角落。箱体、机体内部在清理后应涂以淡色油漆。

清除非加工表面（如铸造机座、箱体等）时，可用錾子、钢丝刷清除其上的型砂和铁渣；清理加工表面上的铁锈和油漆等时，则使用刮刀、锉刀和砂布等工具。

清理后，用毛刷、皮风箱或压缩空气等清理干净。对于重要的配合面，清理时要注意保持其精度。

二、零件的清洗

1. 清洗方法

在单件和小批量生产中，零件在洗涤槽内用棉纱或泡沫塑料进行擦洗或冲洗；在成批生产中，则用洗涤机清洗零件。常用洗涤机有固定清洗装置和超声波清洗装置等。

2. 常用清洗液

常用清洗液有汽油、柴油、煤油和化学清洗液。

（1）工业汽油　主要用于清洗油脂、污垢和一般粘附的机械杂质，适用于清洗精密零件，航空汽油适用于清洗更精密的零件。

（2）柴油和煤油　用途与汽油相似，但清洗能力较汽油差，干燥慢，安全性较好。

（3）化学清洗液　又称乳化剂清洗液，对油脂、污垢有良好的清洗能力，常用的有105清洗剂、6501清洗剂。

3. 清洗时的注意事项

1）对于橡胶制品，如密封圈等零件，严禁用汽油清洗，以防发胀变形，应使用酒精或清洗液清洗。

2）清洗零件时，可根据零件的不同精度，选用棉纱或泡沫塑料进行擦拭。滚动轴承不能用棉纱清洗，以防棉纱进入轴承内影响轴承的装配质量。

3）清洗后的零件，应等零件上的油滴干后再进行装配，以防油污影响装配质量；清洗后的零件不应放置时间过长（暂不装配的零件应妥善保管），以防脏物和灰尘再次弄脏零件。

4）零件的清洗工作可分为一次性清洗和二次性清洗。零件在第一次清洗后，应检查零件表面有无划伤和碰损，齿轮的齿部和棱角有无毛刺，螺纹有无损坏。对零件的毛刺和轻微碰损的部位应进行修整，可用油石、刮刀、砂布、细锉进行去刺修光，但应注意不要损伤零件。经过检查修整后的零件，再进行第二次清洗。

三、零件的密封试验

对于某些要求密封的零件，如液压（气压）泵、阀门、管道等，要求在一定压力下不能发生渗漏现象，故必须进行密封试验。

1. 气压试验

如图11-18所示，气压试验适用于承受工作压力较小的零件。试验前，将零件各孔全部封闭，然后浸入水中，并向工件内部通入低压压缩空气，如有气泡冒出，说明密封不好。

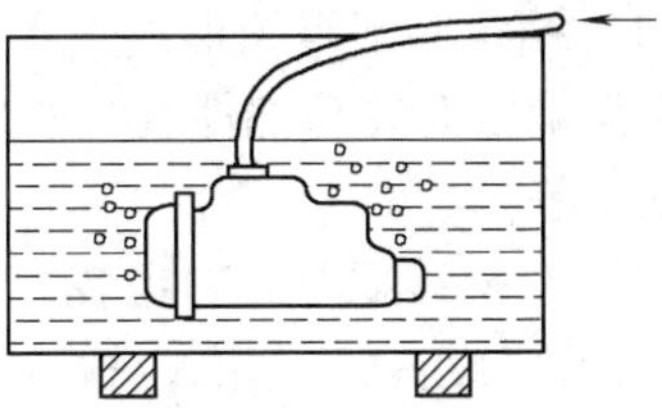

图11-18　气压试验

2. 液压试验

对于容积较小的密封零件，可用手动液压泵进行加压试验，图11-19所示为五通滑阀阀体试验。试验前，将两端装好密封圈和端盖，并用螺钉均匀紧固，各螺钉孔用锥螺塞拧紧，然后装上接头，使之与液压泵相连接。用手动液压泵将油压入阀体内部，并使油液达到一定的压力，然后仔细观察阀体各部分是否有油液渗出，有则密封不良。对于容积较大的零件，可用机动液压泵进行试验。

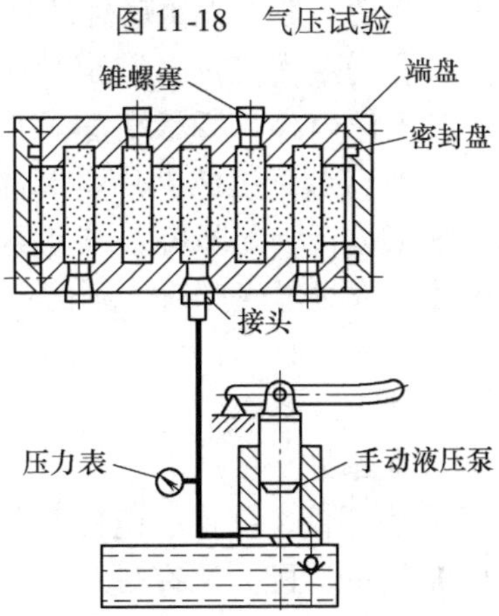

图11-19　液压试验

第四节　装配工艺规程

一、装配工艺规程及应用

装配工艺规程是指导装配施工的主要技术文件之一。它规定产品或部件的装配顺序、装配方法、装配技术要求和检验方法，以及装配所需设备、工具、时间定额等，是提高装配质量和效率的必要措施，也是组织生产的重要依据。

二、装配工艺规程的制订

1. 制订装配工艺规程的基本原则

1）保证产品装配质量。

2）合理安排装配工序，尽量减少装配工作量，减轻劳动强度，提高装配效率，缩短装配周期。

3）尽可能少占车间面积。

2. 制订装配工艺所需的原始资料

1）产品的总装图、部件装配图和零件明细表等。

2）产品的验收技术条件，包括试验工作的内容及方法。

3）产品生产规模。

4）现有的工艺装备、车间面积、工人技术水平及工时定额标准等。

3. 制订装配工艺规程的方法和步骤

（1）对产品进行分析　研究产品装配图及装配技术要求；对产品进行结构尺寸分析，根据装配精度进行尺寸链分析计算，以确定达到装配精度的方法；对产品结构进行工艺性分析，将产品分解成可独立装配的组件和分组件。

（2）确定装配组织形式　主要根据产品结构特点和生产批量，选择适当的装配组织形式，进而确定总装和部件装配的划分，装配工序是集中还是分散，产品装配运输方式及工作场地准备等。

（3）根据装配单元确定装配顺序　首先选择装配基准件，如图 11-4 中，锥齿轮组件装配以锥齿轮分组件为基准；然后根据装配结构的具体情况，按先下后上、先内后外、先难后易、先精密后一般、先重后轻的规律，确定其他零件或分组件的装配顺序。

（4）划分装配工序　装配顺序确定后，还要将装配工艺过程划分为若干工序，并确定各工序的工作内容、所需设备、工夹具及工时定额等。

（5）制订装配工艺卡片　单件小批量生产时，不需制订工艺卡，工人按装配图和装配单元系统图进行装配即可。成批生产时，应根据装配系统图分别制订总装和部件装配的装配工艺卡片。大批量生产时，则需一序一卡。

复　习　题

一、简答题

1. 简述零件、部件、组件及分组件的区别。

2. 常用的装配方法有哪几种？各有何特点？

3. 确定零件或分组件的装配顺序时，应遵从什么规律？

4. 装配尺寸链的解法有哪几种？

二、选择题

1. 编制工艺规程的方法首先是（　　）。

A. 对产品进行分析　　B. 确定组织形式

C. 确定装配顺序　　D. 划分工序

2. 拆卸顺序与（　　）相反。

A. 装配顺序　　B. 安装顺序　　C. 组装顺序　　D. 调节顺序

3. 按规定的技术要求，将若干个零件结合成部件，或将若干个零件和部件结合成机器的过程称为（　　）。

A. 部件装配　　B. 总装配　　C. 零件装配　　D. 装配

4. 产品装配的常用方法有完全互换装配法、选择装配法、修配装配法和（　　）。

A. 调整装配法　　B. 直接选配法

C. 分组选配法　　D. 互换装配法

5. 下面（　　）不属于装配工艺过程的内容。

A. 装配工序、工步的划分　　B. 装配工作

C. 调整、精度检修和试车　　D. 喷漆、涂油、装箱

6. 装配尺寸链至少应有（　　）、减环和封闭环。

A. 组成环　　B. 增环　　C. 减环组成环　　D. 环

7. 定向装配的目的是抵消一部分相配尺寸的（　　）。

A. 加工误差　　B. 装配误差　　C. 上极限偏差　　D. 下极限偏差

8. 凡是将两个以上的零件结合在一起或将零件与几个组件结合在一起，成为一个装配单元的工作称为（　　）。

A. 部件装配　　B. 总装配　　C. 零件装配　　D. 间隙调整

三、判断题

1. 装配要点包括部件装配和总装配。（　　）

2. 零件是指机器上一个单独的组成部分。（　　）

3. 最先进入装配的零件称为装配基准件，它可以是一个零件，也可以是低一级的装配单元。（　　）

4. 装配工序和装配工步是相同的，只是叫法不同而已。（　　）

5. 零件精度是孤立的，只影响零件本身，并不影响装配后的精度。（　　）

6. 绘制尺寸链时不用绘出装配部分的具体结构，也不必按照严格的比例，只需依次绘出各有关尺寸，排列成封闭外形即可。（　　）

7. 尺寸链的环有封闭环、组成环、增环和减环，所以同一个尺寸链中最少有四个环。（　　）

第十二章　轴承及轴组的装配

第一节　滚动轴承的装配

一、滚动轴承的配合

滚动轴承是大批量生产的标准部件，出厂时内、外径的尺寸均已确定。因此，轴承的内径与轴的配合规定为基孔制，外圈与轴承孔的配合规定为基轴制。配合的松紧程度由轴和轴承孔的基本偏差来保证。图 12-1 所示为滚动轴承配合示意图。图 12-1a 所示为滚动轴承内径与轴的公差带的相对位置，Δd_{mp}为滚动轴承内径公差带。滚动轴承内径为基准孔，但它的公差带位置与一般零件基准孔公差带的位置不同，即基本偏差为零，公差带在零线的下方。图 12-1b 所示为轴承外径与轴承座孔的公差带的相对位置，ΔD_{mp}为轴承外径的公差带。滚动轴承外径为基准轴，与一般零件基准轴公差带的位置相同，但其大小与一般零件公差带不同。由于轴承内孔公差带在零线以下，与一般零件配合相比，在配合件采用相同基本偏差的情况下，轴承内孔与轴的配合较紧。如一般零件配合中，n6、m6、k5 三种配合都有可能得到间隙，而轴承内孔与轴的这三种配合，却都只能得到一定的过盈量。

选择轴承配合时，一般要考虑负荷的大小、方向和性质，转速的大小，旋转精度和装拆是否频繁等一系列因素。一般情况下是内圈随轴一起转动，外圈固定不动；而转动套圈应比固定套圈的配合紧些，所以内圈与轴常取具有过盈的配合，如 n6、m6、k6 等；而外圈常取较松的配合，如 K7、J7、H7 和 G7 等。轴和轴承座孔的公差等级则根据轴承精度选择，如 C、D 级轴承用 IT5 级轴和 IT6 级孔，E、G 级轴承用 IT6 级轴和 IT7 级孔等。

二、滚动轴承的装配和拆卸

1. 装配前的准备工作

滚动轴承是一种精密部件，认真做好装配前的准备工作，对保证装配质量和提高装配工作效率是十分重要的。

1）按所要装配的轴承准备好所需要的工具和量具。

2）按图样要求检查与轴承相配的零件，如轴颈、箱体孔、端盖等的尺寸是否符合图样要求，是否有凹陷、毛刺、锈蚀和固体微粒等，用汽油或煤油进行清洗并仔细擦净，然后薄薄地涂上一层润滑脂。

3）检查轴承型号与图样是否一致并清洗轴承。如轴承是用防锈油封存的，需要用汽油或煤油清洗；如用厚油和防锈油脂封存，应用轻质矿物油加热溶解清洗，但油温不能超过 373K，冷却后再用汽油或煤油清洗，然后擦净待用。对于两面带防尘盖、密封圈或涂有防锈和润滑两用油脂的轴承，则不需要进行清洗。

2. 滚动轴承的装配方法

滚动轴承的装配方法应根据轴承的结构、尺寸大小及轴承部件的配合性质来确定。

（1）圆柱孔轴承的装配

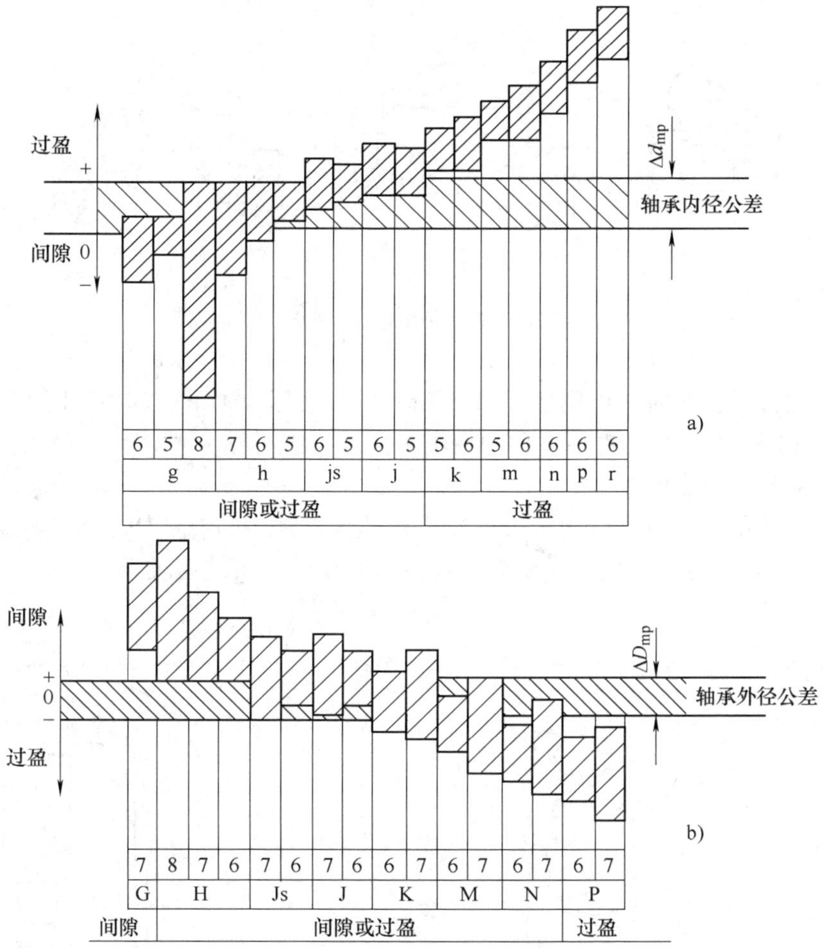

图 12-1　滚动轴承配合示意图

a）轴承内径与轴配合　b）轴承外径与轴承座孔配合

1）座圈的安装顺序。按轴承的类型不同，轴承内、外圈有不同的安装顺序。

不可分离型轴承（如向心球轴承等），要按座圈配合松紧程度决定其安装顺序。当内圈与轴颈配合较紧、外圈与壳体孔配合较松时，应先将轴承装在轴上。压装时，将用铜或软钢做的套筒垫在轴承内圈上，套筒内孔要比轴颈稍大，如图 12-2a 所示，轴承装到轴上后，将轴承连同轴一起装入壳体中。当轴承外圈与壳体孔为紧配合、内圈与轴为较松配合时，应先将轴承压入壳体中，如图 12-2b 所示，这时套筒的外径应略小于壳体孔的直径。当轴承内圈与轴、外圈与壳体孔都是紧配合时，应把轴承同时压在轴上和壳体孔中，如图 12-2c 所示，这时，套筒的端面应做成能同时压紧轴承内、外圈端面的圆环。总之，装配时的压力应直接加在待配合的套圈端面上，决不能通过滚动体传递压力。

分离型轴承（如圆锥滚子轴承），由于外圈可以自由脱开，装配时将内圈和滚动体一起装在轴上，外圈装在壳体孔内，然后调整它们之间的游隙。

2）座圈压入方法的选择。座圈压入方法及所用工具的选择，主要由配合过盈量的大小确定。

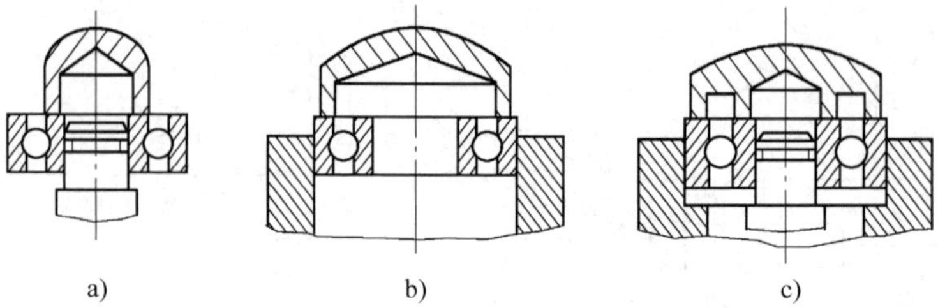

图 12-2 轴承座圈的安装

①当配合过盈量较小时，可用如图 12-3 所示的方法压入轴承。其中，图 12-3a 所示为用套筒压入，图 12-3b 所示是用铜棒对称地在轴承内圈（或外圈）端面均匀敲入。注意严格禁止直接用锤子敲打轴承座圈。

②当配合过盈量较大时，可用压力机械压入轴承，常用的有杠杆齿条式压力机（图 12-4）螺旋式压力机。若压力不能满足要求，还可以采用油压机装压轴承。

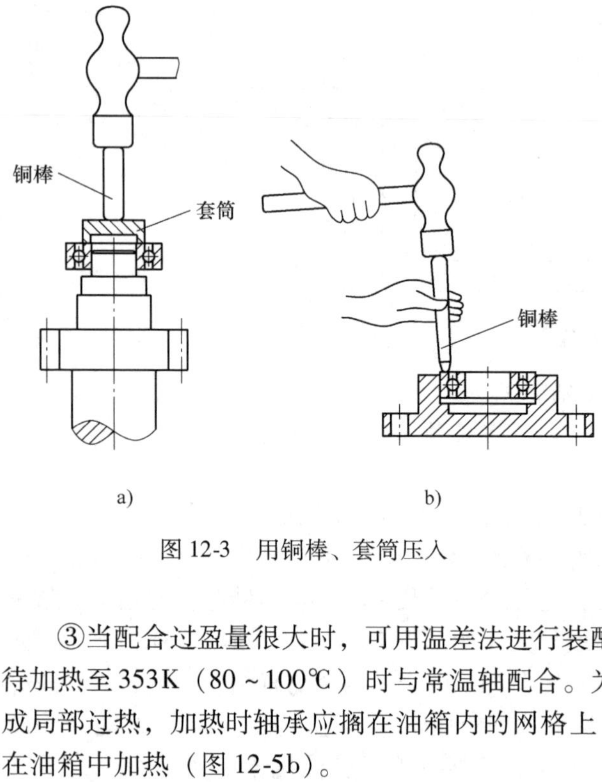

图 12-3 用铜棒、套筒压入

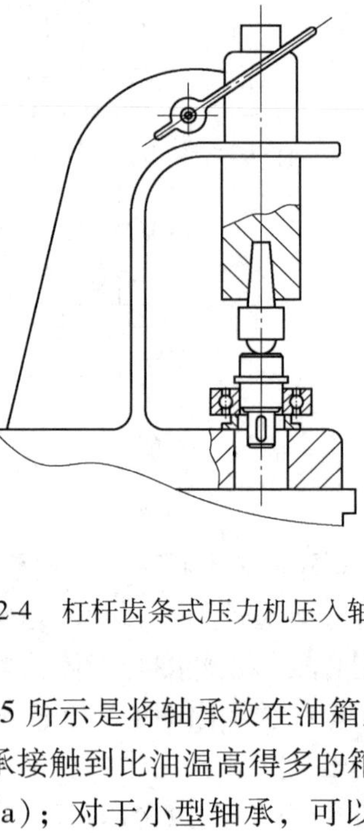

图 12-4 杠杆齿条式压力机压入轴承

③当配合过盈量很大时，可用温差法进行装配。图 12-5 所示是将轴承放在油箱里加热，待加热至 353K（80～100℃）时与常温轴配合。为避免轴承接触到比油温高得多的箱底，形成局部过热，加热时轴承应搁在油箱内的网格上（图 12-5a）；对于小型轴承，可以将其挂在油箱中加热（图 12-5b）。

（2）圆锥孔轴承的装配

1）过盈量较小时可直接装在有锥度的轴颈上，也可以装在紧定套或退卸套的锥面上，如图 12-6 所示。

2）对于轴颈尺寸较大或配合过盈量较大，又需要经常拆卸的圆锥孔轴承，常采用液压套合法装拆，如图 12-7 所示。

（3）推力球轴承的装配　推力球轴承有松圈和紧圈之分，装配时要注意区分。松圈的内孔比紧圈的内孔大，与轴配合有间隙，能与轴相对转动；紧圈与轴取较紧的配合，与轴相对静止。装配时，一定要使紧圈靠在转动零件的平面上，松圈靠在静止零件的平面上，如图 12-8 所示。否则会使滚动体丧失作用，同时也会加快紧圈与零件接触面的磨损。

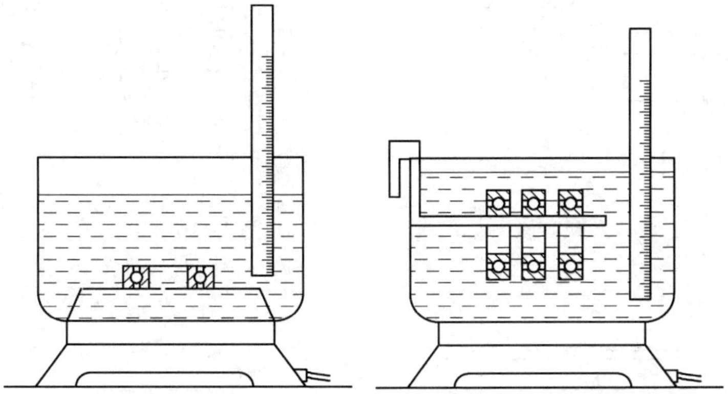

a)　　b)

图 12-5　轴承在油箱中加热的方法

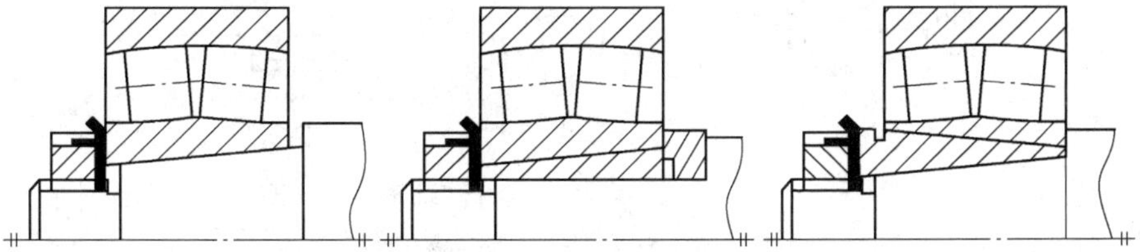

a)　　b)　　c)

图 12-6　圆锥孔轴承的安装

a）直接装在锥轴颈上　b）装在紧定套上　c）装在退卸套上

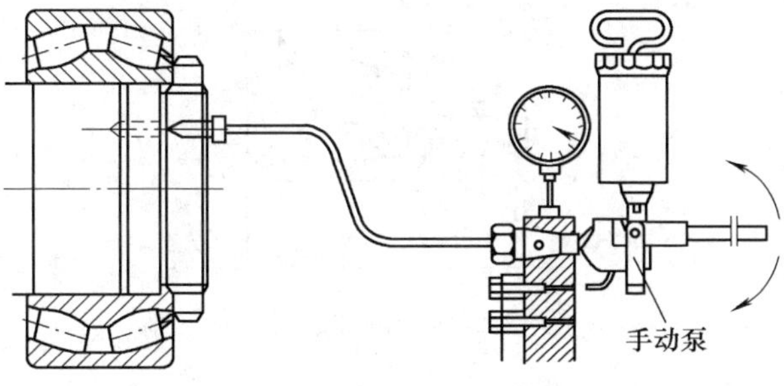

图 12-7　液压套合法装拆轴承

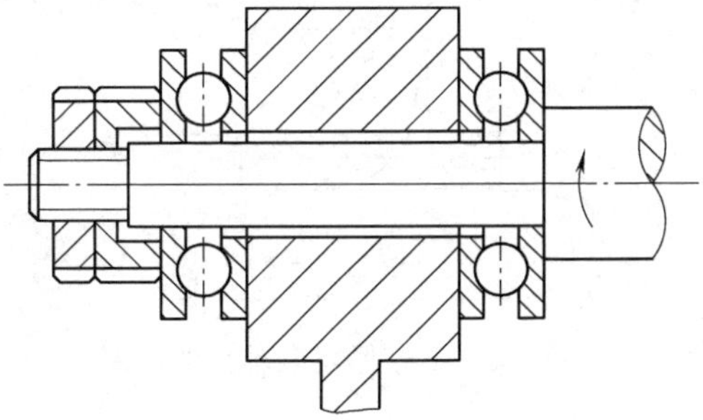

图 12-8　推力球轴承松圈与紧圈的位置

3. 滚动轴承的拆卸

滚动轴承的拆卸方法与其结构有关。对于拆卸后还要重复使用的轴承，拆卸时不能损坏轴承的配合表面，不能将拆卸的作用力加在滚动体上，图 12-9 所示的方法是不正确的。

圆柱孔轴承可以用压力机拆卸，如图 12-10 所示；也可以用拉出器拆卸，如图 12-11 所示。

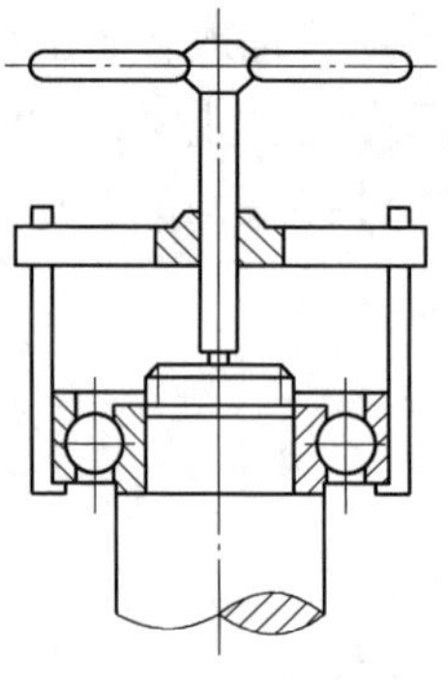

图 12-9　不正确的拆卸方法

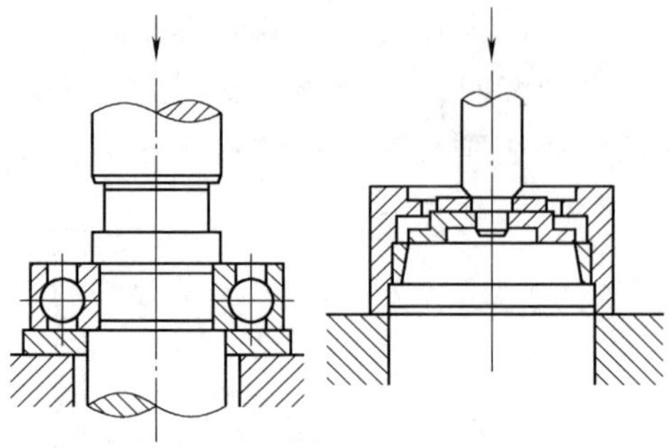

a)　　b)

图 12-10　用压力机拆卸圆柱孔轴承

a）从轴上拆卸轴承　b）拆卸可分离轴承外圈

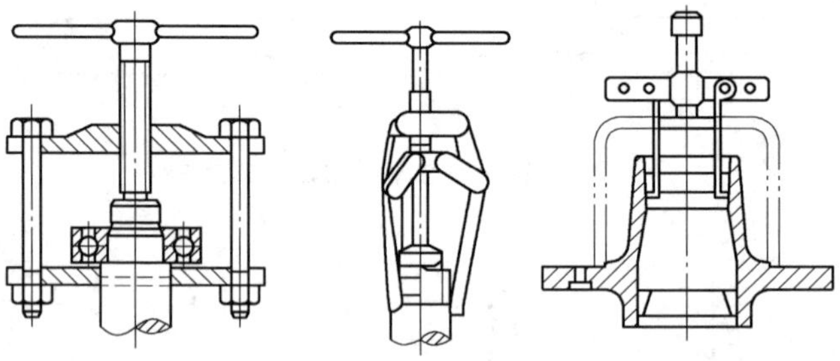

a)　　b)　　c)

图 12-11　用拉出器拆卸轴承

a）双杆拉出器　b）三杆拉出器　c）拉杆拆卸器

圆锥孔轴承直接装在圆锥轴颈上或装在紧定套上，可先拧松锁紧螺母，然后利用软金属棒和锤子向锁紧螺母方向将轴承敲出，如图 12-12 所示。装在退卸套上的轴承，先将锁紧螺母卸掉，然后用退卸螺母将退卸套从轴承座圈中拆出，如图 12-13 所示。

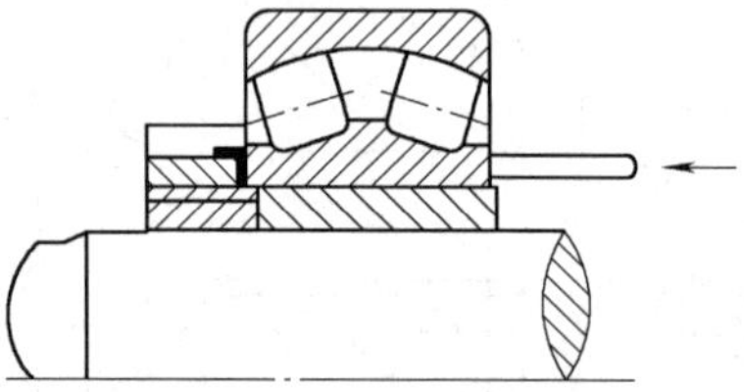

图 12-12　带紧定套轴承的拆卸

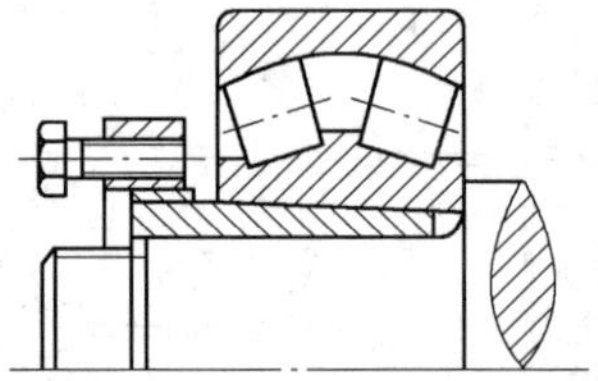

图 12-13　用拆卸螺母拆卸轴承

第二节　滑动轴承的装配

滑动轴承工作时与对偶件处于滑动摩擦工况，根据滑动轴承与轴颈之间的润滑状态，又分为液体摩擦滑动轴承和非液体摩擦滑动轴承。滑动轴承的主要特点是平稳、无噪声，润滑油膜有吸振能力，能承受较大的冲击载荷。滑动轴承的装配要求，主要是轴颈与轴承孔之间应获得所需要的间隙、良好接触和充分润滑，使轴在轴承中运转平稳。滑动轴承的装配方法取决于其结构形式。

一、整体式向心滑动轴承的装配

1. 结构特点

图 12-14 所示是一种整体式滑动轴承。它实际上是一个青铜轴套，套内开有油槽、油孔，以便润滑轴承配合面。轴套与轴承座用紧定螺钉固定，以防轴套因旋转错位而断油。整体式滑动轴承构造简单，制造容易，但磨损后无法调整轴颈与轴套之间的间隙，装拆也不方便，常用在轻载、低速或间歇工作的机械上。有时将轴套直接压入箱体孔内，以简化结构。

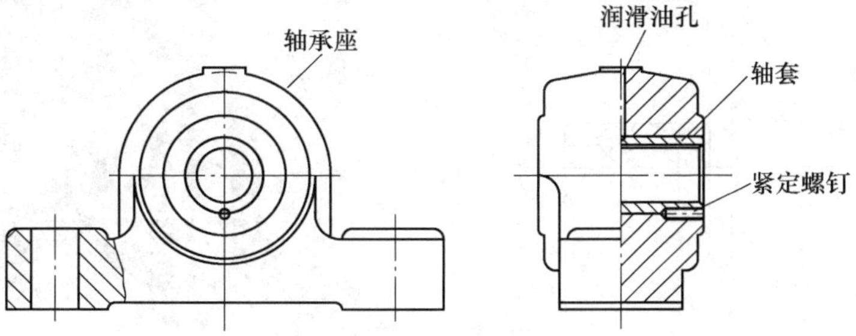

图 12-14　整体式滑动轴承的构成

2. 装配要点

整体式滑动轴承装配时应按下列步骤进行。

（1）压入轴套　根据轴套尺寸和配合时过盈量的大小，可采用压入法或敲入法进行装配。当尺寸和过盈量较小时，可用锤子加垫板将轴套敲入；当尺寸和过盈量较大时，则应用压力机压入或用拉紧夹具把轴套压入机体中。压入轴套时应注意配合面的清洁，并应涂上润滑油。为了防止轴套歪斜，压入时可用导向环或导向心轴导向。

（2）轴套定位　压入轴套后，按图样要求用紧定螺钉或定位销等固定轴套位置，以防轴套随轴转动。图 12-15 所示为几种常用的轴套固定方式。

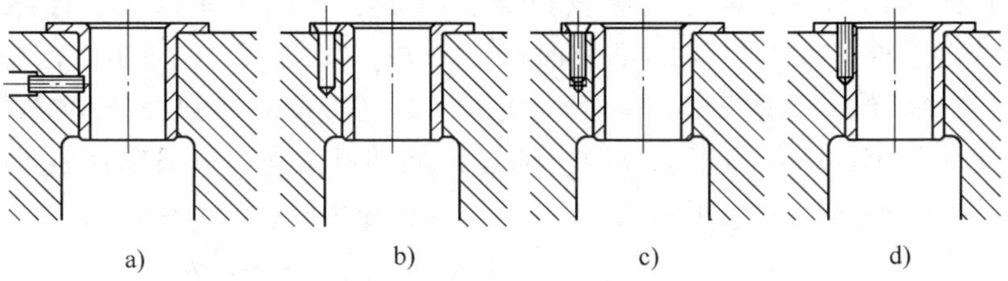

图 12-15　轴套固定方式

a）径向紧定螺钉固定　b）端面铆钉固定　c）端面螺钉固定　d）骑缝螺钉固定

（3）修整轴套孔　轴套由于壁薄，压入后内孔易发生变形，如内径缩小或呈椭圆形、圆锥形等。因此，压装后要用铰削、刮削或滚压等方法对轴套孔进行修整。

（4）检验轴套　轴套修整后，沿孔长方向取 2 ~ 3 处，作相互垂直方向上的检验，可以测定轴套的圆度误差及尺寸。此外，还要检验轴套孔中心线对轴套端面的垂直度，一般将与轴套孔尺寸相对应的检验塞规插入轴套孔内，借助涂色法或用塞尺来检查其准确性，如图 12-16 所示。

二、剖分式滑动轴承的装配

1. 结构特点

典型剖分式滑动轴承的结构如图 12-17 所示，它由螺柱、轴承盖、螺母、上轴瓦、垫片、轴承座、下轴瓦等组成。

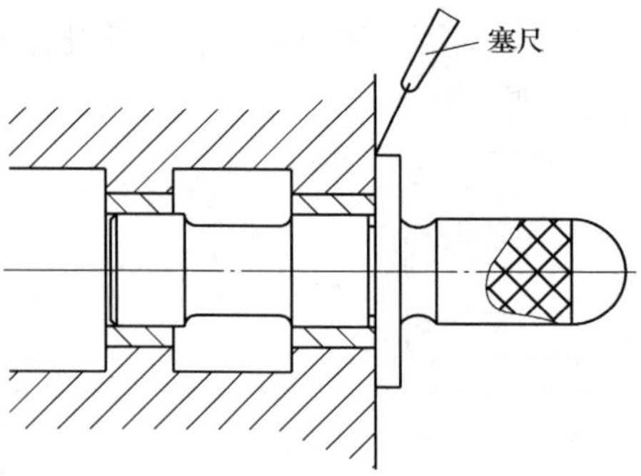

图 12-16　用塞规检验轴套装配的垂直度

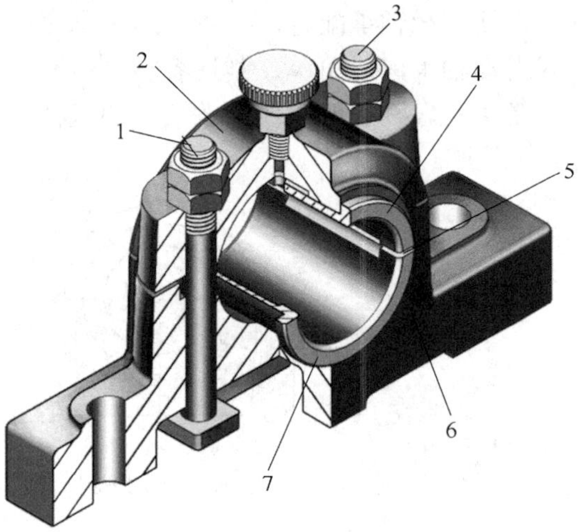

图 12-17　剖分式滑动轴承

1—螺柱　2—轴承盖　3—螺母　4—上轴瓦　5—垫片　6—轴承座　7—下轴瓦

2. 装配要点

剖分式滑动轴承的装配工艺要点如下：

（1）轴瓦与轴承座、轴承盖的装配　上、下轴瓦与轴承座、轴承盖装配时，应使轴瓦背与座孔接触良好，用涂色法检查时着色要均匀。如不符合要求，厚壁轴瓦应以座孔为基准修刮轴瓦背部；薄壁轴瓦不便修刮，须进行选配。为达到配合紧密，保证有合适过盈量的要求，薄壁轴瓦的剖分面应比轴承座的剖分面略高一些，如图 12-18 所示。图中，$\Delta h=\pi Y/4$（Y 为轴瓦与机体孔的配合过盈量），一般 Δh 取 0.05 ~ 0.1mm。同时，应注意轴瓦的台阶与座孔的两端面应达到 H7/f7 配合，太紧时可通过刮削进行修配。一般轴瓦装入时，应用木锤轻轻敲击，听声音判断其是否确实贴实。

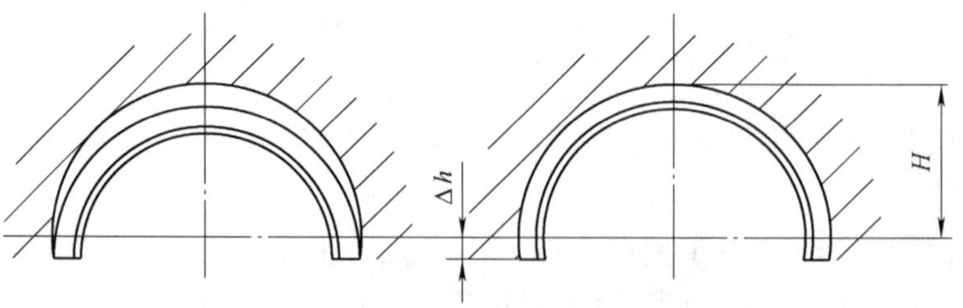

图 12-18　薄壁轴瓦的选配

（2）轴瓦孔的配刮　用与轴瓦配合的轴来显点，在上、下轴瓦内涂显示剂，然后把轴和轴承装好，双头螺柱的紧固程度以能转动轴为宜。当螺柱均匀紧固后，轴能够轻松自如地转动且无过大间隙，显点也达到要求，即为刮削合格。清洗轴瓦后，即可将其重新装入。

三、外柱内锥式滑动轴承的装配

1. 结构特点

图12-19所示为外柱内锥式动压滑动轴承，由轴承3，轴承外套7，前、后螺母2、5等构成。轴承3外表面为圆锥面，与轴承外套7贴合。在外圆锥面上对称地开有轴向槽，其中一条切穿，并在切穿处嵌入弹性垫片，使轴承内径具有可调节性。调节前、后螺母时，可使轴承轴向前或向后移动，利用轴承套的锥面和轴承自身的弹性，可使轴承内孔直径收缩或扩张，使轴承与轴颈的间隙减小或增大，以形成液体动压润滑。

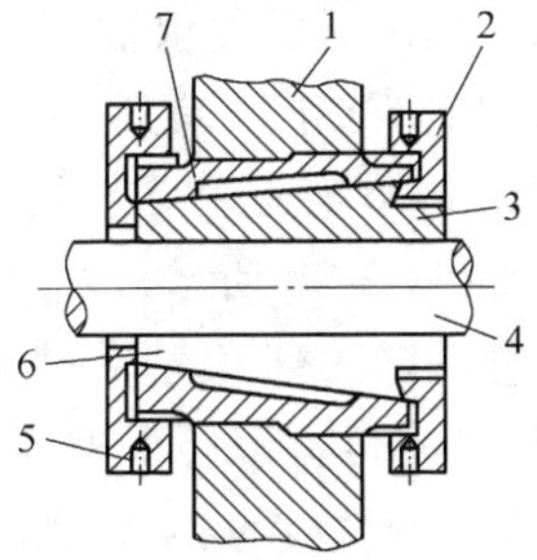

图12-19　内柱外锥式动压滑动轴承
1—箱体　2—前螺母　3—轴承　4—主轴　5—后螺母　6—切口　7—轴承外套

2. 装配要点和间隙调整方法

（1）装配要点

1）将轴承外套7压入箱体1的孔中，其配合为H7/r6。

2）用专用心轴研点，修刮轴承外套的内锥孔，直至触点为12～16点/（25mm×25mm），并保证前、后轴承孔的同轴度。

3）在轴承上钻进出油孔，注意与箱体、轴承外套的油孔相对，与自身的油槽相接。

4）以轴承外套7的内孔为基准，研点配刮轴承3的外锥面，接触点要求同上。

5）把轴承3装入轴承外套7的孔内，两端分别拧入螺母2、5，并调整轴承3的轴向位置。

6）以主轴4为基准配刮轴承3的内孔，后轴承处以工艺套支承，以保证前、后轴承孔的同轴度。轴承3内孔接触点为12点/（25mm×25mm），且两端为硬点，中间为软点。油槽两边的点要软，以便形成油膜；油槽两端的点分布要均匀，以防漏油。

7）清洗轴承和轴颈，重新装入并调整间隙。一般精度的车床，其主轴与轴承的间隙为0.015～0.03mm。

（2）间隙调整方法　如图12-19所示，先将前、后调整螺母2、5拧紧，使配合间隙消除，然后拧松小端的后螺母5调整至一定的角度α，再拧紧大端面的前螺母2，使轴承3轴向移动，即可得到要求的间隙值。螺母拧松角α可按下式计算

$$\alpha=\Delta\frac{1}{D-d}\frac{360^\circ}{P_h}$$

式中　$\frac{1}{D-d}$——轴承外锥面锥度的倒数；

P_h——调整螺母的导程（mm）；

Δ——要求的间隙值（mm）。

第三节　轴组的装配

轴是机械中的重要零件，所有的传动零件，如齿轮、带轮都要装在轴上才能正常工作。轴、轴上零件及两端轴承支座的组合，称为轴组。轴组的装配是指将装配好的轴组组件正确

地安装在机器中，并保证其正常的工作要求。轴组装配的主要内容是两端轴承的固定、轴承游隙的调整、轴承的预紧、轴承密封和润滑装置的装配等。

一、轴承的固定方式

轴工作时，既不允许有径向移动，也不允许有较大的轴向移动，又要不因受热膨胀而致轴承卡死，所以要求轴承有合理的固定方式。轴承的径向固定是靠外圈与外壳的配合来实现的。轴承的轴向固定有两种基本方式。

1. 两端单向固定方式

如图 12-20 所示，在轴两端的支承点处，用轴承盖进行单向固定，分别限制两个方向的轴向移动。为避免轴受热伸长而使轴承卡住，在右端轴承外圈与端盖间留有不大的间隙（0.5 ~ 1mm），以便于轴承游动。

2. 一端双向固定方式

如图 12-21 所示，右端轴承双向轴向固定，左端轴承可随轴游动。这样，工作时不会发生轴向窜动，受热膨胀时又能自由地向另一端伸长，不致卡死。

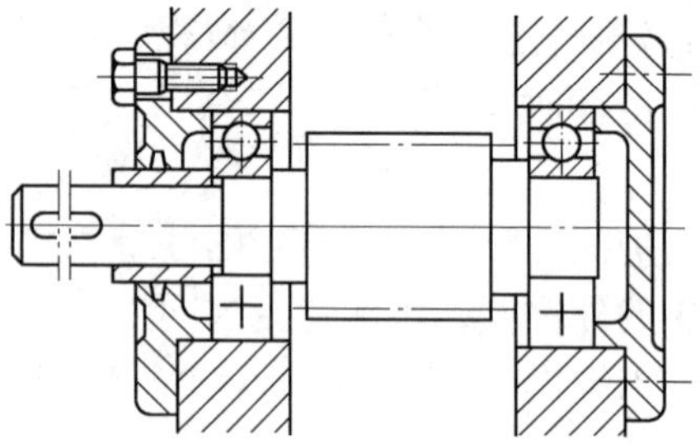

图 12-20　两端单向固定

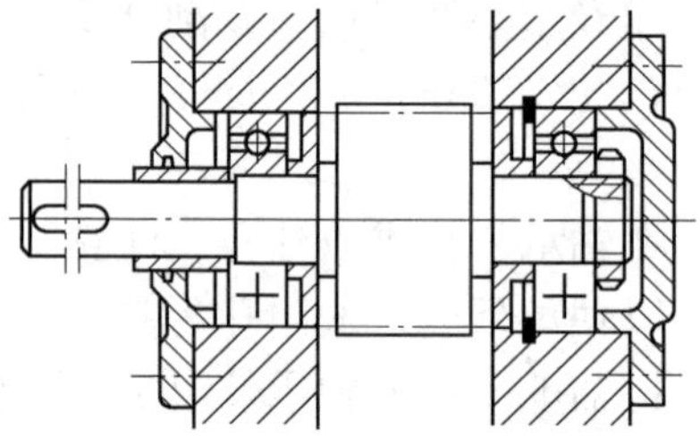

图 12-21　一端双向固定

为了防止轴承在受到轴向载荷时产生轴向移动，轴承在轴上和轴承安装孔内都应有轴向紧固装置。作为固定支承的径向轴承，其内、外圈在轴向都要固定（图 12-21 右支承）；而游动支承如安装的是不可分离型轴承，则只需固定其中的一个套圈（图 12-21 左支承），游动的套圈不固定。

在轴上安装轴承内圈时，一般都有轴肩在一面固定轴承位置，另一面用螺母、止动垫圈和开口轴用弹性挡圈等进行固定。

在箱体孔内安装轴承外圈时，箱体孔一般有凸肩固定轴承位置，另一面用端盖、螺母和孔用弹性挡圈等紧固。

二、滚动轴承的游隙及其调整

1. 滚动轴承的游隙

滚动轴承的游隙是指将轴承的一个套圈固定后，另一个套圈沿径向或轴向的最大活动量，分径向游隙和轴向游隙两类。根据轴承所处的状态不同，径向游隙分为原始游隙、配合游隙和工作游隙。

（1）原始游隙　轴承在未安装前自由状态下的游隙。

（2）配合游隙　轴承装在轴上和箱体孔内的游隙，其大小由过盈量决定。配合游隙小于原始游隙。

（3）工作游隙　轴承在承受载荷运转时的游隙。此时轴承内、外圈的温差会使游隙减小，工作负荷则会使滚动体和套圈产生弹性变形，从而将导致游隙增大。一般情况下，工作游隙大于配合游隙。

2. 滚动轴承游隙的调整

滚动轴承的游隙不能过大，也不能过小。游隙过大，将使同时承受负荷的滚动体减少，单个滚动体承受的负荷增大，将降低轴承寿命和旋转精度，引起振动和噪声，受冲击载荷时尤为显著；游隙过小，则会加剧磨损和发热，也会降低轴承的寿命。因此，轴承在装配时，应控制和调整合适的游隙，以保证轴承正常工作并延长其使用寿命。调整方法是使轴承内、外圈作适当的轴向相对位移。如向心推力球轴承、圆锥滚子轴承和双向推力球轴承等，在装配时及使用过程中，可通过调整内、外套圈的轴向位置来获得合适的轴向游隙。

调整滚动轴承游隙的常用方法有两种：

（1）垫片调整法　通过改变轴承盖与壳体端面间垫片的厚度来调整轴承的轴向游隙 s，如图 12-22a 所示。也可用如图 12-22b 所示的压铅丝法求得垫片厚度，将 3～4 段 1～2mm 粗的铅丝，用油脂粘在轴承和壳体端面上，装配轴承盖并拧紧螺钉；然后拆下轴承盖，测量铅丝 a、b 的厚度。则调整垫片的厚度 t 为

$$t = a + b - s$$

式中　a、b——铅丝被压扁的厚度（mm）；

s——轴承需要的间隙（mm）。

（2）螺钉调整法　如图 12-23 所示，调整时先松开锁紧螺母，然后转动调整螺钉调整轴承间隙至规定值，最后拧紧锁紧螺母。

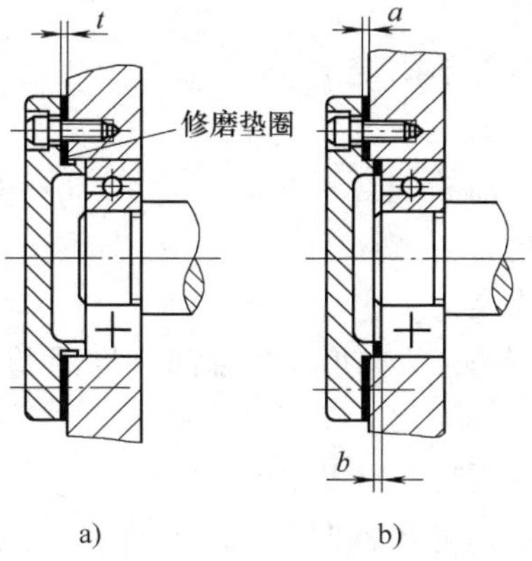

图 12-22　用垫片调整轴承间隙

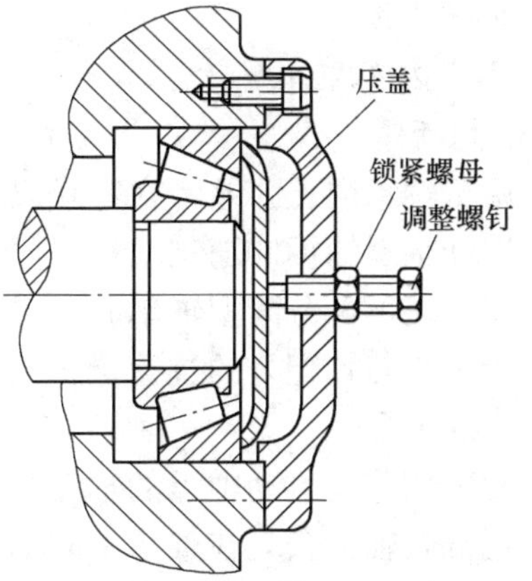

图 12-23　用调整螺钉调整轴承间隙

复　习　题

一、简答题

1. 简述圆柱孔滚动轴承、圆锥孔滚动轴承和推力轴承的装配要点。
2. 拆卸滚动轴承时应注意的事项有哪些？
3. 为什么要调整滚动轴承的游隙？调整原则是什么？
4. 轴组装配主要有哪些工作？

5. 滑动轴承的优点是什么？滑动轴承的装配要求有哪些？

6. 简述整体式滑动轴承的装配要点。

7. 简述剖分式滑动轴承的装配要点。

8. 简述内柱外锥式滑动轴承的装配和调整过程。

二、选择题

1. 装在同一轴上的两个轴承中，必须有一个轴承的外圈（或内圈）可以在热胀时产生（　　），以免被轴承咬住。

A. 径向移动　　B. 轴向移动　　C. 轴向转动　　D. 径向跳动

2. 将向心球轴承装到轴上时，压力应加在（　　）上。

A. 外圈　　B. 内圈　　C. 内、外圈　　D. 滚珠

3. 轴承采用两端单向式固定时，右侧轴承外圈与端盖间留有（　　）mm 的间隙。

A. 0～0.5　　B. 0.5～1　　C. 1～1.5　　D. 1.5～2

4. 用专用心轴研点修刮外柱内锥式滑动轴承外套的内锥孔，接触点数应达到（　　）点/（25mm×25mm）以上。

A. 5～6　　B. 7～10　　C. 12～16　　D. 20～25

5. 为达到配合紧密，保证有合适过盈量的要求，薄壁轴瓦的剖分面应比轴承座的剖分面（　　）。

A. 略低些　　B. 略高些　　C. 等高　　D. 一边高，一边低

6. 作为固定支承的径向轴承，在轴向要（　　）。

A. 固定内圈　　B. 固定外圈

C. 固定内圈和外圈　　D. 内、外圈都不固定

三、判断题

1. 由于轴承内孔公差带在零线以下，故轴承内孔与轴的配合较紧。（　　）

2. 滚动轴承的拆卸随其结构不同，拆卸方法也不同。（　　）

3. 在安装不可分离型轴承时，应先安装配合较紧的圈。（　　）

4. 当轴承与轴配合的过盈量很大时，可用温差法装配，为使轴承与轴产生温差，可直接用火加热轴承。（　　）

5. 刮削剖分式滑动轴承的轴瓦时，轴承盖的螺栓不要拧紧，松扣些即可。（　　）

6. 剖分式轴瓦安装在轴承中时轴向不应固定，以使其可作轴向移动。（　　）

7. 滑动轴承工作可靠、平稳，噪声小，润滑油膜具有吸振能力，故能承受较大的冲击载荷。（　　）

第十三章　固定连接的装配

第一节　螺纹连接的装配

螺纹连接是一种可拆卸的固定连接，具有结构简单、连接可靠、装拆方便等优点。螺纹连接分普通螺纹连接和特殊螺纹连接两大类，普通螺纹连接的基本类型及应用见表 13-1。

表 13-1　普通螺纹连接的基本类型及应用

类型	螺栓连接	双头螺柱连接	螺钉连接	紧定螺钉连接
结构	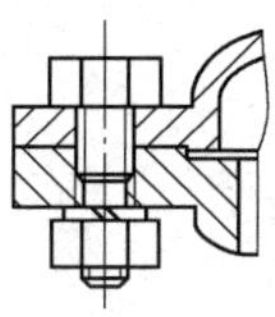	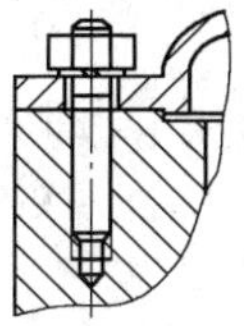	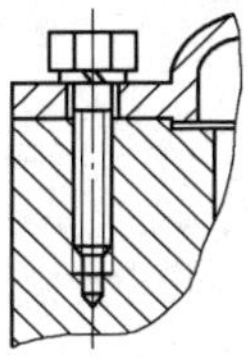	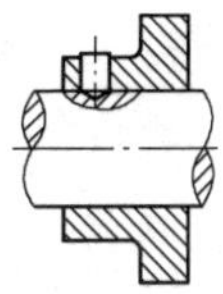
特点及应用	无需在连接件上加工螺纹，连接件不受材料的限制。主要用于连接件不太厚，并能从两边进行装配的场合	拆卸时只需拧下螺母，螺柱仍留在机体螺孔内，故螺孔不易损坏。主要用于连接件较厚而又经常拆装的场合	主要用于连接件较厚，或结构上受到限制，不能采用螺栓连接，且不需经常拆卸的场合。经常拆装很易损坏螺孔	紧定螺钉的末端顶住其中一连接件的表面或进入该零件上相应的凹坑中，以固定两零件的相对位置，多用于轴与轴上零件的连接，传递不大的力或转矩

一、螺纹连接的装配技术要求

为了保证螺纹螺纹连接可靠和装配精度符合要求，连接螺纹必须保证有一定的拧紧力矩，有可靠的防松装置和保证连接的配合精度。

二、螺纹连接的装拆工具

由于螺栓、螺柱和螺钉的种类繁多、形状各异，故螺纹连接的装拆工具也很多。使用时应根据具体情况合理选用。常用的螺纹装拆工具有螺钉旋具、扳手等，如图 13-1 所示。在使用活扳手时，应使其固定钳口承受主要作用力（图 13-2），否则容易损坏扳手。

三、螺纹连接装配工艺

1. 控制预紧力的方法

规定预紧力的螺纹连接，常用控制扭矩法、控制螺栓伸长法、控制螺母扭角法来保证准确的预紧力。

（1）控制扭矩法　这是用测力扳手使预紧力达到给定值的一种方法。图 13-3 所示为控制拧紧力矩的测力扳手，由钢球、柱体、弹性扳手柄、长指针、指针尖、手柄和刻度盘组成，方头上可套装能更换的梅花套筒，从而可拧紧不同大小的螺钉或螺母。工作时，由于扳手和刻度板一起向旋转的方向弯曲，因此指针就可在刻度板上指出拧紧力矩的大小。

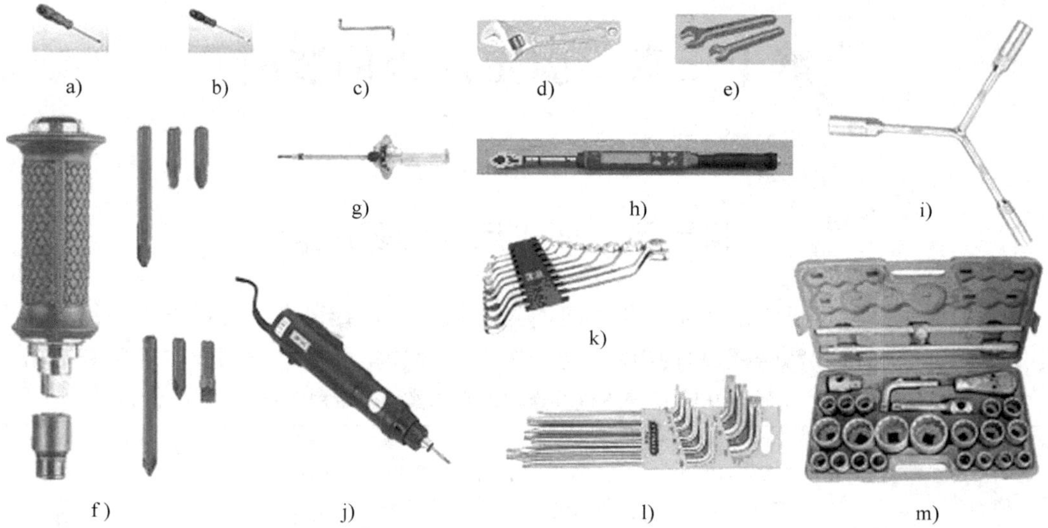

图 13-1 螺钉旋具和扳手

a）一字螺钉旋具 b）十字螺钉旋具 c）弯头螺钉旋具 d）活扳手
e）固定扳手 f）冲击螺钉旋具 g）扭力扳手 h）数显扭力扳手
i）三叉套筒扳手 j）电动螺钉旋具 k）双头梅花扳手
l）内六角扳手 m）套筒扳手

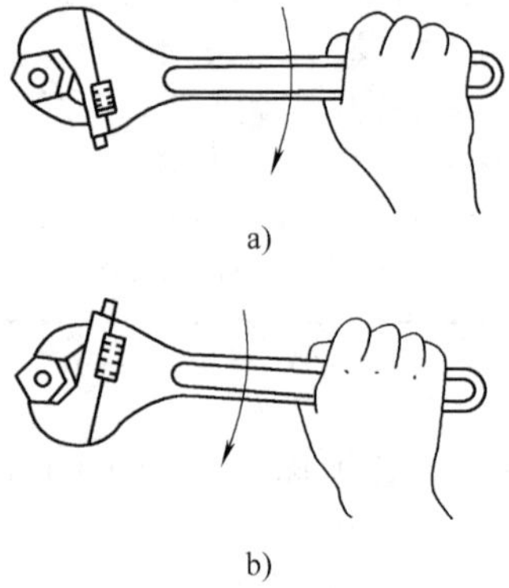

图 13-2 活扳手的使用方法

a）正确 b）不正确

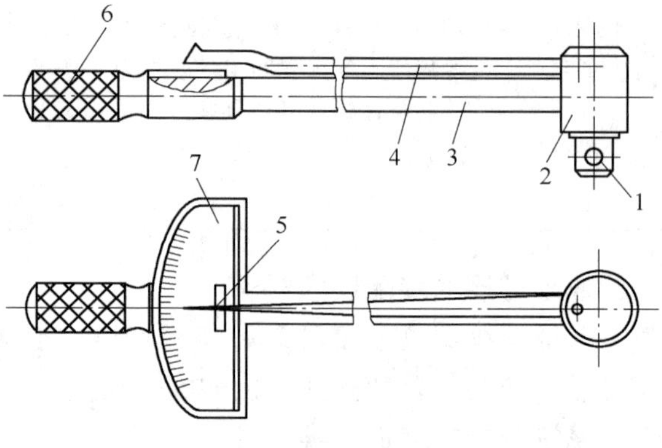

图 13-3 测力扳手

1—钢球 2—柱体 3—弹性扳手柄 4—长指针
5—指针尖 6—手柄 7—刻度盘

（2）控制螺栓伸长法 这是一种通过控制螺栓伸长量来控制预紧力的方法。如图 13-4 所示，螺母拧紧前的长度为 L_1，按预紧力要求拧紧后长度应为 L_2。通过测量 L_1 和 L_2，便可确定拧紧力矩是否准确。

（3）控制螺母扭角法 这是一种通过控制螺母拧紧时应转过的角度来控制预紧力的方法。其原理和控制螺栓伸长法相同，即在螺母拧紧消除间隙后，测得转角 φ_1，按预紧力要求可确定旋转角 φ_2，拧紧时通过测量 φ_2 来确定预紧力。

2. 双头螺柱的装配要点

1）保证双头螺柱与机体螺纹的配合有足够的紧固性，保证在装拆螺母的过程中，无任何松动现象。通常，螺柱的紧固端应采用具有足够过盈量的配合，如图 13-5a 所示；也可以阶梯形式紧固在机体上，如图 13-5b 所示；有时也可把最后几圈螺纹做得浅些，以达到紧固配合的目的。当双头螺柱旋入软材料螺孔时，其过盈量要适当大些；还可以把双头螺柱直接拧入软材料无螺纹的光孔中，称为光孔上螺纹。

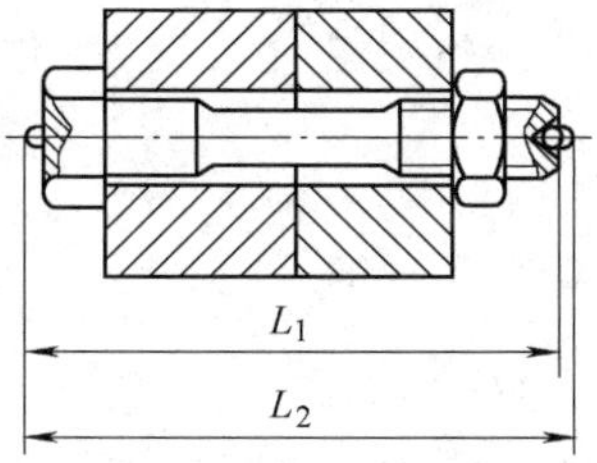

图 13-4　螺栓伸长量的测量

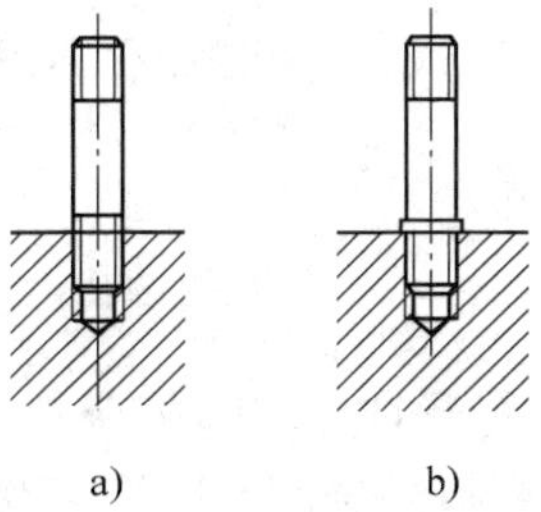

图 13-5　双头螺柱的紧固形式

2）双头螺柱的轴线必须与机体表面垂直，装配时可用直角尺进行检验。当发现较小的偏斜时，可用丝锥校正螺孔后再装配，或将装入的双头螺柱校正至垂直；偏斜较大时，不得强行校正，以免影响连接的可靠性。

3）装入双头螺柱时，必须用油润滑，以免旋入时产生咬住现象，也便于以后的拆卸。

3. 拧紧双头螺柱的方法

（1）两个螺母拧紧　如图 13-6a 所示，将两个螺母相互锁紧在双头螺柱上，然后扳动上面一个螺母，把双头螺柱拧入螺孔中。

（2）长螺母拧紧　如图 13-6b 所示，用止动螺钉阻止长螺母与双头螺柱间的相对转动，然后扳动长螺母，旋紧螺柱，松开止动螺钉，即可拆掉长螺母。

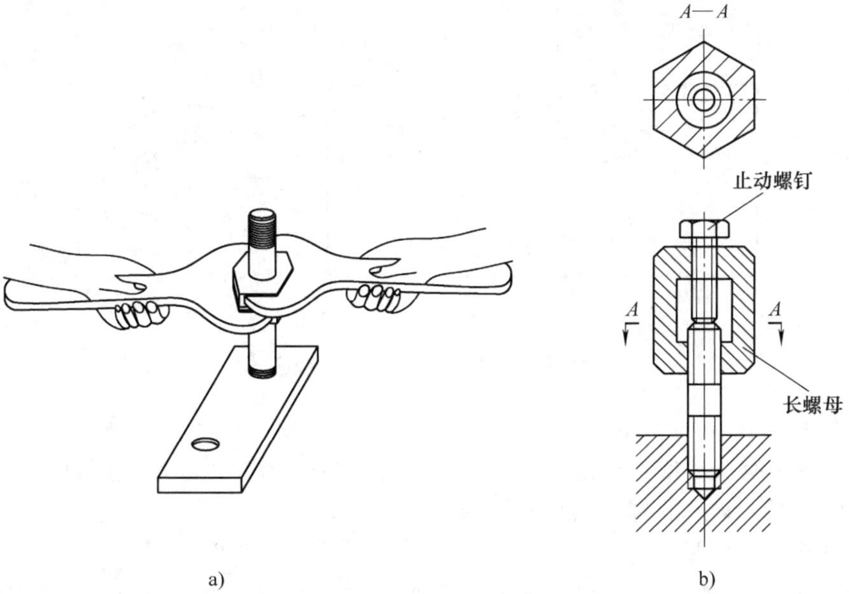

图 13-6　双头螺柱拧入法

（3）专用工具拧紧　图13-7所示是安装双头螺柱的专用工具，由工具体、滚柱、限位套筒和挡圈等组成。按箭头方向转动工具体，即可拧入双头螺柱。拆卸双头螺柱的工具，其凹槽曲线方向和安装工具的曲线方向相反，拆卸时的转动方向也相反。

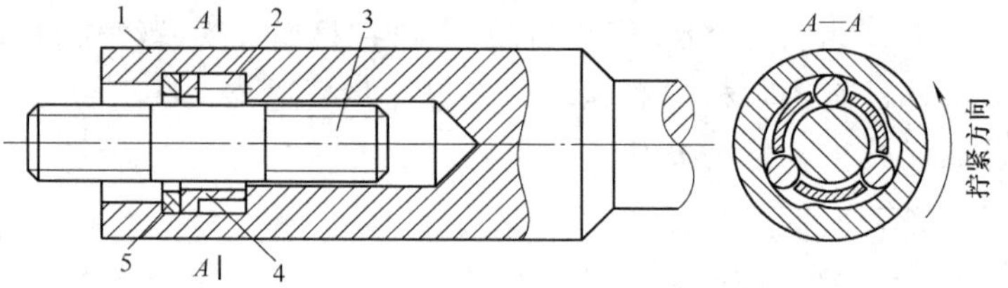

图13-7　双头螺柱拧入工具

1—工具体　2—滚柱　3—双头螺柱　4—限位套筒　5—挡圈

4. 螺母和螺钉的装配要点

螺母和螺钉的装配，除了要按一定的拧紧力矩拧紧以外，还应注意以下几点：

1）螺杆不产生弯曲变形，螺钉头部、螺母底面应与连接件接触良好。

2）被连接件应均匀受压，互相紧密贴合，连接牢固。

3）成组螺栓或螺母在拧紧时，应根据被连接件形状和螺栓的分布情况，按一定的顺序逐次（一般为2~3次）拧紧螺母（图13-8）。拧紧长方形布置的成组螺母时（图13-8a），应从中间开始，逐渐向两边对称地扩展；拧紧圆形或方形布置的成组螺母时（图13-8b），必须对称地进行（如有定位销，应从靠近定位销的螺栓开始），以防止螺栓受力不一致，甚至产生变形。

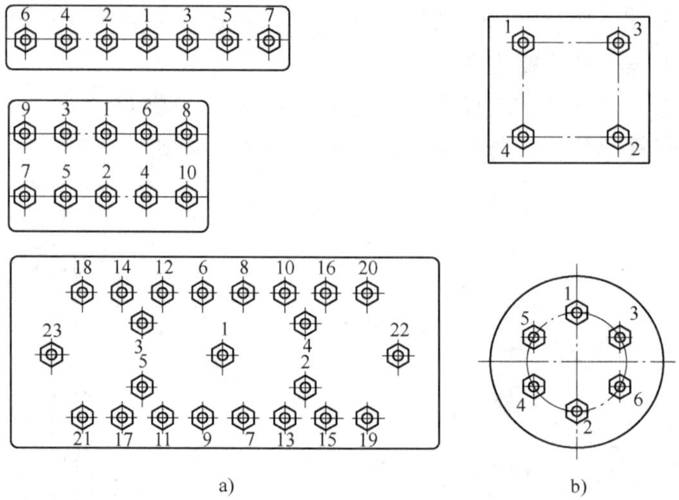

图13-8　拧紧成组螺母的顺序

5. 安装防松装置

螺纹连接用于有振动或冲击的场合时，会发生松动。为防止螺钉或螺母发生松动，必须有可靠的防松装置。常用的螺纹防松装置有以下两类。

（1）附加摩擦力防松装置

1）锁紧螺母（双螺母）防松。这种装置使用主、副两个螺母，如图13-9所示。先将主螺母拧紧至预定位置，然后拧紧副螺母。由图 13-9 可以看出，拧紧副螺母后，主、副螺母之间的这段螺杆因受拉伸长，使主、副螺母分别与螺杆牙型的两个侧面接触，都产生正压力及摩擦力。当螺杆再受某个方面的突加载荷时，就能始终保持足够的摩擦力，从而起到防松作用。这种防松装置由于要用两只螺母，增加了结构尺寸和质量，一般用于低速重载或较平稳的场合。

2）弹簧垫圈防松。弹簧垫圈防松装置如图 13-10 所示。这种垫圈用弹性较好的材料制成，开有 70°～80°的斜口，并在斜口处拨开。把弹簧垫圈放在螺母下，拧紧螺母时，垫圈受压产生弹力，顶住螺母，从而在螺纹副的接触面间产生附加摩擦力，以此防止螺母松动。同时，斜口的楔角分别抵住螺母和支承面，也有助于防止回松。这种防松装置容易刮伤螺母和被连接件表面，同时由于弹力分布不均匀，螺母容易偏斜。但其构造简单，防松可靠，一般应用在不经常装拆的场合。

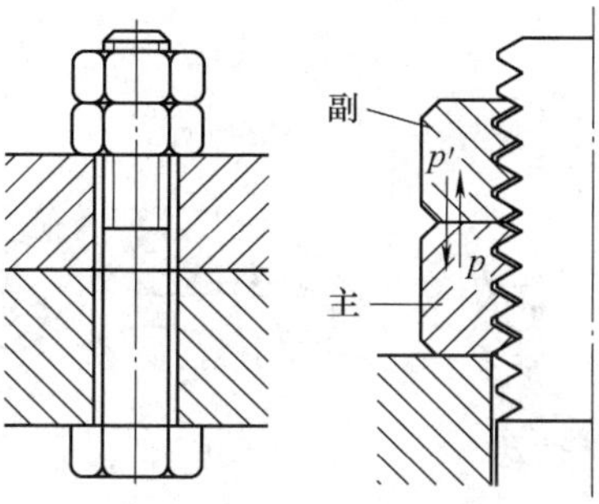

图 13-9　双螺母防松

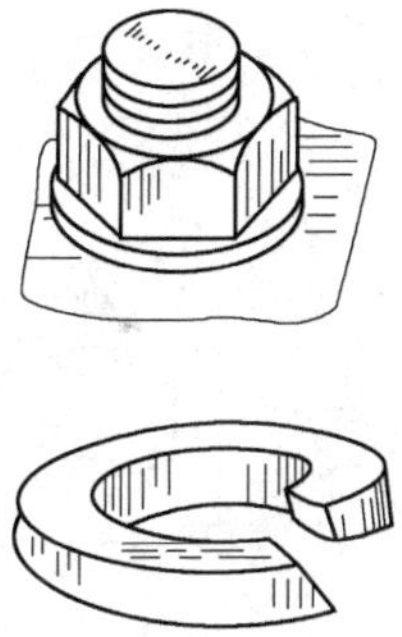
图 13-10　弹簧垫圈防松

（2）机械方法防松装置　这类防松装置是利用机械方法使螺母与螺栓（或螺钉）、螺母与被连接件互相锁牢，以达到防松的目的。常用的有以下几种。

1）开口销与带槽螺母防松。这种装置用开口销把螺母直接锁在螺栓上，如图 13-11 所示。它防松可靠，但螺孔上销孔的位置不易与螺母最佳锁紧位置的槽口吻合，多用于有变载或振动处。

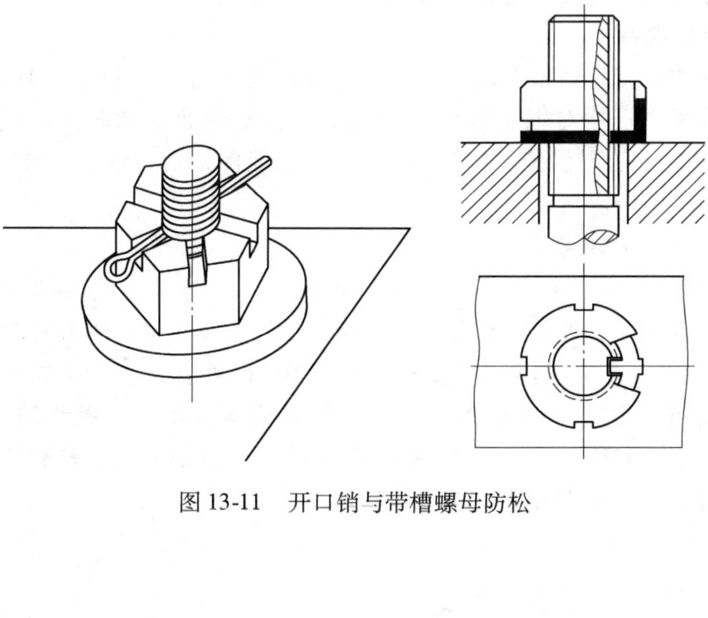
图 13-11　开口销与带槽螺母防松

2）止动垫圈防松。图 13-12 所示为圆螺母止动垫圈防松装置。装配时，先把垫圈的内翅插入螺杆槽中，然后拧紧螺母，再把外翅弯入螺母的外缺口内。

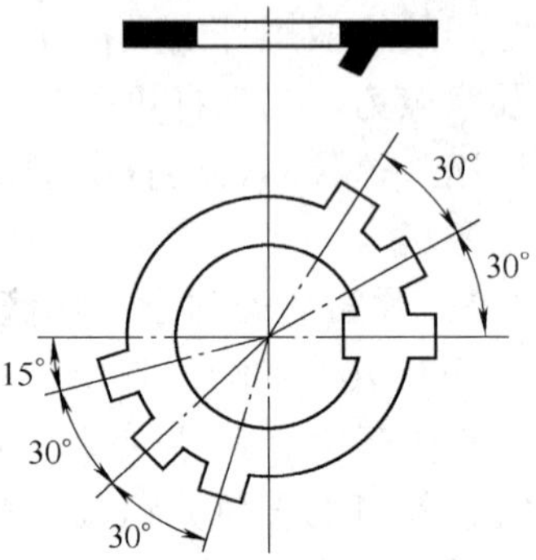

图 13-12　圆螺母止动垫圈防松

图 13-13 所示为带耳止动垫圈防止六角螺母回松的装置。拧紧螺母后，将垫圈的耳边弯折，并与螺母贴紧。这种方法防松可靠，但只能用于连接部分可容纳弯耳的场合。

3）串联钢丝防松。这种防松装置如图 13-14 所示。用钢丝串联穿过一组螺钉头部的径向小孔（或螺母和螺栓的径向小孔），以钢丝的牵制作用来防止回松（图 13-14a），它适用于布置较紧凑的成组螺纹连接。装配时应注意钢丝的穿绕方向，如图 13-14b 所示虚线的钢丝穿绕方向是错误的，螺钉仍有回松的余地。

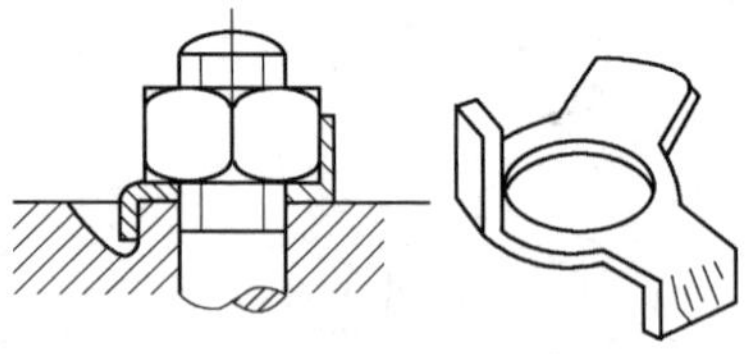
图 13-13　六角螺母止动垫圈防松

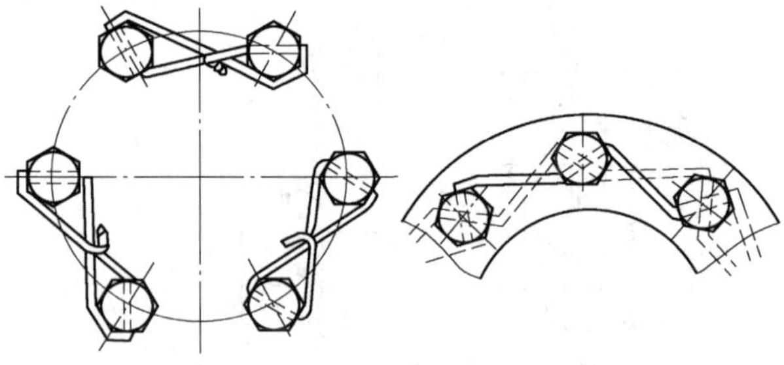
a)　b)

图 13-14　串联钢丝防松

第二节　键连接的装配

键是用来连接轴和轴上零件，用于周向固定以传递转矩的一种机械零件。根据结构特点和用途不同，可分为松键连接、紧键连接和花键连接三大类。

一、松键连接的装配

松键连接所用的键有普通型平键、半圆键、导向型平键和滑键等。松键连接的特点是：靠键的侧面传递转矩，只能对轴上零件作径向固定，不能承受轴向力；轴上零件的轴向固定，要靠紧定螺钉、定位环等零件来实现。松键连接能保证轴与轴上零件有较高的同轴度精度，在高速精密连接中应用较多。

1. 松键连接的装配技术要求

1）保证键与键槽的配合要求。普通型平键连接（图 13-15）中的键与键槽采用 P9/h9 或 N9/h9 的配合，键与轮毂采用 Js9/h9 或 P9/h9 的配合，即键在轴和轮毂上均固定。半圆键连接（图 13-16）中，键在键槽中能绕键槽底圆弧曲率中心摆动。导向型平键连接（图 13-17）中，键与轴槽采用 H9/h9 的配合，并用螺钉固定在轴上；键与轮毂采用 D10/h9 的配合，轴上零件能作轴向移动。滑键连接（图 13-18）中，键固定在轮毂槽中（较紧配合），键与轴槽为间隙配合，轴上零件能带动键作轴向移动。

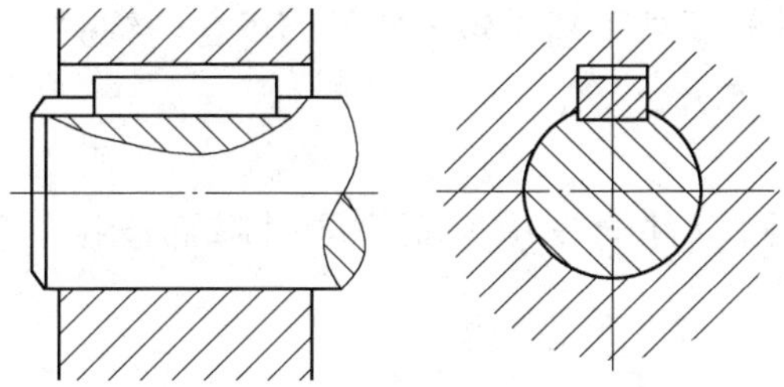

图 13-15　普通型平键连接

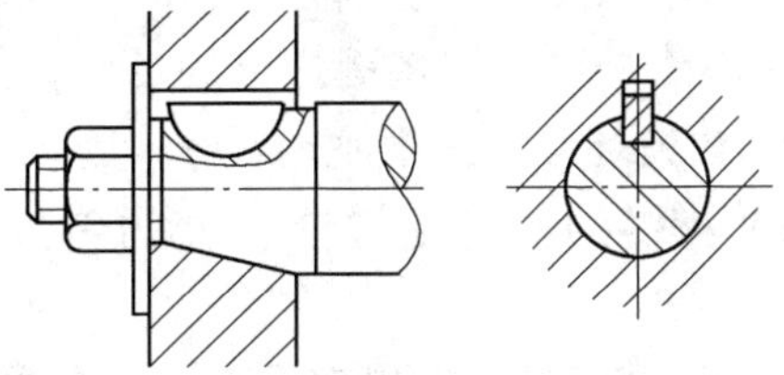

图 13-16　半圆键连接

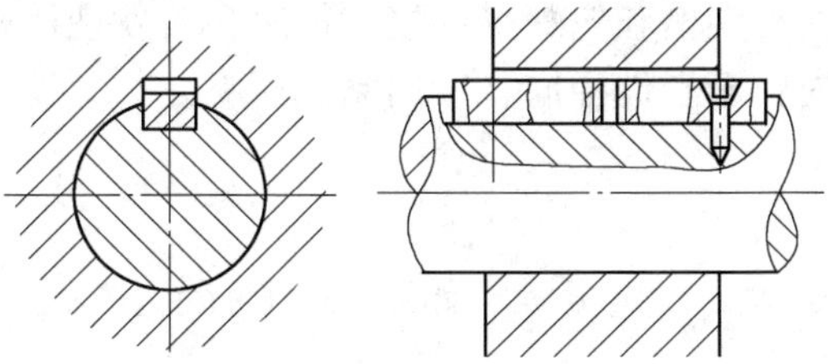

图 13-17　导向型平键连接

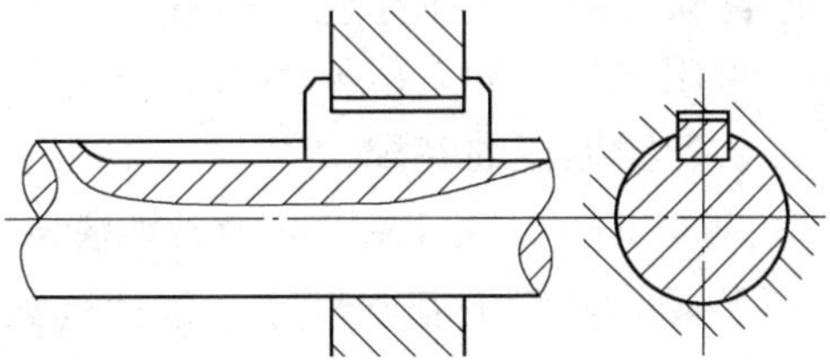

图 13-18　滑键

2）键与键槽应具有较小的表面粗糙度值。

3）键装入键槽中应与槽底紧贴，键长方向应与键槽有 0.1mm 的间隙，键的顶面应与轮毂槽之间有 0.3～0.5mm 的间隙。

2. 松键连接装配要点

1）清理键及键槽上和毛刺，以防配合后产生过大的过盈量而破坏配合的正确性。

2）对于重要的键连接，装配前应检查键的直线度和键槽对轴线的对称度及键宽的平行度等。

3）用键的头部与轴槽试配，应能使键较紧地嵌在轴槽中（对普通型平键和导向型平键而言）。

4）锉配键长时，在键长方向上，键与轴槽应有 0.1mm 左右的间隙。

5）在配合面上加机油，用铜棒或台虎钳（钳口应加软钳口）将键压装在轴槽中，并与槽底接触良好。

6）试配并安装套件（齿轮、带轮等）时，键与键槽的非配合面应留有间隙，以便轴与套件达到同轴度的要求；装配后的套件在轴上不能左右摆动，否则容易引起冲击和振动。

二、紧键连接的装配

紧键连接主要是指楔键连接。楔键连接分为普通型楔键（图 13-19a）和钩头型楔键（图 13-19b）两种。楔键的上、下面是工作面，键的上表面和毂槽的底面有 1∶100 的斜度，键侧与键槽有一定的间隙。装配时需打入，靠过盈作用传递转矩。紧键连接还能用于轴向固定零件和传递单方向轴向力，但易使轴

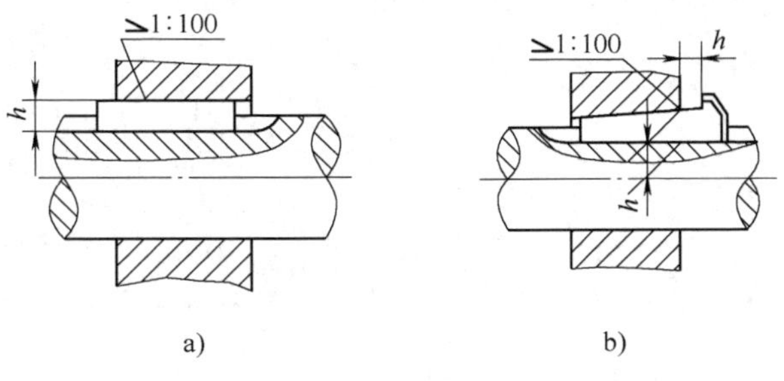

a)　　b)

图 13-19　楔键连接

上零件与轴的配合产生偏心和歪斜，故多用于对中性要求不高，转速较低的场合。钩头型楔键用于不能从另一端将键打出的场合，如图 13-19b 所示。

1. 楔键连接的装配技术要求

1）楔键的斜度应与轮毂槽的斜度一致，否则套件会发生歪斜，同时降低连接的强度。

2）楔键与槽的两侧要留有一定的间隙。

3）对于钩头型楔键，不应使钩头紧贴套件端面，必须留有一定距离，以便于拆卸。

2. 楔键连接装配要点

装配楔键时，要用涂色法检查楔键上、下表面与键槽和轮毂槽的接触情况，若发现接触不良，可用锉刀、刮刀修整键槽。合格后轻敲入内，至套件径向、轴向紧固可靠。

三、花键连接的装配

1. 矩形花键（图 13-20）的结构特点

（1）矩形花键的基本尺寸　包括键数、小径、大径及键宽等，如图 13-21 所示。

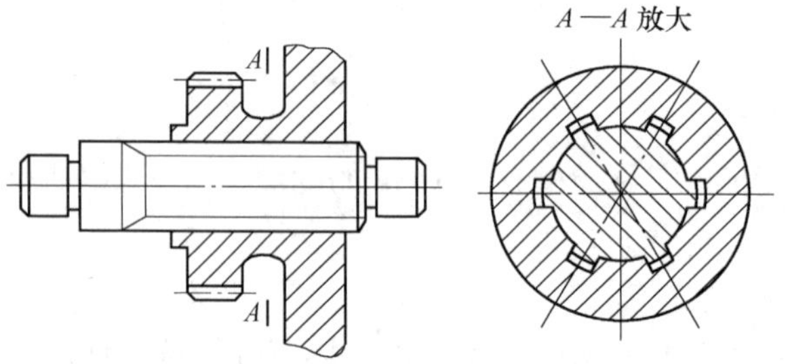

图 13-20　矩形花键连接

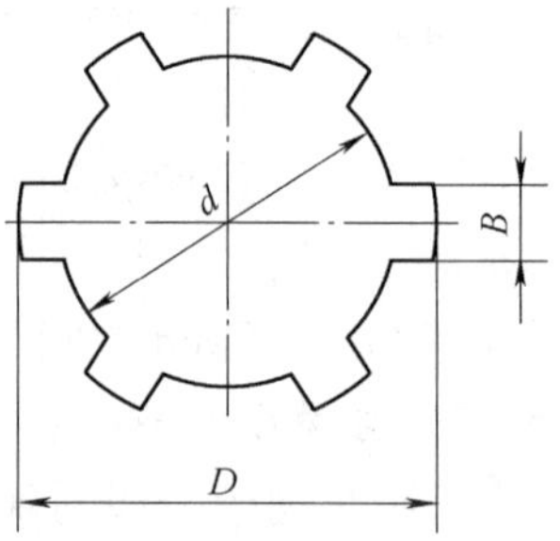

图 13-21　矩形花键的基本尺寸

1）键数 N。花键轴的齿数或花键孔的槽数。矩形花键的键数为偶数，常用范围为 4 ~ 20。

2）小径 d 和大径 D。花键配合时的最小、最大直径，如图 13-21 所示。

3）键宽 B。键或槽的基本尺寸，如图 13-21 所示。

（2）花键的定心方式　花键定心方式即保证花键轴、花键孔同轴度的方法，GB/T 1144—2001 中规定花键以小径定心。

（3）花键连接的标注

1）装配图上花键连接的标注示例。

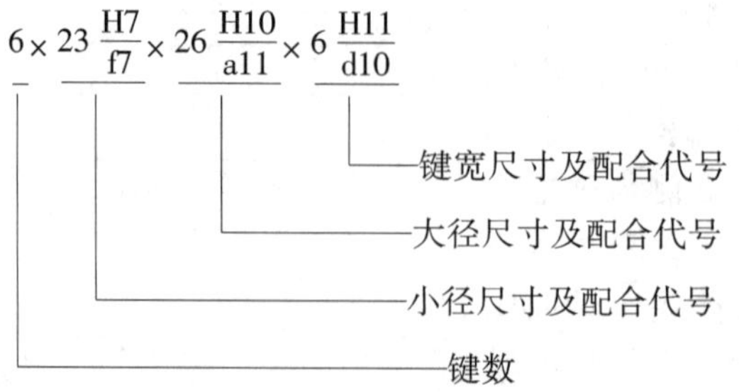

2）零件图上花键标注示例。

$6\times23H7\times26H10\times6H11$

表示键槽为6个、小径尺寸为ϕ23H7、大径尺寸为ϕ26H10、键宽尺寸为6H11的花键孔。

$6\times23f7\times26a11\times6d10$

表示齿为6个、小径尺寸为ϕ23f7、大径尺寸为ϕ26a11、键宽尺寸为6d10的花键轴。

（4）花键的配合　花键的配合是指花键定心直径、非定心直径及键宽的配合。花键的配合性质与花键的用途、精密程度及连接性质等因素有关，详见有关手册。常见的有滑动$\left(d\frac{H7}{f7}\times D\frac{H10}{a11}\times B\frac{H11}{d10}\right)$、紧滑动$\left(d\frac{H7}{g7}\times D\frac{H10}{a11}\times B\frac{H11}{f9}\right)$和固定$\left(d\frac{H7}{h7}\times D\frac{H10}{a11}\times B\frac{H11}{h10}\right)$三种。

2. 花键连接装配要点

（1）静连接花键的装配　套件应在花键轴上固定，故有少量过盈，装配时可用铜棒轻轻打入，但不得过紧，以防拉伤配合面。如果过盈过大，则应将套件加热至353～393K（80～120℃）后进行装配。

（2）动连接花键的装配　套件在花键轴上可以自由滑动，没有阻滞现象，但也不得过松，用手摆动套件时，不应感觉有明显的径向间隙。

（3）花键的修整　拉削后热处理的花键孔，可用花键推刀修整，以消除因热处理产生的微量缩小变形；也可以用涂色法修整，以达到技术要求。

（4）花键副的检验　装配后的花键副应检验花键轴与被连接零件的同轴度或垂直度要求。

第三节　销连接的装配

销连接的主要作用是定位、连接和锁定零件，有时还可以作为安全装置中的过载剪断元件，如图13-22所示。

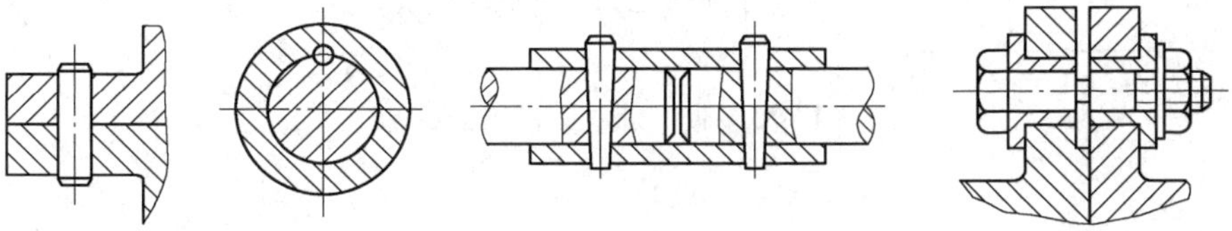

a)　b)　c)　d)

图13-22　销连接

a）定位作用　b）、c）连接作用　d）保险作用

销是一种标准件，其形状和尺寸已标准化。销的种类较多，应用广泛，其中应用最多的是圆柱销及圆锥销。

一、圆柱销的装配

圆柱销一般依靠过盈固定在孔中，用以定位和连接，对销孔尺寸、形状、表面粗糙度要求较高，所以销孔在装配前须铰削。一般被连接件的两孔应同时钻、铰，并使孔壁的表面粗

糙度 Ra 值不大于 1.6μm，以保证连接质量。装配时，应在销子表面涂机油，然后用铜棒将销轻轻打入。圆柱销不宜多次装拆，否则会降低定位精度和连接的紧固程度。

二、圆锥销的装配

装配圆锥销时，两连接件的销孔应一起钻、铰。钻孔时，按圆锥销的小头直径选用钻头（圆锥销以小头直径和长度表示其规格），用锥度为 1:50 的铰刀铰孔。铰孔时，用试装法控制孔径。以圆锥销自由地插入全长的 80% ~85% 为宜，如图 13-23 所示。然后用锤子敲入，销的大头可稍微露出或与被连接件表面平齐。

拆卸普通圆柱销和圆锥销时，可从小头（圆锥销）向外敲出。有螺尾的圆锥销可用螺母旋出，如图 13-24 所示；拆卸带内螺纹的圆柱销和圆锥销时，可用专用拆卸工具或拔销器拔出，如图 13-25 所示。

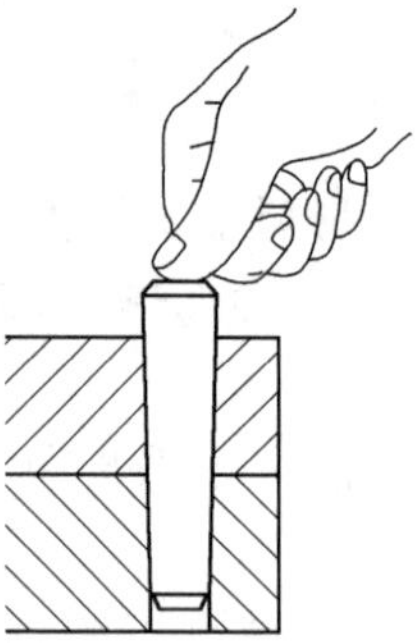

图 13-23　圆锥销自由插入深度

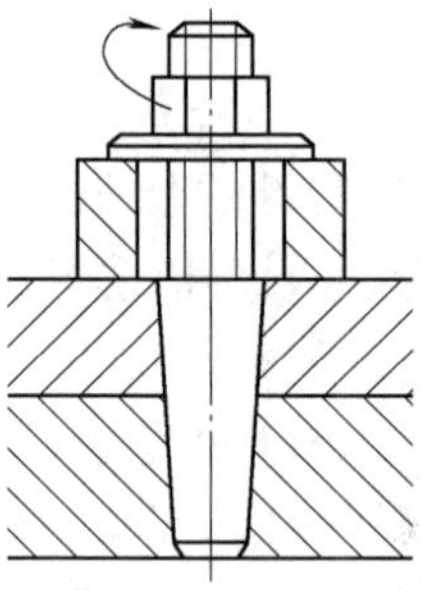

图 13-24　带螺尾圆锥销的拆卸

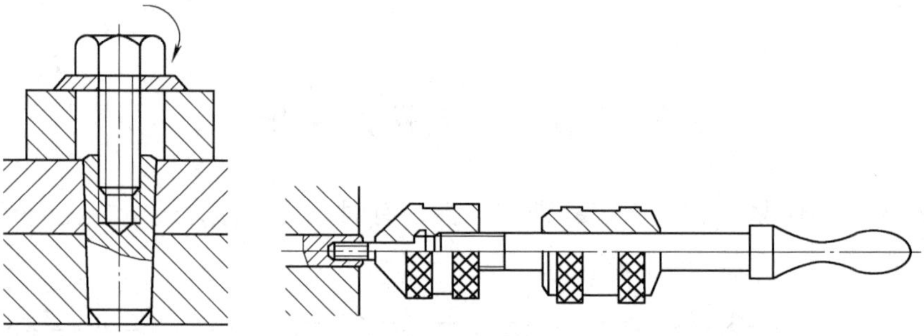

图 13-25　带内螺纹圆锥销的拆卸

第四节　过盈连接的装配

过盈连接是通过包容件（孔）和被包容件（轴）配合后的过盈值达到紧固连接的。装配后，轴的直径被压缩，孔的直径胀大，包容件和被包容件因变形而使配合面间产生压力，工作时，此压力产生摩擦力传递转矩和轴向力，如图 13-26 所示。

过盈连接结构简单、同轴程度高、承载能力强，能承受变载和冲击力，同时可避免键连接中切削键槽而削弱零件强度的不足；但过盈连接配合表面的加工精度要求较高，装配较困难。过盈连接的相互接触面多为圆柱面，也有圆锥面或其他形式。

一、过盈连接的装配技术要求

1）准确的过盈值。配合的过盈值是按连接要求的紧固程度确定的，一般最小过盈应等于或稍大于连接所需的最小过盈。过盈太小不能满足传递转矩的要求，过盈量过大则会造成装配困难。

2）配合表面应具有较小的表面粗糙度值，并保证配合表面的清洁。

3）配合件应有较高的几何精度，装配中应注意保持轴孔轴线的同轴度，以保证装配后有较高的对中性。

4）装配前配合表面应涂油，以免装入时擦伤表面。

5）装配时，压入过程应连续，速度稳定且不宜太快，通常为2～4mm/s，并应准确控制压入行程。

6）细长件或薄壁件须注意检查过盈量和几何偏差。装配时最好垂直压入，以免变形。

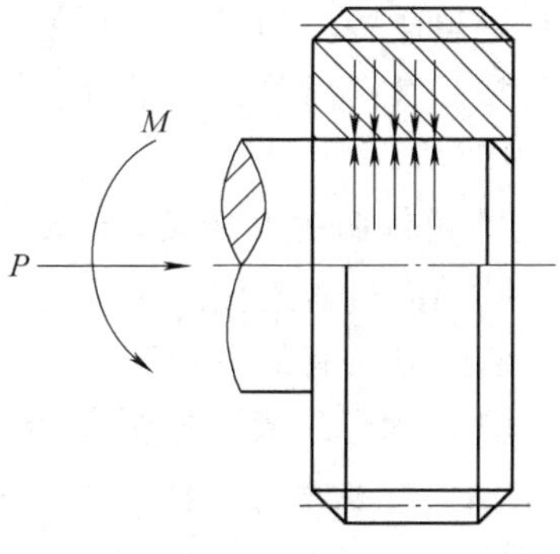

图13-26　过盈连接

二、过盈连接的装配方法

1. 圆柱面过盈连接的装配

圆柱面过盈连接依靠轴、孔的尺寸差获得过盈，过盈量大小不同，所采用的装配方法也不同。

（1）压入法　当过盈量及配合尺寸较小时，一般在常温下压入装配。常用压入法和设备如图13-27所示。

图13-27a所示为用锤子加垫块冲击压入，此方法简便，但导向性不易控制，常出现歪斜。此法适用于配合要求较低或配合长度较短的过渡配合连接，常用于单件生产。

图13-27b、c、d所示为用工具压入，其导向性比冲击压入好，生产率高。此法适用于较紧的过渡配合和轻型过盈配合，如小尺寸的轮圈、轮毂、齿轮、套筒和一般要求的滚动轴承等，常用于成批生产。

图13-27e所示为用压力机压入，压力范围为$1\sim10^{7}$N，配以夹具可提高导向性。此法适用于中件和大件的较小过盈和中等过盈配合的连接件，如车轮、飞轮、齿圈、轮毂、连杆衬套、滚动轴承等，多用于成批生产。

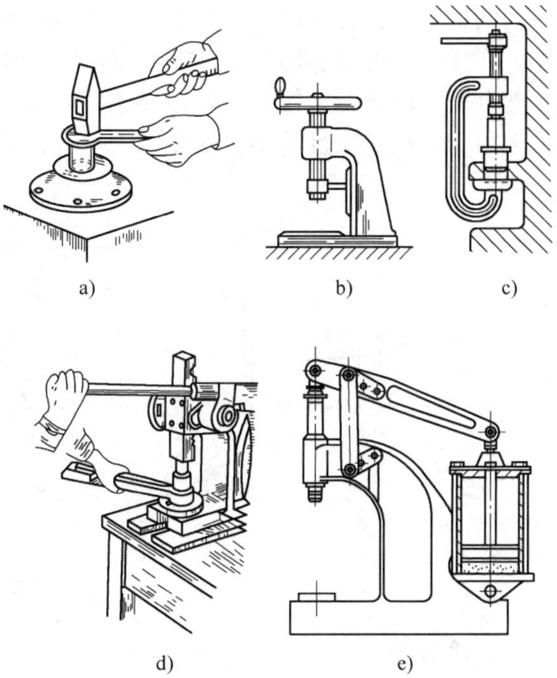

图13-27　常用压入法和设备

（2）热胀配合法　热胀配合法也称红套，是利用金属材料热胀冷缩的物理特性，将孔加热使之胀大，然后将轴装入胀大的孔中，待孔冷却收缩后，轴、孔就形成过盈连接。热胀配合的加热方法应根据过盈量及套件尺寸的大小选择。过盈量较小的连接件，可放在沸水槽（80～100℃）、蒸汽加热槽（120℃）和热油槽（90～320℃）中加热；过盈量较大的中、小型连接件，可放在电阻炉或红外线辐射加热箱中加热；过盈量大的中型和大型连接件，可用感应加热器加热。

（3）冷缩配合法　冷缩配合法是将轴进行低温冷却，使之缩小，然后与常温孔装配，得到过盈连接。如过盈量小的小型连接件和薄壁衬套等的装配，可采用干冰将轴件冷却至－78℃，操作简单；对于过盈量较大的连接件，如发动机连杆衬套，可采用液氮将轴件冷却至－195℃。

2. 圆锥面过盈连接的装配

圆锥面过盈连接的装配是利用轴和孔产生相对轴向位移互相压紧而获得过盈连接的，常用的装配方法有如下两种。

（1）螺母压紧形成圆锥面过盈连接　这种连接如图13-28所示，拧紧螺母可使配合面压紧形成过盈连接。配合面的锥度小时，所需轴向力小，但不易拆卸；锥度大时，拆卸方便，但拉紧轴向力增大。通常锥度可取1∶30～1∶8。

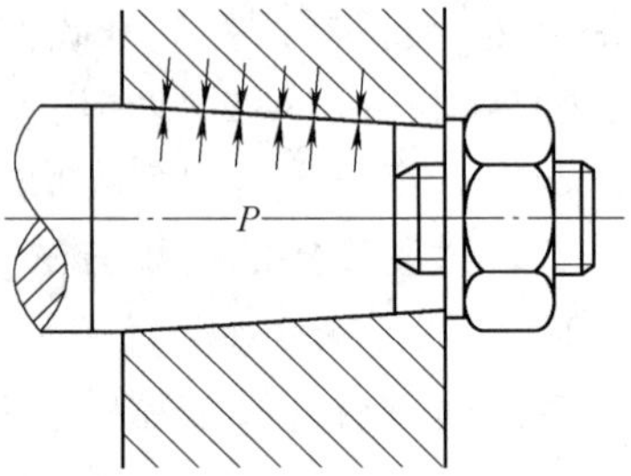

图13-28　螺母压紧形成圆锥面过盈连接

（2）液压装拆圆锥面过盈连接　圆锥面过盈连接可以利用高压油装配，其结构如图13-29所示。装配时，用高压油泵将油由包容件上的油孔和油沟压入配合面（图13-29a），也可以由被包容件的油孔和油沟压入配合面（图13-29b）。高压油使包容件内径胀大，被包容件外径缩小，施加一定的轴向力，就可使之互相压入。当压入至预定的位置后，排出高压油，即可形成过盈连接。同样，也可以利用高压油进行拆卸。利用液压装拆过盈连接时，不需要很大的轴向力，配合面不易擦伤，但对配合面接触精度的要求较高，且需要高压油泵等专用设备。这种方法多用于承载较大且需要多次装拆的场合，尤其适用于大型零件。

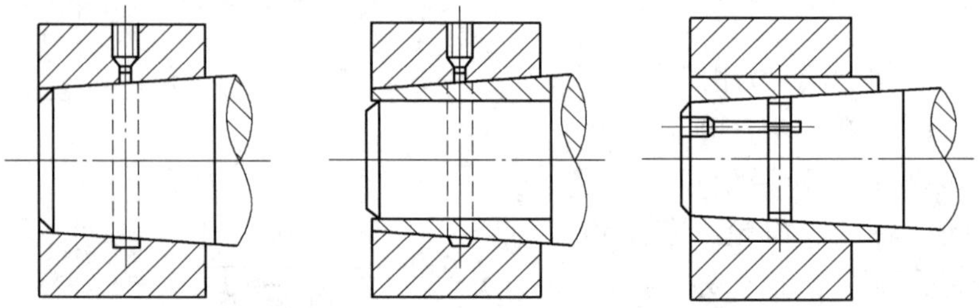
a)　　b)　　c)

图13-29　液压装拆圆锥面过盈连接

复 习 题

一、简答题

1. 普通螺纹连接的基本类型有哪几种？各用于什么场合？
2. 螺纹连接的装配技术要求有哪些？目的何在？
3. 拧紧双头螺柱的方法有哪几种？
4. 螺纹连接常用的防松方法有哪些？

5. 简述松键连接和紧键连接的装配要点。

6. 简述圆柱销和圆锥销连接的装配要点。

7. 常用过盈连接的装配方法有哪些?

二、选择题

1. 拧紧圆形或方形布置的成组螺母纹时，必须（　　）。

A. 对称地进行　　B. 从两边开始对称进行

C. 从外自里　　D. 无序

2. 过盈连接是依靠包容件和被包容件配合后的（　　）来达到紧固连接的。

A. 压力　　B. 张紧力　　C. 过盈值　　D. 摩擦力

3. 销连接有圆柱销连接和（　　）连接两类。

A. 锥销　　B. 圆销　　C. 扁销　　D. 圆锥销

4. 用（　　）使预紧力达到给定值的方法称为控制扭矩法。

A. 套筒扳手　　B. 测力扳手　　C. 通用扳手　　D. 专业扳手

5. 销连接在机械中主要用于定位、连接和锁定零件，有时还可作为安全装置的（　　）零件。

A. 传动　　B. 固定　　C. 定位　　D. 过载剪断

6. 规定预紧力的螺纹连接，常用控制扭矩法、控制螺母扭角法和（　　）来保证准确的预紧力。

A. 控制工件变形法　　B. 控制螺栓伸长法

C. 控制螺栓变形法　　D. 控制螺母变形法

7. 装配紧键时，用涂色法检查键上、下表面与（　　）的接触情况。

A. 轴　　B. 毂槽　　C. 轴和毂槽　　D. 槽底

三、判断题

1. 活扳手的正、反向都可以用来拧紧螺母。（　　）

2. 用两个螺母锁住双头螺柱一头的螺纹，便可用安装单头螺柱的方法来安装。（　　）

3. 锉配键长时，在键长方向上键与键槽要留有 0.1mm 左右间隙。（　　）

4. 铰孔安装圆锥销时，以圆锥销能自由地插入全长为宜。（　　）

5. 液压装配圆锥过盈连接，特别适用于经常装拆的配合和大型零件。（　　）

6. 圆柱销一般靠过盈固定在轴上，用以定位和连接。（　　）

7. 楔键的斜度与轮毂槽的斜度若不一致，装配后套件会与轴发生歪斜。（　　）

8. 动连接花键装配后，用手摆动套件时，不应感觉有明显的径向间隙。（　　）

第十四章　传动机构的装配

第一节　带传动机构的装配

带传动属于摩擦传动，即将挠性带紧紧地套在两个带轮上，利用传动带与带轮之间的摩擦力来传递运动和动力。常用的带传动有 V 带和平带等。

一、带传动机构的装配技术要求

1）带轮的安装要正确，通常要求其径向圆跳动量不得大于（0.0025～0.0005）D，轴向圆跳动量不得大于（0.0005～0.001）D，其中 D 为带轮直径。

2）两带轮的中心平面应重合，其倾斜角和轴向偏移量不应过大。一般倾斜角不应超过1°，否则带易脱落或加快带侧面的磨损。

3）带轮工作表面粗糙度 Ra 值要适当，一般为 1.6μm。过于粗糙，工作时会因发热大而加剧带的磨损；过于光滑，则带易打滑。

4）带的张紧力要适当，并且调整应方便。

二、带轮的装配

一般带轮孔与轴为过渡配合（H7/k6），有少量过盈，同轴度要求较高。为传递较大转矩，还需要用紧固件保证径向固定和轴向固定。图 14-1 所示为带轮在轴上的固定方式。

装配时，按轴和轮毂孔键槽修配键，然后清除安装面上的污物，并涂上润滑油，用锤子将带轮轻轻打入，或用螺旋压入工具将带轮压到轴上，如图 14-2 所示。带轮装在轴上后，要检测带轮的径向圆跳动量，一般情况下用划针盘检测，要求较高时也可以用百分表检测（图 14-3），以保证带轮在轴上安装的正确性。还要保证两带轮相互位置的正确性，防止由于两带轮错位或倾斜而引起带张紧不均匀而过快磨损。检查方法为：中心距较大的用拉线法，中心距不大的可用直尺测量，如图 14-4 所示。

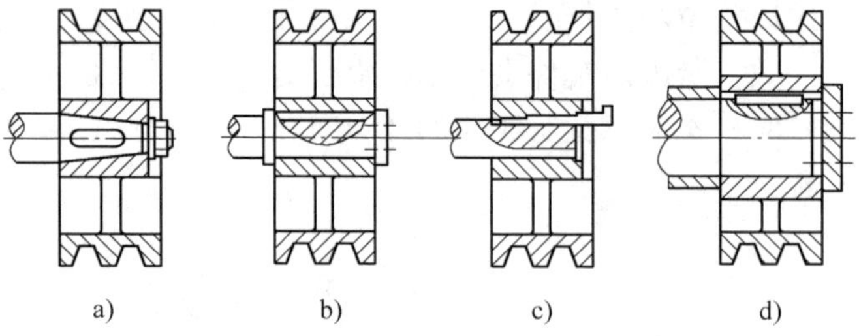

图 14-1　带轮在轴上的固定

a）圆锥轴颈、挡圈轴向固定　b）轴肩、挡圈轴向固定

c）楔键径向、轴向固定　d）隔套、挡圈轴向固定

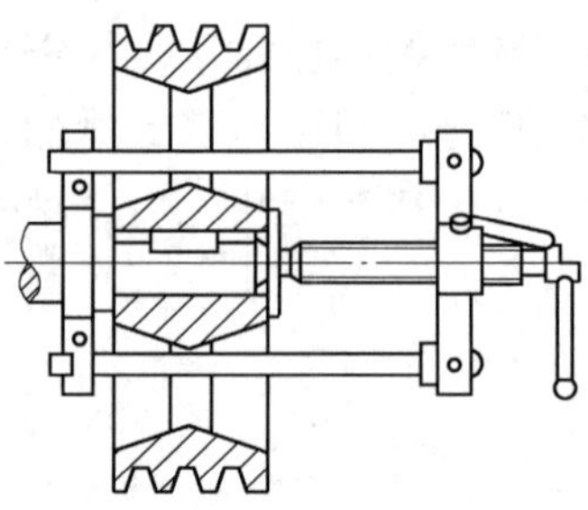

图 14-2　螺旋压入工具装带轮

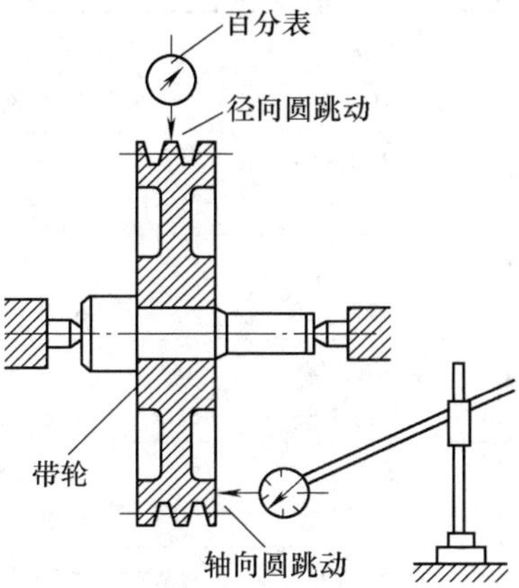

图 14-3　带轮跳动量的检测

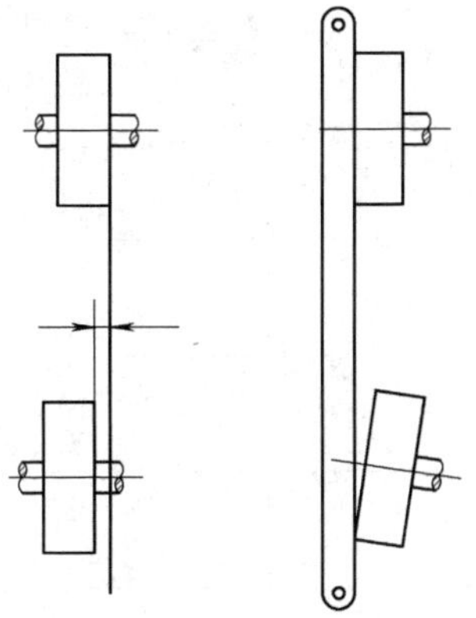

图 14-4　带轮相互位置的检查

三、V 带的安装

安装 V 带时，先将其套在小带轮轮槽上，边转动大轮，边用螺钉旋具或铜棒将带拨入大轮槽中。装好后的 V 带在槽中的正确位置如图 14-5a 所示。

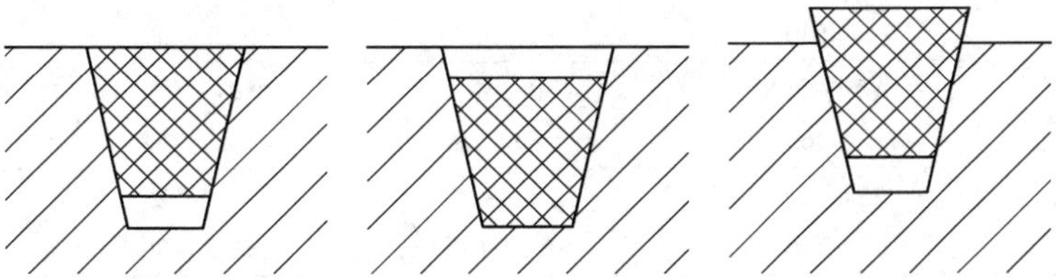

图 14-5　V 带在轮槽中的位置

a）正确　b）、c）错误

四、张紧力的控制

带传动是摩擦传动，适当的张紧力是保证带传动正常工作的重要因素。张紧力不足，带将在带轮上打滑，使带急剧磨损；张紧力过大，则会使带的寿命降低，轴和轴承上的作用力增大。

1. 张紧力的检查

在带与两轮切点 A、B 连线的中点，垂直于带加一载荷 G，通过测量产生的挠度 y 来检查张紧力的大小，如图 14-6 所示。在 V 带传动中，规定在测量载荷 G 的作用下产生的挠度为

$$y = \frac{1.6}{100}L$$

式中　L——两切点间的距离。

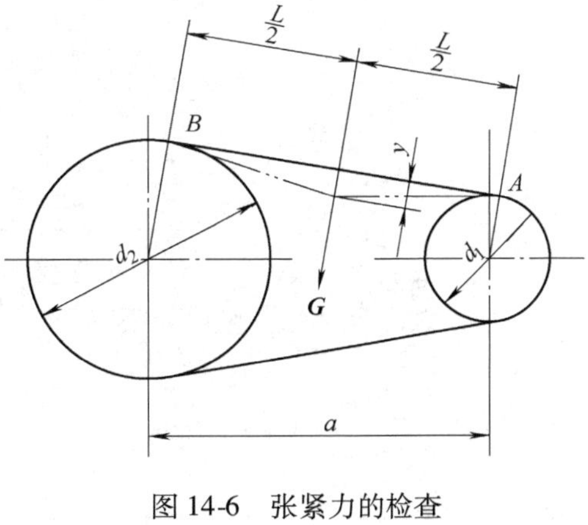

图 14-6　张紧力的检查

测量载荷 G 的大小与 V 带型号有关，在实际生产中可按表 14-1 选取。

表 14-1 测定张紧力所需垂直力 *G*（N/根）

带型		小带轮直径/mm	带速 v/(m/s)		
			0 ~ 10	10 ~ 20	20 ~ 30
普通 V 带	Z	50 ~ 100	5 ~ 7	4.2 ~ 6	3.5 ~ 5.5
		>100	>7 ~ 10	>6 ~ 8.5	>5.5 ~ 7
	A	75 ~ 140	0.5 ~ 14	8 ~ 12	6.5 ~ 10
		>140	>14 ~ 21	>12 ~ 18	>10 ~ 15
	B	125 ~ 200	18.5 ~ 28	15 ~ 22	12.5 ~ 18
		>200	>28 ~ 42	>22 ~ 33	>18 ~ 27
	C	200 ~ 400	36 ~ 54	30 ~ 45	25 ~ 38
		>400	>54 ~ 85	>45 ~ 70	>38 ~ 56
	D	355 ~ 600	74 ~ 108	62 ~ 94	50 ~ 75
		>600	>108 ~ 162	>94 ~ 140	>75 ~ 108
	E	500 ~ 800	145 ~ 217	124 ~ 186	100 ~ 150
		>800	>217 ~ 325	>186 ~ 280	>150 ~ 225
窄 V 带	SPZ	67 ~ 95	9.5 ~ 14	8 ~ 13	6.5 ~ 11
		>95	>14 ~ 21	>13 ~ 19	>11 ~ 18
	SPA	100 ~ 140	18 ~ 26	15 ~ 21	12 ~ 18
		>140	>26 ~ 38	>21 ~ 32	>18 ~ 27
	SPB	160 ~ 265	30 ~ 45	26 ~ 40	22 ~ 34
		>265	>45 ~ 58	>40 ~ 52	>34 ~ 47
	SPC	224 ~ 355	58 ~ 82	48 ~ 72	40 ~ 64
		>355	>82 ~ 106	>72 ~ 96	>64 ~ 90

2. 张紧力的调整

由于传动带工作一段时间后将发生永久性的变形，传动带变长，使张紧力减小，所以在带传动机构中都有调整张紧力的张紧机构，如图 14-7 所示。张紧力的调整方法是改变两轮的中心距或用张紧轮张紧。

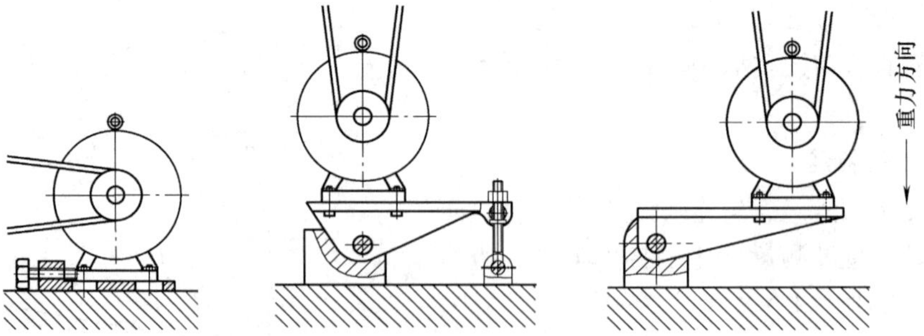

a)

图 14-7 张紧力的调整

a）改变中心距

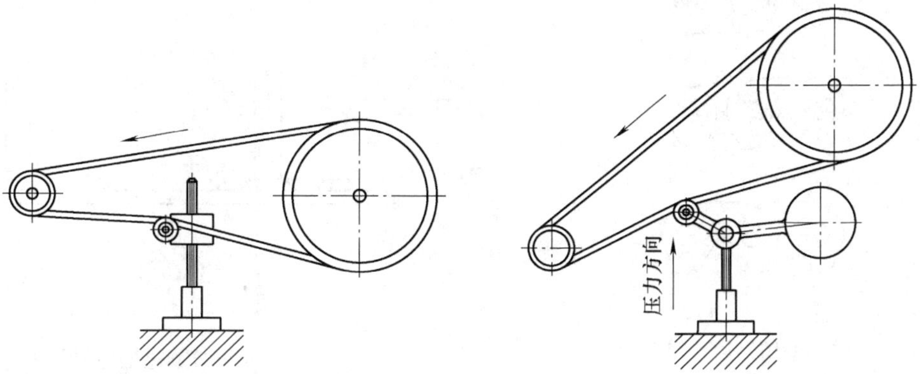

图 14-7　张紧力的调整（续）
b）使用张紧轮

第二节　链传动机构的装配

链传动机构是由两个链轮和连接它们的链条组成的，通过链和链轮的啮合来传递运动和动力，如图 14-8 所示。常用的传动链有套筒滚子链（图 14-9）和齿形链（图 14-10）。套筒滚子链与齿形链相比，其噪声大、运动平稳性差、速度不宜过大，但成本低，故使用广泛。

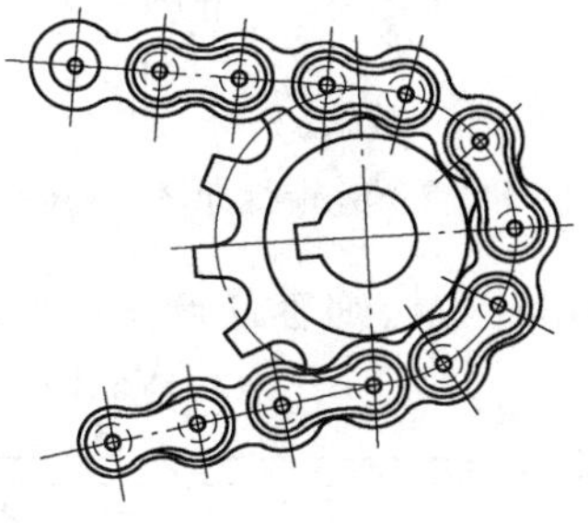

图 14-8　链传动机构

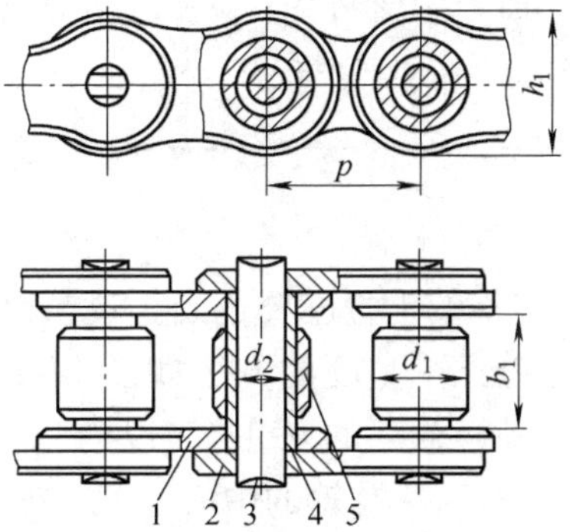

图 14-9　套筒滚子链
1—内链片　2—外链片　3—销子
4—衬套　5—滚子

一、链传动机构的装配技术要求

1）链轮两轴线必须平行，否则会加剧链条和链轮的磨损，降低传动平稳性，并增加噪声。两轴线的平行度可用量具检测，如图 14-11 所示，通过测量 A、B 两尺寸来检查其误差。

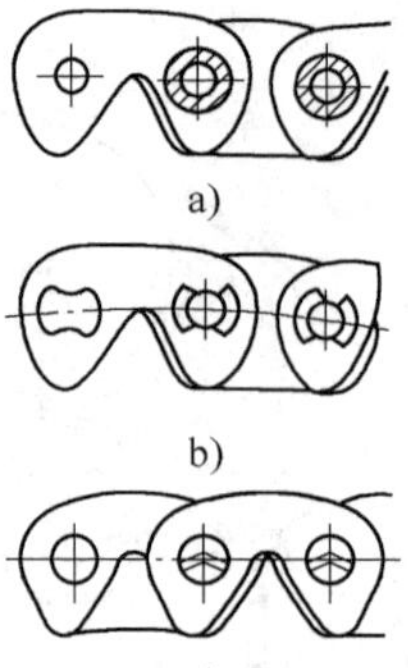

图 14-10 齿形链

a）圆销式 b）轴瓦式 c）滚柱式

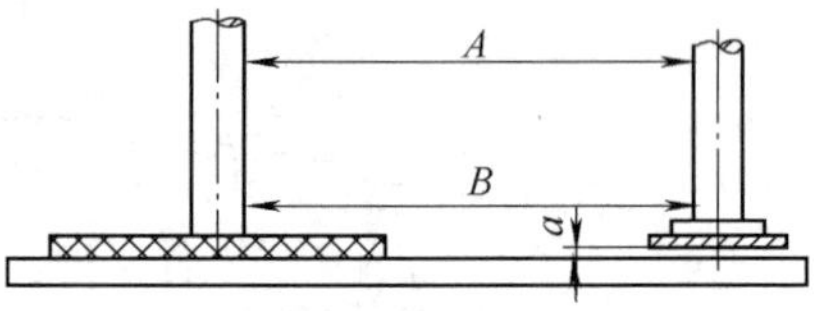

图 14-11 两链轮轴线平行度及轴向偏移量的检测

2）两链轮之间的轴向偏移量不能太大。一般当两轮中心距小于或等于 500mm 时，轴向偏移量应在 1mm 以下；当两链轮中心距大于 500mm 时，偏移量应在 2mm 以下。

3）链轮的圆跳动量应符合表 14-2 的规定。链轮的圆跳动量可用划针盘或百分表检测，如图 14-12 所示。

表 14-2 套筒滚子链链轮的圆跳动量公差

（单位：mm）

链轮的直径	径向圆跳动（δ）	轴向圆跳动（α）
≤100	0.25	0.3
>100～200	0.5	0.5
>200～300	0.75	0.8
>300～400	1.0	1.0
≥400	1.2	1.5

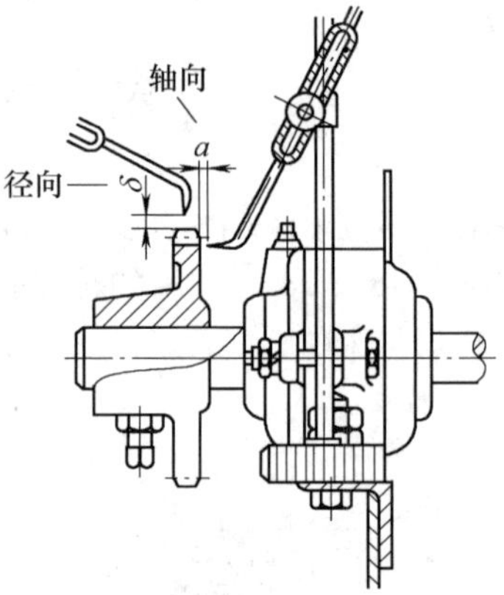

图 14-12 链轮跳动量的检测

4）链条的下垂度要适当。过紧会增加负载，加剧磨损；过松则容易产生振动或脱链现象。检查链条下垂度的方法如图 14-13 所示。如果链传动是水平或稍微倾斜的（在 45°以内），则下垂度 f 应不大于 L 的 2%（L 为两链轮的中心距）；当倾斜度增大时，应减小下垂度；当链垂直放置时，f 应小于 L 的 0.2%。

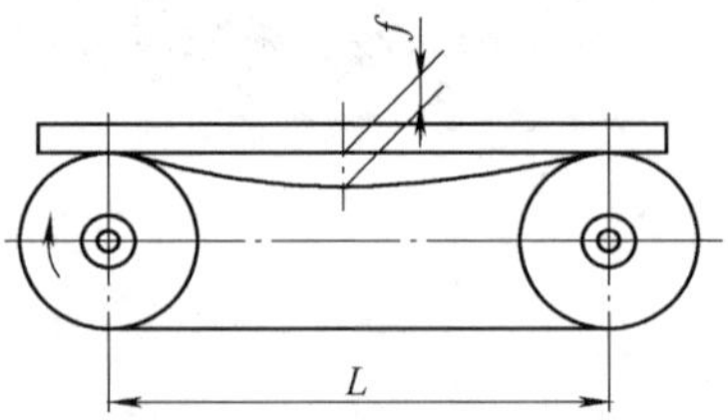

图 14-13 链条下垂度的检测

二、链传动机构的装配

链轮在轴上的固定方法如图 14-14 所示。图 14-14a 所示为用键连接并用紧定螺钉固定；图 14-14b 所示为圆柱销固定。链轮的装配方法与带轮的装配方法基本相同。

套筒滚子链的接头形式如图 14-15 所示。图 14-15a 所示为用开口销固定活动销轴，图 14-15b 所示为用弹簧卡片固定活动销轴，这两种形式都在链条节数为偶数时使用。使用弹簧卡片时，要注意使开口端方向与链条运动方向相反，以免运转中链条受到碰撞而脱落。图

14-15c 所示为采用过渡链节接合的形式，适用于链节为奇数的情况。这种过渡链节的柔性较好，具有缓冲和减振作用，但这种链板会受到附加弯曲作用。

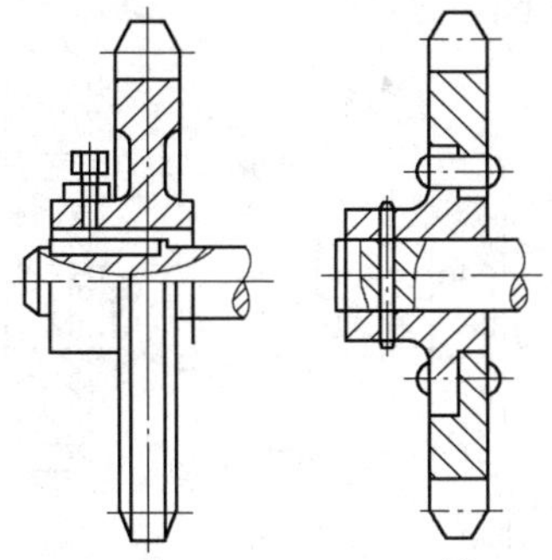

a) b)

图 14-14 链轮的固定方法

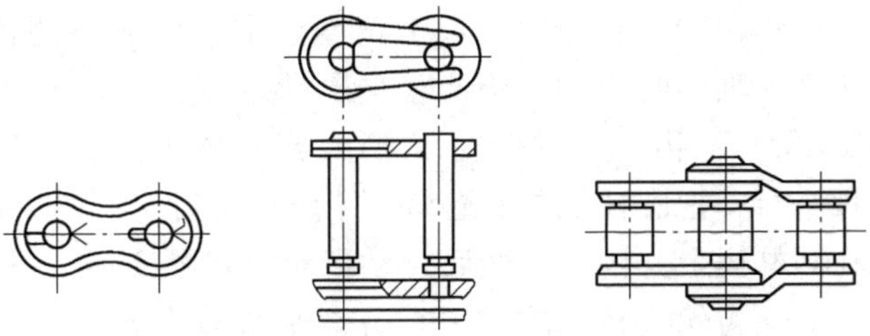

a) b) c)

图 14-15 套筒滚子链的接头形式

对于链条两端的接合，当两轴中心距可调节且链轮在轴端时，可以预先接好再装到链轮上。如果结构不允许预先将链条接头连好，则必须先将链条套在链轮上再进行连接。此时须采用专用的拉紧装置，如图 14-16a 所示。

齿形链条必须先套在链轮上，再用拉紧工具拉紧后进行连接，如图 14-16b 所示。

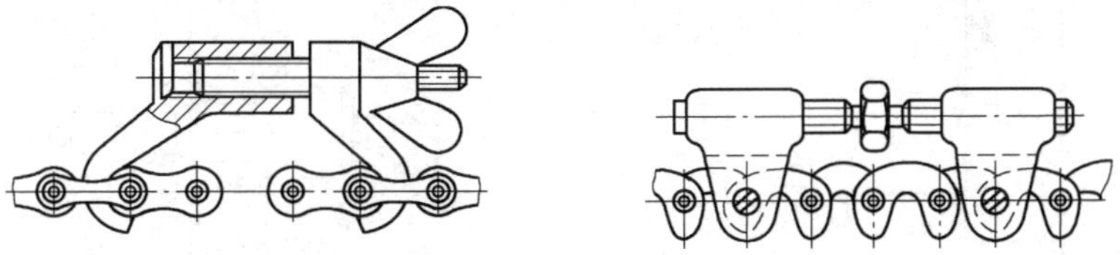

a) b)

图 14-16 拉紧链条

第三节 齿轮传动机构的装配

一、齿轮传动机构的装配技术要求

1）齿轮孔与轴的配合要适当，以满足使用要求。空套齿轮在轴上不得有晃动现象，滑移齿轮不应有咬死或阻滞现象，固定齿轮不得有偏心或歪斜现象。

2）保证齿轮有准确的安装中心距和适当的齿侧间隙。侧隙过小，齿轮转动不灵活，热胀时易卡齿，加剧磨损；侧隙过大，则易产生冲击、振动。

3）保证齿面有一定的接触面积和正确的接触位置。

二、圆柱齿轮机构的装配

圆柱齿轮的装配一般分两步：先把齿轮装在轴上，再把齿轮轴部件装入箱体。

1. 齿轮与轴的装配

在轴上空套或滑移的齿轮，一般与轴为间隙配合，装配精度主要取决于零件本身的加工精度，这类齿轮装配较方便，应注意检查轴、孔的尺寸。

在轴上固定的齿轮，与轴的配合多为过渡配合，有少量的过盈。当过盈量不大时，可用手工工具敲击装入；当过盈量较大时，可用压力机压装；过盈量很大的齿轮，则应采用液压套合的装配方法。压装齿轮时，要尽量避免齿轮偏心、歪斜和端面未紧贴轴肩等安装误差，如图 14-17 所示。

齿轮在轴上装好后，对于精度要求高的应检测径向圆跳动和轴向圆跳动。检测径向圆跳动误差的方法如图 14-18 所示：将齿轮轴架在 V 形架或两顶尖上，使轴与平板平行，把圆柱规放在齿轮的齿间，将百分表的触头抵在圆柱规上并读数，然后转动齿轮，每隔 3～4 齿检查一次。在齿轮旋转一周内，百分表最大读数与最小读数之差，就是齿轮的径向圆跳动误差。

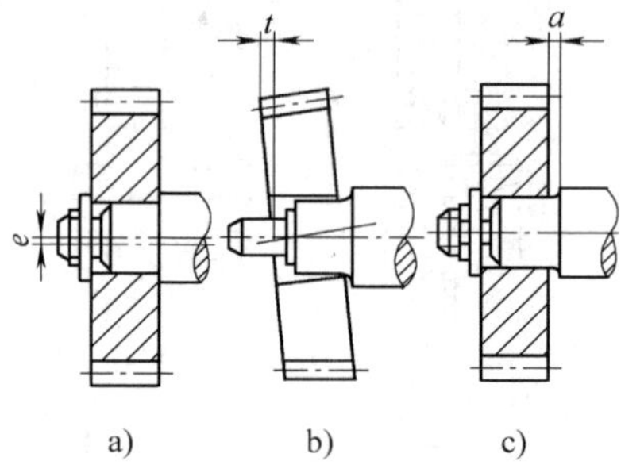

图 14-17 齿轮在轴上的安装误差
a）齿轮偏心 b）齿轮歪斜
c）齿轮端面未贴紧轴肩

齿轮轴向圆跳动误差的检测方法如图 14-19 所示，齿轮轴只能用顶尖顶住，并将百分表的触头抵在齿轮端面上。在齿轮旋转一周的范围内，百分表最大读数与最小读数之差，即为齿轮轴向圆跳动误差。

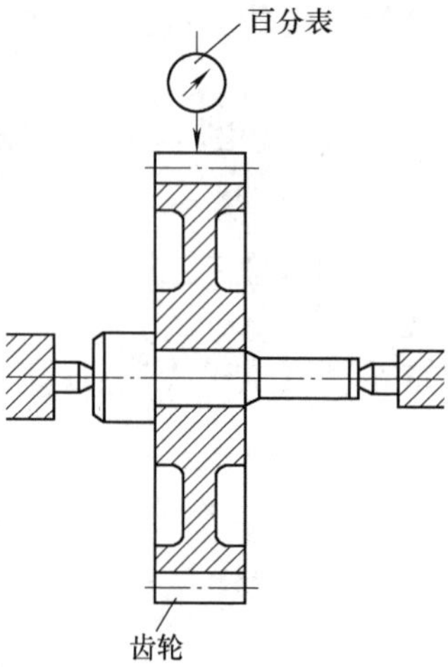

图 14-18 齿轮径向圆跳动误差的检测

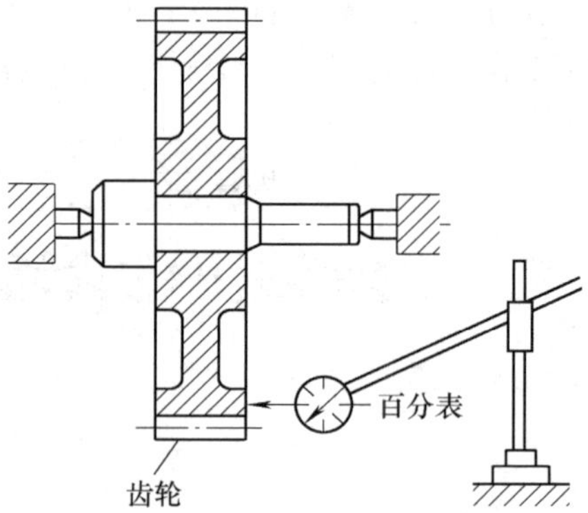

图 14-19 齿轮轴向圆跳动误差的检测

2. 齿轮装入箱体

齿轮的啮合质量要求包括适当的齿侧隙、一定的接触面积及正确的接触位置。齿轮啮合质量的好坏，除了齿轮本身的制造精度，如齿轮公法线长度偏差（影响齿侧隙）、齿形偏差（影响接触面积）、箱体孔的精度外，都直接影响齿轮的啮合质量。所以，装配齿轮轴部件前一定要认真地对箱体进行检查。

（1）装配前箱体的检测

1）孔距。相互啮合的一对齿轮的安装中心距是影响齿侧隙的主要因素，应使孔距在规定的公差范围内。孔距的检

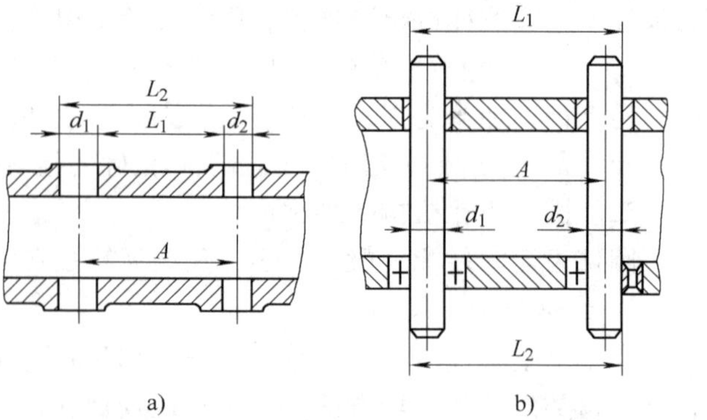

图 14-20 孔距的检查

查方法如图 14-20 所示。图 14-20a 所示是用游标卡尺分别测得 d_1、d_2、L_1、L_2，然后计算出中心距

$$A = L_1 + \left(\frac{d_1}{2} + \frac{d_2}{2}\right)$$

或

$$A = L_2 - \left(\frac{d_1}{2} + \frac{d_2}{2}\right)$$

图 15-20b 所示是用千分尺和检验心轴测量孔距

$$A = \frac{L_1 + L_2}{2} - \frac{d_1 + d_2}{2}$$

2）孔系（轴系）平行度。图 14-20b 所示也可作为齿轮安装孔中心线平行度误差的测量方法。孔中插入检验心轴，用千分尺分别测量心轴两端尺寸 L_1、L_2，$L_1 - L_2$ 就是两孔轴线的平行度误差值。

3）轴线与基面距离尺寸和平行度。如图 14-21 所示，箱体基面用等高垫块支承在平板上，心轴与孔紧密配合。用高度游标卡尺（量块或百分表）测量心轴两端尺寸 h_1 和 h_2，则轴线与基面的距离为

$$h = \frac{h_1 + h_2}{2} - \frac{d}{2} - a$$

平行度误差 Δ 按下式计算

$$\Delta = h_1 - h_2$$

误差太大时，可用刮削基面的方法予以纠正。

4）孔中心线与端面的垂直度。图 14-22a 所示是将带圆盘的专用心轴插入孔中，用涂色法或塞尺检测孔中心线与孔端面的垂直度误差。图 14-22b 所示是用心轴和百分表进行检测，心轴转动一周，百分表读数的最大值与最小值之差，即为端面对孔中心线的垂直度误差。如发现误差超过规定值，可用刮削端面的方法予以纠正。

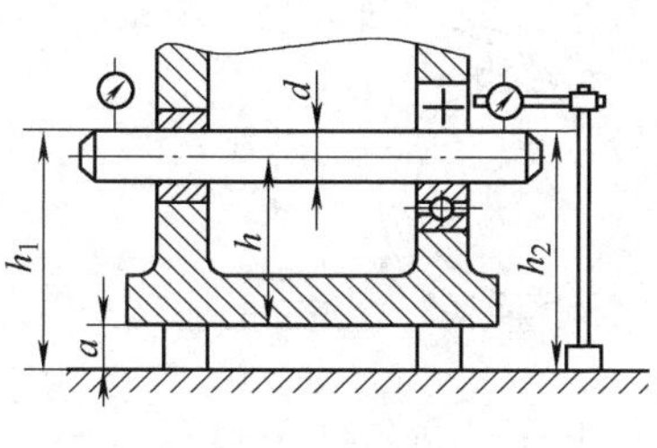

图 14-21　孔轴线与基面距离和平行度误差的检测

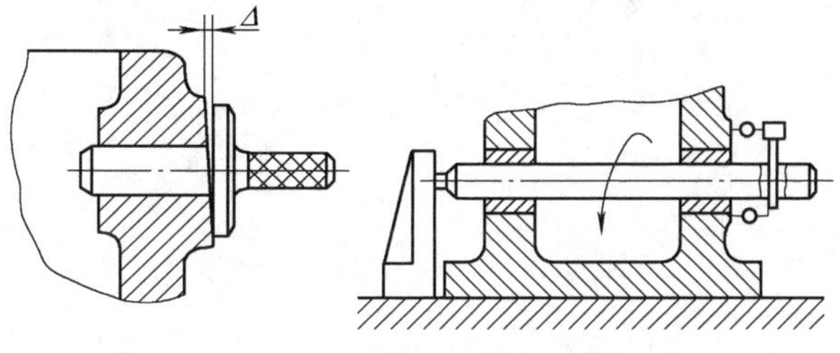

a)　b)

图 14-22　孔中心线与端面垂直度误差的检测

5）孔中心线的同轴度。图 14-23a 所示为成批生产时，用专用检验心轴进行检测，若心轴能自由地推入几个孔中，即表明孔的同轴度合格。有不同直径的孔时，应用外径不同的检验套配合检测，以减少检验心轴数量。

图 14-23b 所示为用百分表及心轴进行检测，将百分表固定在心轴上，转动心轴一周内，百分表最大读数与最小读数之差的一半即为同轴度误差值。

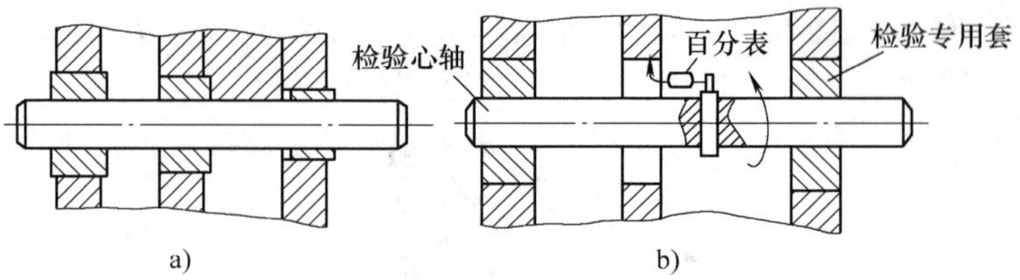

图 14-23　同轴度误差的检测

（2）啮合质量的检测　齿轮轴部件装入箱体后，要检查齿轮的啮合质量，主要项目如下：

1）齿侧间隙的检测。

①铅丝检测法。如图 14-24 所示，在齿宽两端的齿面上平行放置两条铅丝（宽齿应放置 3～4 条），铅丝直径不宜超过最小间隙的 4 倍。使齿轮啮合挤压铅丝，铅丝被挤压后最薄处的尺寸即为侧隙。

②百分表检测法。图 14-25 所示为用百分表测量侧隙的方法。测量时，将一个齿轮固定，在另一个齿轮上装上夹紧杆。由于侧隙存在，装有夹紧杆的齿轮便可摆动一定的角度，从而可在百分表上得到读数差 c，则此时齿侧隙 c_n 为

$$c_n = c\frac{R}{L}$$

式中　c——百分表的读数差（mm）；

R——装夹紧杆齿轮的分度圆半径（mm）；

L——百分表触头至齿轮回转中心的距离（mm）。

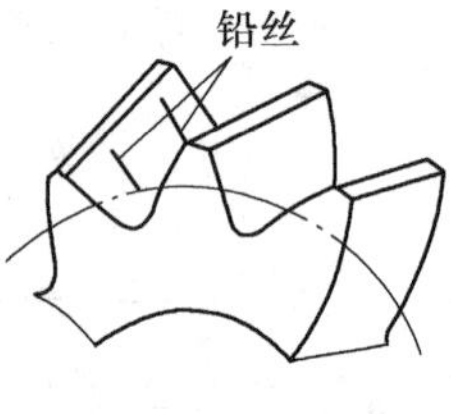

图 14-24　铅丝检测法

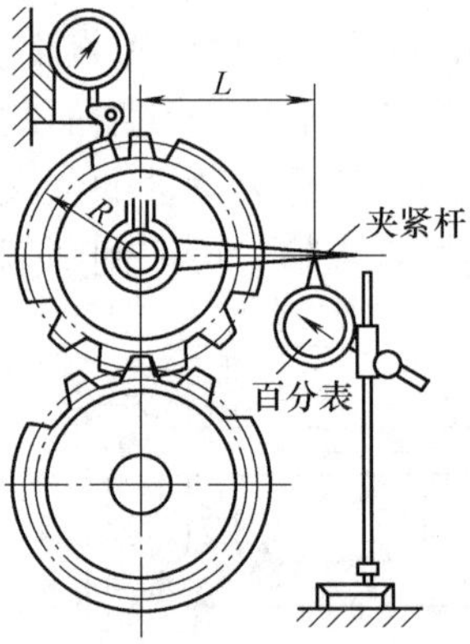

图 14-25　百分表检测法

也可将百分表直接抵在一个齿轮的齿面上，另一个齿轮固定，将接触百分表触头的齿从一侧啮合迅速转到另一侧啮合，百分表上的读数差即为齿侧隙。

2）接触精度的检测。接触精度的主要指标是接触斑点，其检测一般采用涂色法。将红丹粉涂于大齿轮齿面上，转动齿轮并使从动轮轻微制动。对双向工作的齿轮，正、反两个方向都应进行检测。

齿轮上接触印痕面积的大小，应随齿轮精度而定。一般传动齿轮在轮齿的高度上接触斑点不少于 30%～50%，在轮齿宽度上不少于 40%～70%，其分布的位置应是节圆处上下对

称分布。

影响齿轮接触精度的主要因素是齿形精度及安装是否正确。当接触斑点位置正确，而面积太小时，是由于齿形误差太大所致。应在齿面上加研磨剂并使两齿轮转动进行研磨，以增加接触面积。齿形正确而安装有误差造成接触不良的原因及调整方法见表 14-3。

表 14-3　渐开线圆柱齿轮由安装造成接触不良的原因及调整方法

接触斑点	原因分析	调整方法	接触斑点	原因分析	调整方法
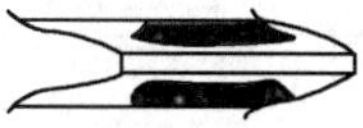 正常接触			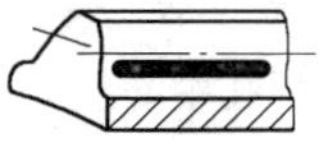	中心距太小	可在中心距允许范围内，刮削轴瓦或调整轴承座
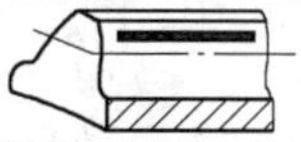	中心距太大		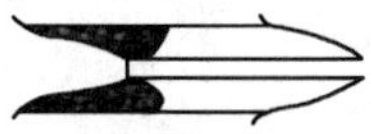 同向偏接触	两齿轮轴线不平行	
 游离接触（在整个齿圈上接触区由一边逐渐移向另一边）	齿轮端面与回转中心线不垂直	检查并校正齿轮端面与回转中心线的垂直度	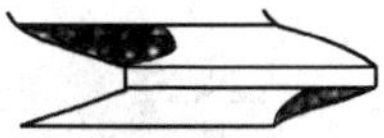 异向偏接触	两齿轮轴线歪斜	
不规则接触（有时齿面在一个点接触，有时在端面边线上接触）	齿面有毛刺或碰伤隆起	去除毛刺，修整	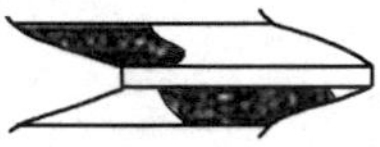 单面偏接触	两齿轮轴线不平行的同时歪斜	

三、锥齿轮传动机构的装配

装配锥齿轮传动机构的顺序和装配圆柱齿轮传动机构的顺序相似。

1. 箱体的检测

锥齿轮一般是传递相互垂直的平面轴之间的运动，装配之前须检测两安装孔轴线的垂直度误差和相交程度。

图 14-26 所示为轴线在同一平面内的两孔垂直度误差和相交程度的检测方法。图 14-26a 所示为检测垂直度误差的方法，将百分表装在心轴 1 上，同时在心轴 1 上装定位套筒，以防心轴 1 产生轴向窜动。旋转心轴 1，百分表在心轴 2L 长度上两点的读数差，即为两孔在 L 长度内的垂直度误差。图 14-26b 所示为两孔轴线相交程度的检测方法。心轴 1 的测量端做成叉形槽，心轴 2 的测量端为台阶形，即通端和止端。检测时，若通端能通过叉形槽，而止端不能通过，则相交程度合格，否则即为超差。

不在同一平面内的垂直两孔轴线垂直度的检测方法，如图 14-27 所示。箱体用千斤顶 3 支承在平板上，用直角尺 4 将心轴 2 调成垂直位置。此时，测量心轴 1 对平板的平行度误差，即为两孔轴线的垂直度误差。

2. 两锥齿轮轴向位置的确定

当一对标准的锥齿轮传动时，必须使两齿轮的分度圆锥相切、两锥顶重合，装配时据此来确定小齿轮的轴向位置，即小齿轮轴向位置按安装距离（小齿轮基准面至大齿轮轴的距离如图 14-28 所示）来确定。如此时大齿轮尚未装好，可用工艺轴代替，然后按侧隙要求决定大齿轮的轴向位置。

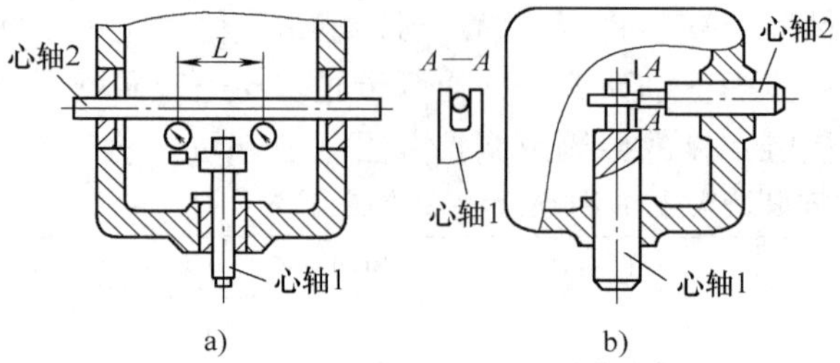

图 14-26 同一平面内两孔中心线垂直度和相交程度的检测

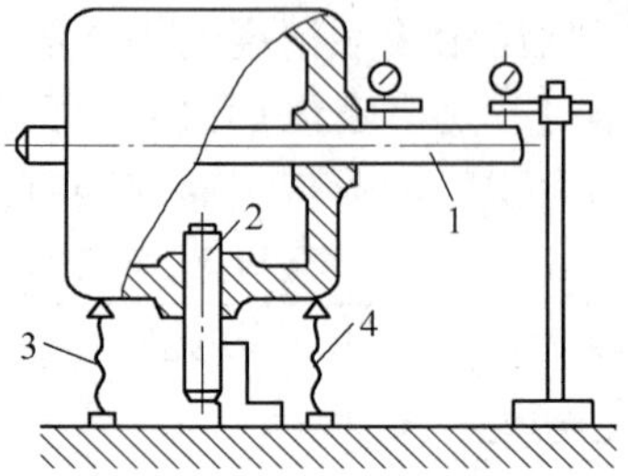

图 14-27 不在同一平面内的垂直两孔轴线垂直度误差的检测

1、2—芯棒 3—千斤顶 4—直角尺

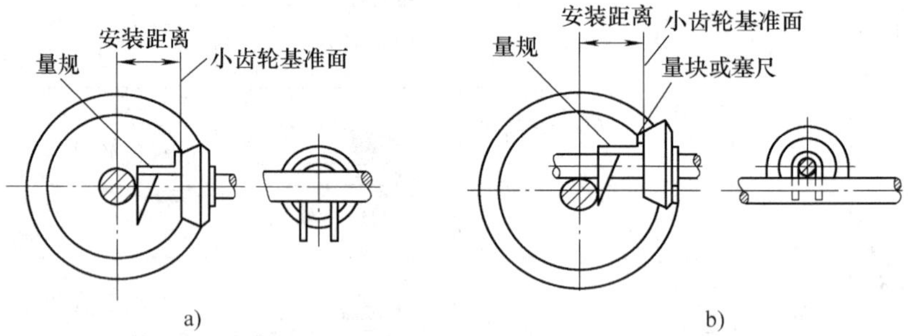

图 14-28 小锥齿轮轴向定位

a）正交锥齿轮 b）偏置锥齿轮

有些用背锥面作为基准的锥齿轮，装配时将背锥面对齐对平，就可保证两齿轮的正确装配位置。

3. 锥齿轮啮合质量的检测

啮合质量的检测包括齿侧隙的检测和接触斑点的检测。

（1）齿侧隙的检测 其检测方法与圆柱齿轮基本相同。

（2）接触斑点的检测 接触斑点一般用涂色法检测。在无载荷时，接触斑点应靠近锥齿轮小端，以保证工作时轮齿在全宽上能均匀地接触；满载时，接触斑点在齿高和齿宽方向应不少于40% ~60%（随齿轮精度而定）。直齿锥齿轮接触斑点状况分析与调整情况见表14-4。

表 14-4 直齿锥齿轮接触斑点状况分析与调整

接触斑点	接触状况及原因	调整方法	接触斑点	接触状况及原因	调整方法
 正常接触(中部偏小端接触)	在轻微负荷下，接触区在齿宽中部略宽于齿宽的一半，稍近于小端，在小齿轮齿面上较高，大齿轮齿面上较低，但都不到齿顶		 小端接触 同向偏接触	两齿轮的齿两侧同在小端接触（见左图），由轴线交角太大所致 同在大端接触，由轴线交角太小所致	不能用一般方法调整，必要时修刮轴瓦

（续）

接触斑点	接触状况及原因	调整方法
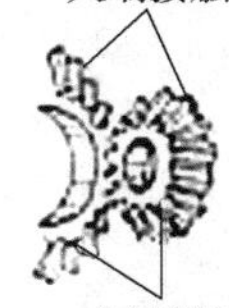 异向偏接触	大、小齿轮在齿的一侧接触于大端，另一侧接触于小端（见左图），由两轴线偏移所致	应检查零件加工误差，必要时修刮轴瓦
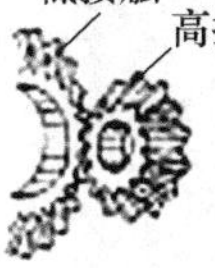 高低接触	小齿轮接触区太高，大齿轮太低（见左图），由小齿轮轴向定位误差所致	小齿轮沿轴向移出，如侧隙过大，可将大齿轮沿轴向移进
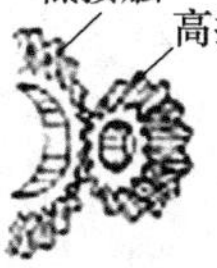 高低接触	小齿轮接触太低，大齿轮太高，原因同上，但误差方向相反	小齿轮沿轴向移进，如侧隙过小，则将大齿轮沿轴向移出
	在同一齿的一侧接触区高，另一侧低，如小齿轮定位正确且侧隙正常，则为加工不良所致	装配无法调整，须调换零件。若只作单向传动，可按以上两项调整

第四节　蜗杆传动机构的装配

蜗杆传动机构用于传递在空间交错轴之间的运动和转矩，一般情况下，蜗杆的轴线与蜗轮的轴线在空间互相垂直，如图 14-29 所示。蜗杆传动机构具有结构紧凑、传动比大（用于动力传动时，单级传动比 $i=8\sim80$；若用于分度传动，为了获得更高的分度，传动比 i 可达到 1000）、传动平稳、噪声小、可以自锁等特点；主要的缺点是传动效率较低，工作过程中易发热，要求有良好的润滑。

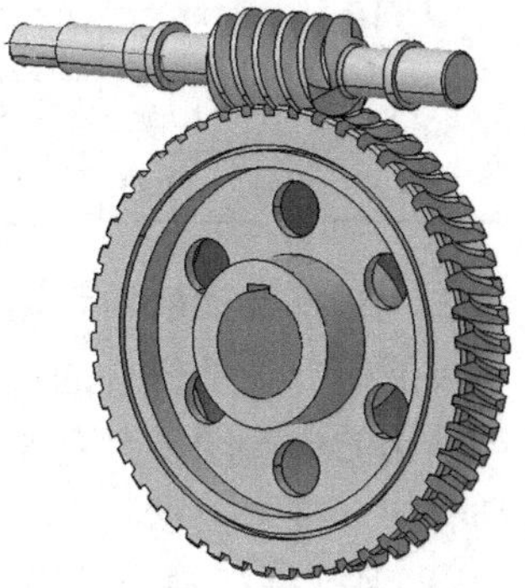

图 14-29　蜗杆传动机构

一、蜗杆传动的精度

按国家标准 GB/T 10089—1988 的规定，蜗杆传动共分 12 个等级，其中 1 级的精度最高，12 级的精度最低。按照能对传动性能起直接保证作用的公差特性，蜗杆传动机构公差或极限偏差分成三个公差组，每一公差组分别对应蜗杆、蜗轮和传动副的安装精度。根据使用要求的不同，允许各公差组选用不同的精度等级来组合。一般蜗轮与配对蜗杆的精度相同，但也可根据使用条件和设计要求采用不同的精度。蜗杆传动副中配对蜗杆、蜗轮的精度，侧隙的种类及代号等，都应在装配图上有明确的标示。国家标准 GB/T 10089—1988 中规定，蜗杆的传动侧隙分 a、b、c、d、e、f、g 和 h 八种，其中 a 最大，往后依次减小，h 为 0。传动侧隙的大小，可根据工作条件和使用要求来选择。蜗杆传动的最小法向侧隙值 j_{nmin} 见表 14-5。

表 14-5　蜗杆传动的最小法向侧隙值

序号	传动中心距 a/mm	侧隙/μm							
		a	b	c	d	e	f	g	h
1	≤30	130	84	52	33	21	13	9	0
2	>30～50	160	100	62	39	25	16	11	0

（续）

序号	传动中心距 a/mm	侧隙/μm							
		a	b	c	d	e	f	g	h
3	>50～80	190	120	74	46	30	19	13	0
4	>80～120	220	140	87	54	35	22	15	0
5	>120～180	250	160	100	63	40	25	18	0
6	>180～250	290	185	115	72	46	29	20	0
7	>250～315	320	210	130	81	52	32	23	0
8	>315～400	360	230	140	89	57	36	25	0
9	>400～500	400	250	155	97	63	40	27	0
10	>500～630	440	280	175	110	70	44	30	0
11	>630～800	500	320	200	125	80	50	35	0
12	>800～1000	560	360	230	140	90	56	40	0

注：传动的最小圆周侧隙 $j_{tmin}=j_{nmin}/(\cos\gamma'\cos\alpha_n)$，其中 γ' 为蜗杆节圆柱量程角，α_n 为蜗杆法向齿形角。

蜗杆副接触斑点数要符合表 14-6 的规定。

表 14-6　蜗杆副接触斑点要求

示图	精度等级	接触面积（%）		接触形状	接触位置
		沿齿高不小于	沿齿长不小于		
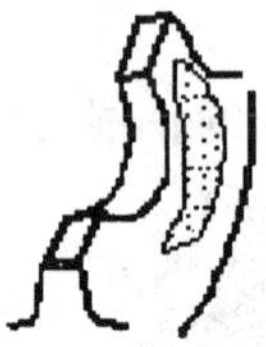	1～2 级	75	70	痕迹在齿高方向无断缺，不允许呈带状条纹	痕迹分布位置趋近于齿面中部，允许略偏于啮合端，在齿顶和啮入、啮出端的棱边处不允许接触
	3～4 级	70	65		
	5～6 级	65	60		
	7～8 级	55	50	无严格要求	痕迹应偏于啮合端，但不允许在齿顶和啮入、啮出端的棱边接触
	9～10 级	45	40		
	11～12 级	30	30		

二、蜗杆传动的技术要求

装配蜗杆传动机构的过程中，可能出现三种误差：蜗杆轴线与蜗轮轴线交角的误差、蜗杆与蜗轮的中心距误差及蜗轮对称中心平面与蜗杆轴线偏移。如图 14-30 所示。因此，蜗杆传动有如下技术要求：

1）保证蜗杆轴线与蜗轮轴线的相对位置正确，见表 14-7；并保持稳定性，可通过调整各相关零件使其没有轴向窜动来达到。

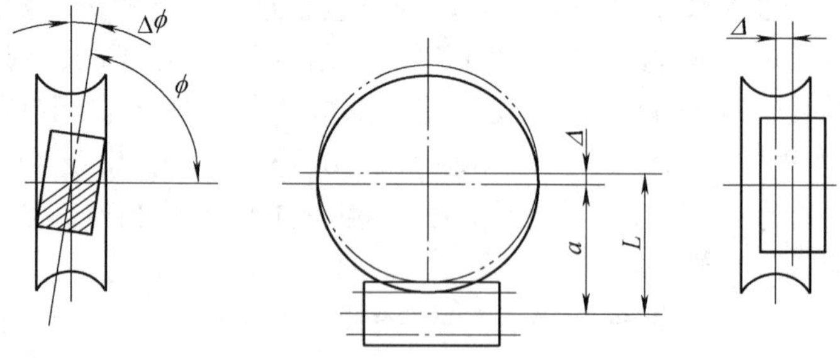

a)　　b)　　c)

图 14-30　蜗杆传动机构的装配误差

a）蜗杆、蜗轮轴线不垂直　b）中心距误差　c）蜗轮对称中心平面与蜗杆轴线偏移

表 14-7　蜗杆、蜗轮传动轴交角极限偏差

蜗轮齿宽 /mm	精度等级						
	3 级	4 级	5 级	6 级	7 级	8 级	9 级
30	5	6	8	10	12	17	24
>30 ~ 50	5.6	7.1	9	11	14	19	28
>50 ~ 80	6.5	8	10	13	16	22	32
>80 ~ 120	7.5	9	12	15	19	24	36
>120 ~ 180	9	11	14	17	22	28	42
>180 ~ 250	—	13	16	20	25	32	48
>250	—	—	—	22	28	36	53

2）保证中心距的精度（主要靠机械加工来保证），见表 14-8。

3）保证蜗杆轴线在蜗轮轮齿的对称中心平面内（主要靠安装来保证），见表 14-8。

对于不同用途的蜗杆传动机构，在装配时要加以区别对待。例如：用于分度机构的蜗杆传动，应以提高其运动精度为主，以尽量减小传动副在运动中的空程角度（即减小侧隙）；而用于传递动力的蜗杆传动机构，则应以提高其接触精度为主，增强其耐磨性能和传递较大的转矩。

表 14-8　蜗杆传动中心距极限偏差（$\pm f_a$）和传动中间平面极限偏差（$\pm f_x$）

（单位：mm）

项目	精度等级	传动中心距 a											
		≤30	>30 ~50	>50 ~80	>80 ~120	>120 ~180	>180 ~250	>250 ~315	>315 ~400	>400 ~500	>500 ~630	>630 ~800	>800 ~1000
f_a	3	7	8	10	11	13	15	16	18	20	22	25	28
	4	11	13	15	18	20	23	26	28	32	35	40	45
	5	17	20	23	27	32	36	40	45	50	55	62	70
	6	17	20	23	27	32	36	40	45	50	55	62	70
	7	26	31	37	44	50	58	65	70	78	87	100	115
	8	26	31	37	44	50	58	65	70	78	87	100	115
	9	42	50	60	70	80	92	105	115	125	140	160	180
f_x	3	5.6	6.5	8	9	10.5	12	13	14.5	16	18	20	23
	4	9	10.5	12	14.5	16	18.5	21	23	26	28	32	36
	5	14	16	18.5	22	27	29	32	36	40	44	50	55
	6	14	16	18.5	22	27	29	32	36	40	44	50	56
	7	21	25	30	36	40	47	52	56	63	70	80	92
	8	21	25	30	36	40	47	52	56	63	70	80	92
	9	34	40	48	57	64	74	85	92	100	112	130	145

三、蜗杆传动机构箱体装配前的检测

为了确保蜗杆传动机构的装配要求，装配蜗杆、蜗轮前，先要对蜗杆孔轴线与蜗轮孔轴线的中心距误差和垂直度误差进行检测。检测箱体孔中心距时，可按如图 14-31 所示的方法进行。测量时，分别将测量心轴 1 和 2 插入箱体孔中，箱体用三个千斤顶支承在平板上，调

整千斤顶，使其中一个心轴与平板平行（可用百分表在心轴两端的最高点进行测量），然后用两组量块以相对测量法测量两心轴到平板的距离，即可算出中心距 a。

检测轴线间的垂直度误差时，可采用如图 14-32 所示的检测工具。检测时，将心轴 1 和 2 分别插入箱体孔中，在心轴 2 的一端套一百分表摆杆，用螺钉固定，旋转心轴 2，百分表上的读数差即为蜗杆轴线与蜗轮轴线的垂直度误差。

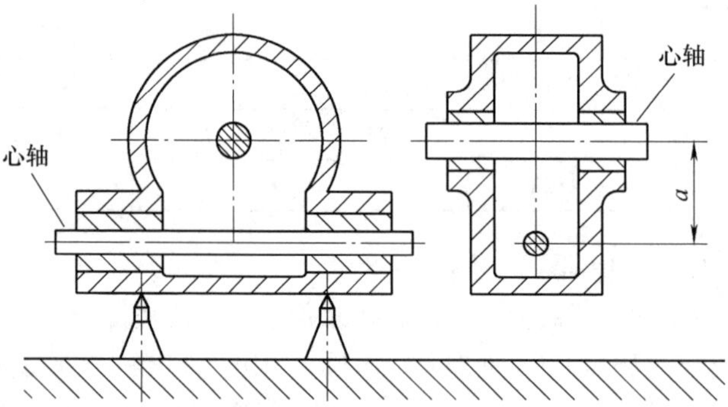

图 14-31 检测蜗杆箱中心距

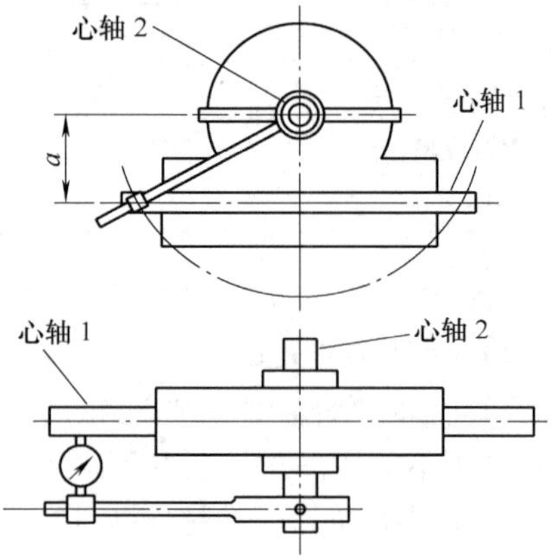

图 14-32 检测蜗杆箱轴线的垂直度误差

四、蜗杆机构的装配

蜗杆传动机构按其结构特点的不同，装配顺序也不同。有的先装蜗轮、后装蜗杆，有的先装蜗杆、后装蜗轮。一般情况下，装配工作是从装配蜗轮开始的。

1）将蜗轮齿圈压装在轮毂上，并用螺钉加以紧固，如图 14-33 所示。

2）将蜗轮装在轴上，安装和检测方法与安装圆柱齿轮时相同。

3）把蜗轮轴装入箱体，然后装蜗杆。一般蜗杆轴线的位置是由箱体安装孔所确定的，因此，蜗轮的轴向位置可通过改变调整垫圈的厚度或其他方式进行调整。

4）将蜗轮、蜗杆装入箱体后，首先要用涂色法检测蜗杆与蜗轮的相互位置及啮合的接触斑点。将红丹粉涂在蜗杆的螺旋面上，给蜗轮以轻微阻尼，转动蜗杆。根据蜗轮轮齿上的啮合痕迹判断啮合质量。正确的接触斑点位置应在中部稍偏蜗杆旋出方向，如图 14-34a 所示。对于图 14-34b、c 所示的情况，则应调整蜗轮的轴向位置（如改变垫片的厚度等）。蜗杆副在承受载荷时，如有不正确接触，可按表 14-9 所列的方法来调整。

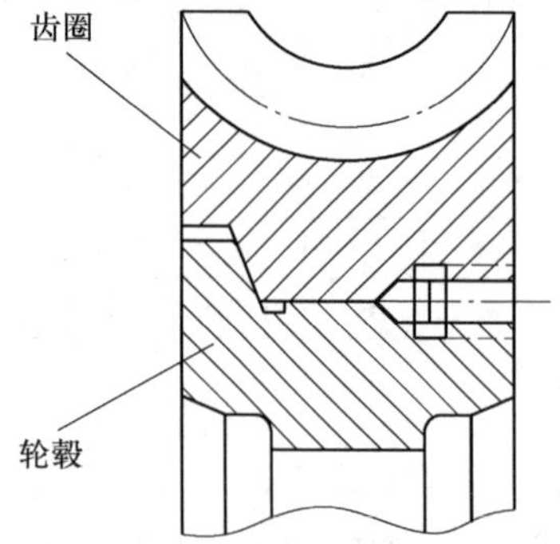

图 14-33 组合式蜗轮

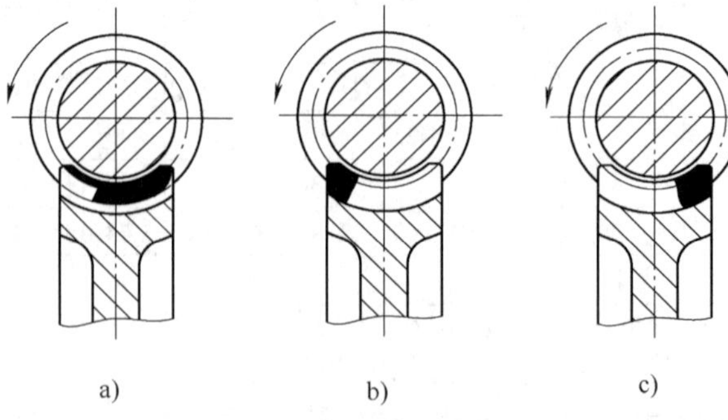

图 14-34 蜗轮齿面上的接触斑点

表 14-9　蜗轮齿面接触斑点及其调整方法

形状	 正常接触	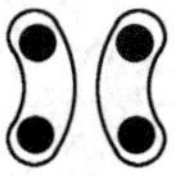 左右齿面对角接触	 中间接触	 下端接触	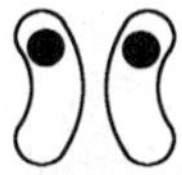 上端接触	 带状接触	 齿面接触	 齿顶接触
原因		中心距大或蜗杆轴线歪斜	中心距小			蜗杆径向圆跳动误差大、加工误差大	蜗杆与终加工刀具齿形不一致	蜗杆与终加工刀具齿形不一致
调整方法		调整蜗杆座位置，缩小中心距	调整蜗杆座位置，增大中心距	向上调整蜗杆座	向下调整蜗杆座	调换蜗杆轴承或修刮轴瓦，调换蜗轮或跑合	调换蜗杆或蜗轮，重新加工（在中心距充分的条件下）	调换蜗杆或蜗轮，重新加工（在中心距充分的条件下）

五、蜗杆传动机构啮合质量的检测

由于蜗杆传动机构的结构特点，其侧隙（图 14-35）一般用塞尺或压铅片的方法测量，精度要求较高时，要用百分表测量。

如图 14-36a 所示，在蜗杆轴上固定一带量角器的刻度盘，将百分表测头顶在蜗轮齿面上，用手转动蜗杆，在百分表指针不动的条件下，根据刻度盘相对于固定指针的最大空程角来判断侧隙大小。当用百分表直接与蜗轮齿面接触有困难时，可在蜗轮轴上装一测杆，如图 14-36b 所示。

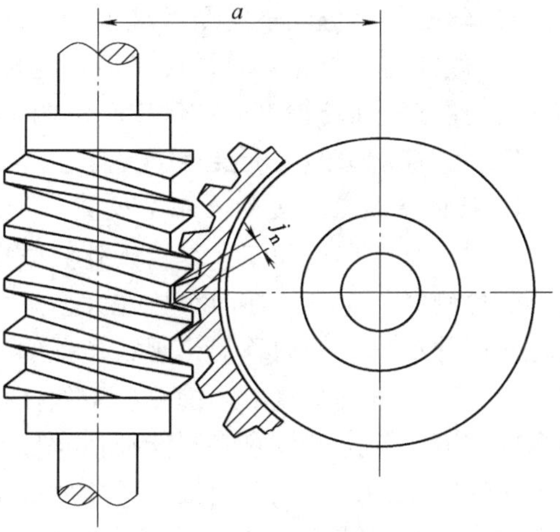

图 14-35　蜗杆传动机构的侧隙

空程角与圆周侧隙有如下近似关系（忽略蜗杆升角的影响）

$$j_t = \phi m_t z_1$$

式中　j_t——圆周侧隙（mm）；

ϕ——蜗杆空程角（′）；

m_t——轴向模数（mm）；

z_1——蜗杆头数。

装配蜗杆传动机构后，还要检查它的灵活性。蜗轮在任何位置上，用手轻而缓慢地旋转蜗杆时，所需的转矩均应相同，而且没有忽松忽紧和咬住的现象。

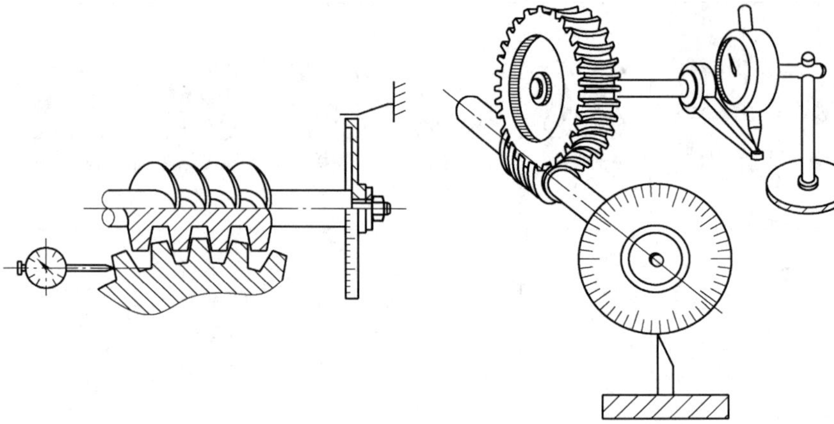

a)　　b)

图 14-36　蜗杆传动机构侧隙的检测

a）直接测量法　b）用测量杆测量法

第五节　螺旋机构的装配

螺旋机构具有传动精度高、工作平稳、无噪声、易自锁、能传递较大的动力等特点，应用极其广泛。

一、螺旋机构的装配技术要求

1）保证径向和轴向配合间隙达到规定要求。

2）丝杠与螺母同轴度及丝杠轴线与基准面的平行度应符合要求。

3）丝杠与螺母相互转动应灵活，旋转过程中无时松时紧和阻滞现象。

4）丝杠的回转精度应在规定范围内。

二、丝杠螺母的装配要点

1. 丝杠直线度误差的检测与校直

丝杠在仓库存放期间，容易受外力或重力的作用产生变形，因此在装配前应对丝杠进行检测。检测时，将丝杠擦净，放在大型平板或机床工作台上（如龙门刨床工作台），把行灯放在对面并沿丝杠轴向移动，观察丝杠的底素线与工作台面的缝隙是否均匀。然后将丝杠转过一个角度，继续重复上述检测。若丝杠存在弯曲，应用粉笔做好记号，然后用压力机校直其弯曲部分。注意，校直时不能损伤丝杠的精度。

一般来说，需要校直丝杠的弯曲度都不是很大，用肉眼甚至看不出来。校直时，将丝杠的弯曲点置于 V 形架的中间，然后在压力机上，在弯曲处的最高点沿弯曲方向的反方向施压，就可使弯曲部分产生塑性变形，从而达到校直的目的，如图 14-37a 所示。

压力机上两支承 V 形架的间距，可用下式确定

$$a=(7\sim10)d$$

式中　a——V 形架间距（mm）；

d——丝杠直径（mm）。

校直丝杠时，丝杠被反向压弯，如图 14-37b 所示，测出压弯后丝杠的最低点与底面的

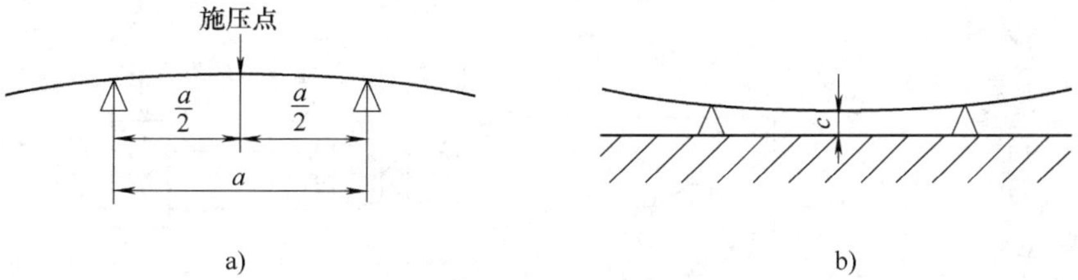

图 14-37　丝杠的校直
a）支承点和施压点位置　b）校直时的测量

距离 c 并记录下来；然后去掉压力，再测量丝杠的弯曲度，如图 14-38 所示。如果丝杠还未被校直，可加大压力，参考上次 c 值的大小来决定本次的 c 值。

用 V 形架支承丝杠时，其端边容易啃伤丝杠，也可用自调节式活动托架来支承，如图 14-39 所示。

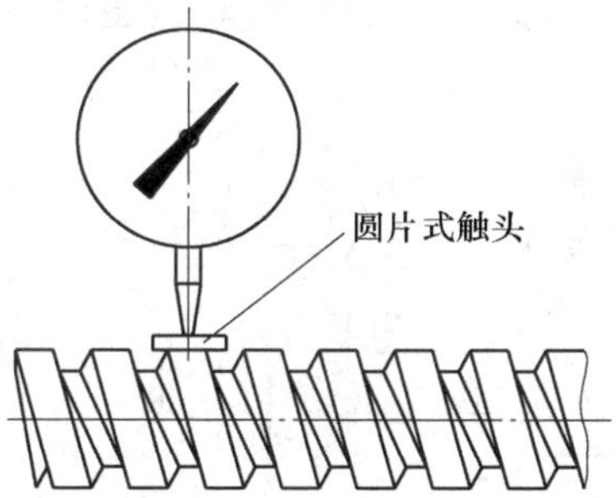

图 14-38　用百分表测量丝杠弯曲度

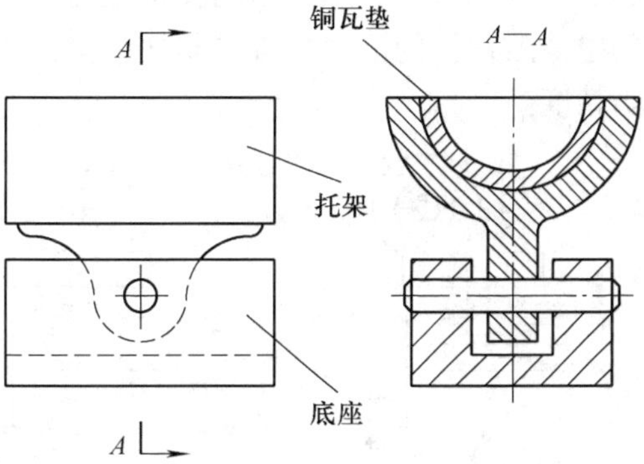

图 14-39　自调节式活动托架

对于有两个弯曲点以上的丝杠，校直时可从一端的第一个弯曲点开始，依次向另一端一个个地校直。已校直的丝杠，其内部会形成新的内应力，若不消除，日后还会弯曲变形。这种情况可采用如图 14-40 所示的方法（注意不能弄伤丝杠的工作面），在弯曲部位沿施力点向两端各找若干点敲击丝杠，越近施力点用力要越大。

丝杠校正完毕后，要重新检测直线度误差。当符合技术要求后，要将丝杠垂直悬挂起来备用。

2. 丝杠螺母副配合间隙的测量及调整

配合间隙包括轴向和径向两种。轴向间隙直接影响丝杠螺母副的传动精度，因此须采用消隙机构予以调整。因径向间隙比轴向间隙更易准确反映丝杠螺母副的配合精度，所以丝杠螺母副的配合间隙常用径向间隙来表示。

（1）径向间隙的测量　如图 14-41 所示，将螺母旋套入丝杠的适当位置，为避免丝杠产生弹性变形，螺母离丝杠端部约（3～5）P，使百分表测头触及螺母上部，然后用稍大于螺母重量的力提起和压下螺母，此时百分表的读数差即为径向间隙。

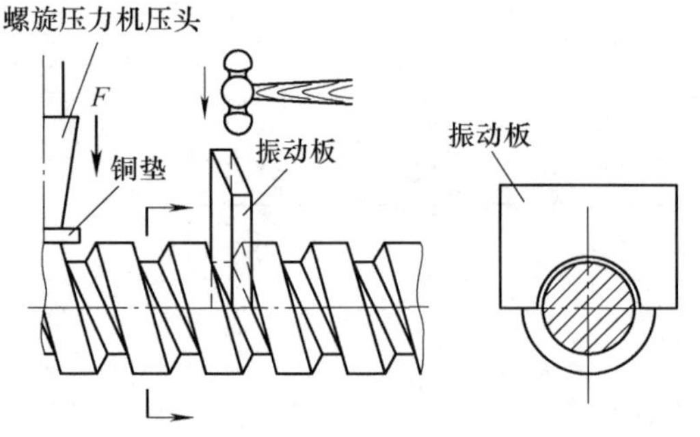

图 14-40　消除丝杠内应力的方法

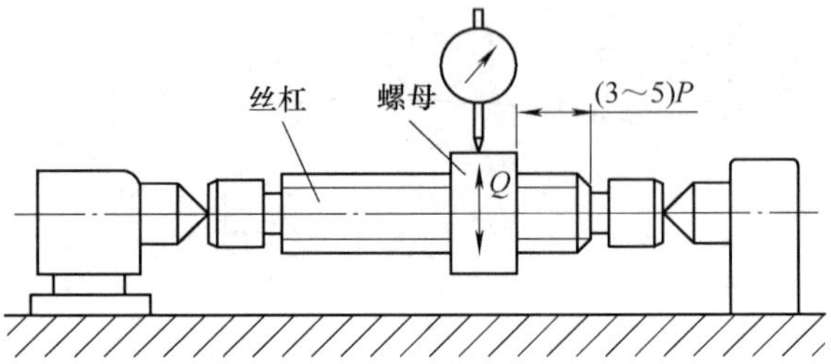

图 14-41　径向间隙的测量

（2）轴向间隙的调整　无消隙机构的丝杠螺母副，用单配或选配的方法来决定合适的中等间隙；有消隙机构的丝杠螺母副，则根据单螺母或双螺母结构采用下列方法调整间隙。

1）单螺母结构。通常采用如图 14-42 所示的机构，使螺母与丝杠始终保持单向接触。装配时，可调整或选择适当的弹簧拉力、液压缸压力和重锤重量，以消除轴向间隙。单螺母结构中消隙机构的消隙力方向与切削分力 F_Z 的方向必须一致，以防进给时产生爬行，影响进给精度。

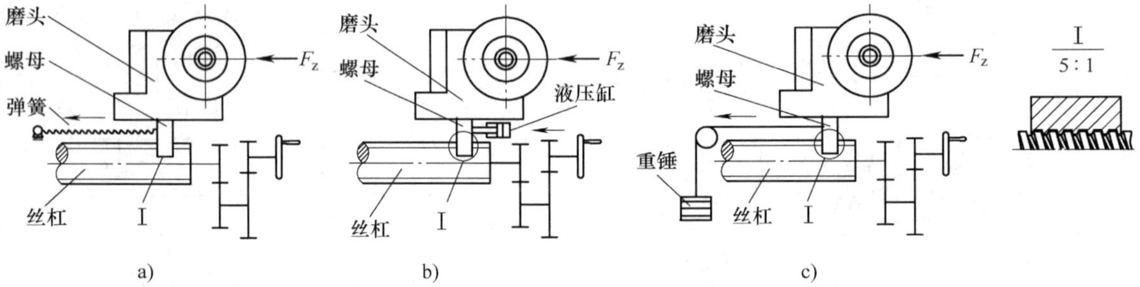

图 14-42　单螺母消隙机构

a）靠弹簧拉力消隙　b）靠液压缸压力消隙　c）靠重锤重量消除

2）双螺母结构。如图 14-43a 所示，调整螺母 1、2 轴向相对位置，以消除与丝杠之间的轴向间隙并实现预紧。

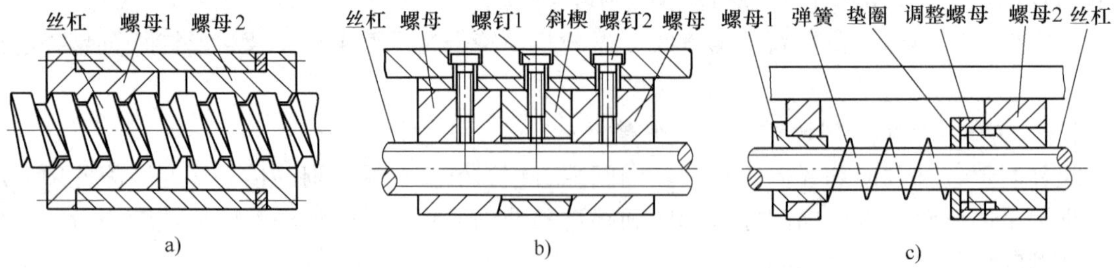

图 14-43　双螺母消隙机构

图 14-43b 所示为斜面消隙机构，其调整方法是：先拧松螺钉 2，再拧紧螺钉 1，使斜楔向上移动，以推动带斜面的螺母右移，从而消除轴向间隙。调整好后拧紧螺钉 2，将螺母的

位置锁紧。

图 14-43c 所示是利用弹簧消除间隙的机构，调整时转动调节螺母，通过垫圈及压缩弹簧，使螺母 2 轴向移动来消除间隙。

3. 丝杠螺母副同轴度误差及丝杠轴线对基准面平行度误差的校正

（1）专用工具校正　以丝杠两轴承孔中心连线为基准，校正螺母孔的同轴度误差。先校正两轴承孔中心连线在同一直线上，且与 V 形导轨面平行，如图 14-44a 所示。校正时，根据实测数值修刮轴承座结合面，并调整前、后轴承的水平位置，使丝杠上素线 a 和侧素线 b 均与导轨面平行。再以此中心连线为基准校正螺母中心，如图 14-44b 所示。校正的方法是：将检验棒装在螺母座的孔中，移动工作台，如检验棒 2 能顺利插入前、后轴承座孔中，则符合要求；否则，应根据尺寸 h 修磨螺母座的厚度。

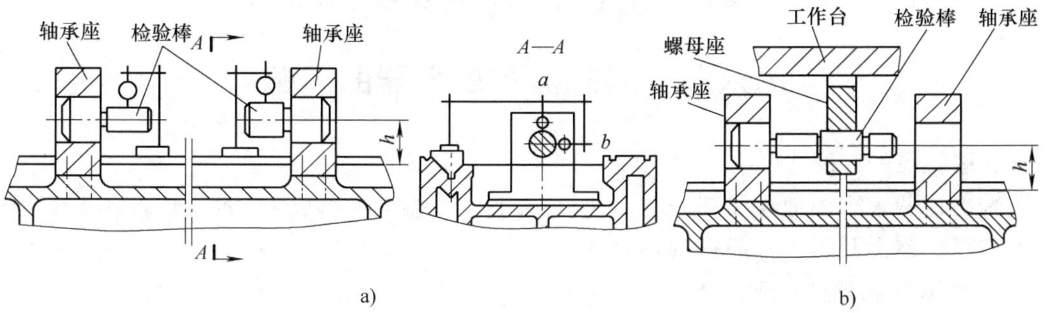

图 14-44　校正螺母孔与前、后轴承孔的同轴度误差

以平行于导轨面的螺母孔中心线为基准，校正丝杠两轴承孔的同轴度误差。

（2）用丝杠直接校正　图 14-45 所示为用丝杠直接校正两轴承孔与螺母孔同轴度误差的方法。修刮螺母座的底面，并调整其水平位置，使丝杠上素线 a 和侧素线 b 均与导轨面平行。修磨垫片 2、7，并在水平方向调整前、后轴承座 1、6，使丝杠两端轴颈能顺利地插入轴承孔，且丝杠 3 能灵活地转动。

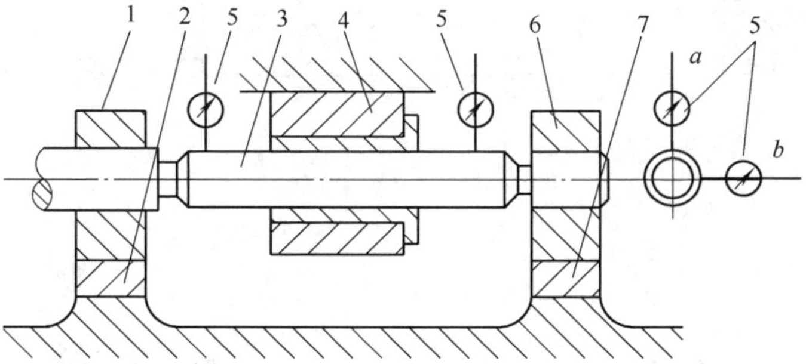

图 14-45　用丝杠直接校正两轴承孔与螺母孔的同轴度误差

1—前轴承座　2、7—垫片　3—丝杠　4—螺母座

5—百分表　6—后轴承座

（3）校正螺母副同轴度误差时的注意事项

1）校正丝杠轴线与导轨面的平行度误差时，各支承孔中检验棒的“抬头”或“低头”

方向应一致。

2）为消除检验棒在各支承孔中的安装误差，可将其转过180°后再测量一次，取其平均值。

3）具有中间支承的丝杠螺母副，考虑丝杠有自重挠度，校正时中间支承孔位置应略低于两端。

4）检验棒应满足如下要求：测量部分与安装部分的同轴度公差为丝杠螺母副同轴度公差的1/2～2/3，测量部分直径公差小于0.005mm，圆度、圆柱度公差为0.002～0.005mm，表面粗糙度 Ra 值小于0.4μm，安装部分直径与各支承孔的配合间隙为0.005～0.010mm。

4. 丝杠回转精度的调整

丝杠的回转精度是指丝杠的径向圆跳动和轴向窜动量，主要通过正确安装丝杠两端的轴承支座、消除轴承间隙，以及采用定向装配法减小积累误差来保证。

第六节　联轴器和离合器的装配

一、联轴器的装配

联轴器将两轴牢固地连接在一起，在机器的运转过程中，两轴不能分开，只有在机器停止运转并将机器拆开时，才能将两轴分开。

1. 凸缘式联轴器的装配

图14-46a所示为凸缘式联轴器的结构，该联轴器通过螺栓将安装在两轴上的圆盘连接起来传递转矩，其中一个圆盘制有凸肩，另一个制有相应的凹槽。安装时，凸肩与凹槽能准确地嵌合，使两轴达到同轴度要求。图14-46b所示为凸缘式联轴器的使用情况。

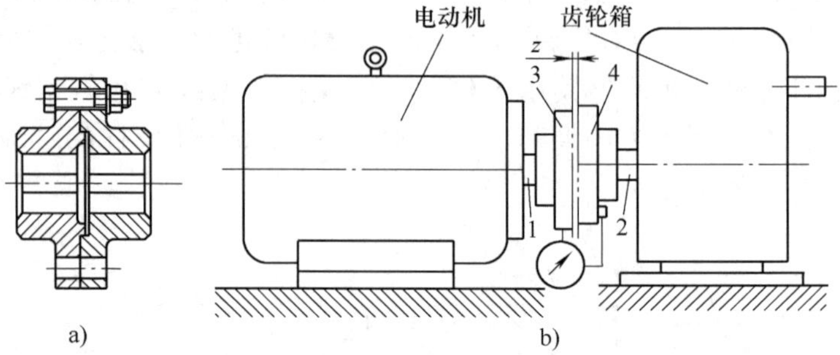

图14-46　凸缘式联轴器
1、2—轴　3、4—凸缘盘

（1）装配要求

1）这种联轴器对两轴线相对位置的准确性要求严格，应严格保证两轴的同轴度，否则两轴将不能正常传动，严重时会使联轴器或轴变形和损坏。

2）保证各连接件（螺母、螺栓、键、圆锥销等）连接可靠、受力均匀，不允许有自动松脱现象。

（2）装配要点　如图14-46所示凸缘式联轴器的装配要点如下：

1）将凸缘盘3、4用平键分别装在轴1和轴2上，并固定齿轮箱。

2）将百分表固定在凸缘盘 4 上，并使百分表测头顶在凸缘盘 3 的外圆上，找正凸缘盘 3 和 4 的同轴度。

3）移动电动机，使凸缘盘 3 的凸台少许插进凸缘盘 4 的凹孔内。

4）转动轴 2，测量两凸缘盘端面间的间隙 z。如果间隙均匀，则移动电动机使两凸缘盘端面靠近，固定电动机，最后用螺栓紧固两凸缘盘。

2. 十字槽式联轴器（十字滑块式联轴器）的装配

图 14-47 所示为十字槽式联轴器，它由两个带槽的联轴盘和中间盘组成。中间盘的两面各有一个矩形凸块，两凸块的中心线互相垂直并通过盘的中心。两个联轴盘的单面都有与中间盘凸块对应的矩形凹槽，中间盘的凸块可同时嵌入两联轴盘的凹槽中。主动轴旋转时，通过中间盘带动另一个联轴盘转动。同时，凸块可在凹槽中游动，以适应两轴之间存在的一定径向偏移和少量的轴向移动。

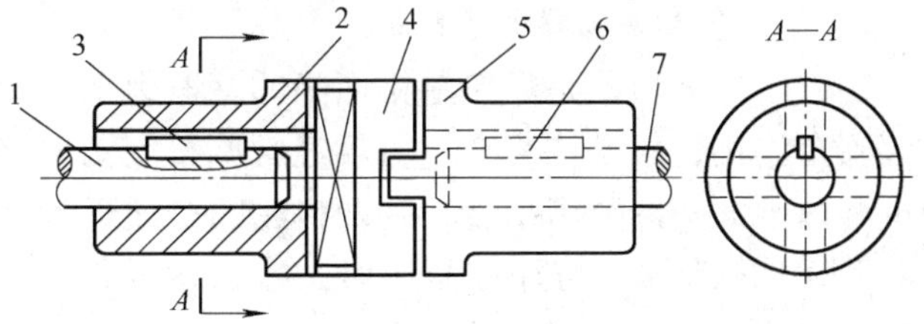

图 14-47　十字槽式联轴器

1、7—轴　2、5—联轴盘　3、6—键　4—中间盘

（1）装配要求

1）装配时，两轴有少量的径向偏移和倾斜，一般情况下轴向摆动量可在 1 ~ 2.5mm 之间，径向摆动量可在（$0.01d+0.25$）mm 范围内（d 为轴的直径）。

2）中间盘在装配后，应能在两联轴盘之间自由滑动。

（2）装配要点

1）分别在轴 1 和轴 7 上装配键 3 和键 6，安装联轴盘 2 和 5。用直尺作为检查工具，检查直尺是否与 2 和 5 的外圆表面均匀接触，并且在垂直和水平两个方向上都要均匀接触。

2）找正后，安装中间盘 4，并移动轴，使联轴盘和中间盘之间留有少量间隙 z，以满足中间盘的自由滑动。

二、离合器的装配

1. 牙嵌式离合器装配

牙嵌式离合器（图 14-48）靠啮合的牙面传递转矩，其结构简单，但有冲击。它由两个端面具有凸齿的结合子组成，其中结合子 1 固定在主动轴上，结合子 2 用导向键或花键与被动轴连接。通过操纵手柄控制的拨叉 4 可带动结合子 2 作轴向移动，使结合子 1 和 2 接合或分离。导向环 3 用螺钉固定在主动轴结合子 1 上，以保证结合子 2 移动的导向和定心。

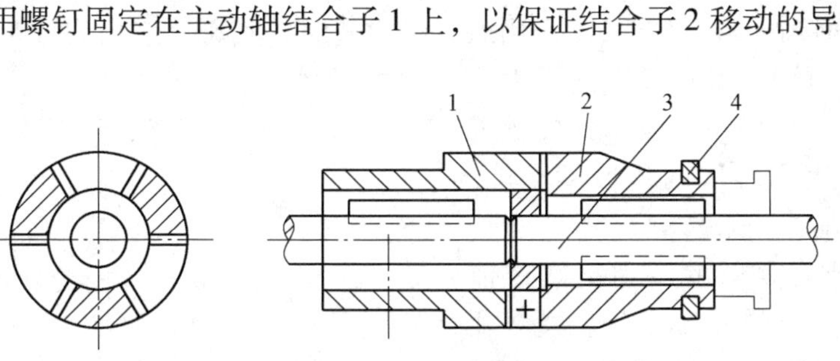

图 14-48　牙嵌式离合器

1、2—结合子　3—导向环　4—拨叉

（1）装配技术要求

1）接合和分开时动作要灵敏，能传递设计的转矩，工作平稳、可靠。

2）结合子齿形啮合间隙要尽量小些，以防旋转时产生冲击。

（2）装配要点

1）结合子1和2分别装在轴上，结合子2与被动轴和键之间能轻快地滑动，结合子1要固定在主动轴上。

2）将导向环3安装在结合子1的孔内，用螺钉紧固。

3）将从动轴装入导向环3的孔内，再装拨叉4。

2. 圆锥摩擦离合器的装配

圆锥摩擦离合器是靠接触锥面间的摩擦力来传递转矩的，其特点是结合平稳、冲击小且可起安全作用；但结构复杂，需要经常调整。图14-49所示为圆锥摩擦离合器，它利用外锥面1和内锥面2的紧密结合，在两齿轮间传递运动。图示为扳平手柄3的情况，使手柄3紧压套筒5，内锥面2与外锥面压紧，接通运动；当向下扳动手柄3时，即不再压紧套筒5，内、外锥面在弹簧的作用下脱开，切断运动。

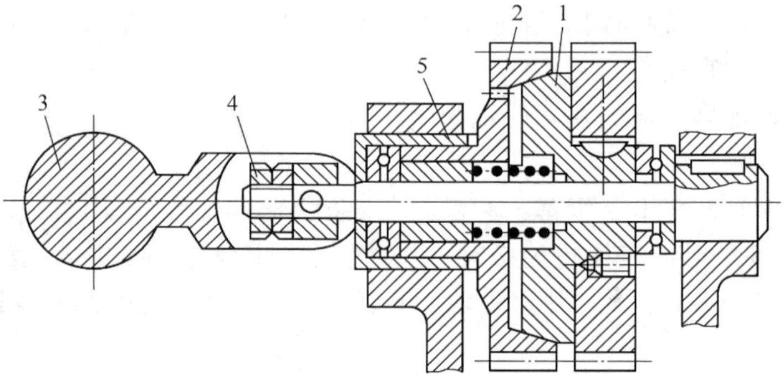

图14-49 圆锥摩擦离合器

1—外锥面 2—内锥面 3—手柄 4—调节螺母 5—套筒

圆锥摩擦离合器的装配要点如下：

1）两圆锥面接触必须符合要求，用涂色法检查时，其斑点应均匀分布在整个圆锥表面上，如图14-50a所示。图14-50b所示为接触斑点靠近锥底，图14-50c所示为接触斑点靠近锥顶，都表示锥体的角度不正确，可通过刮削或磨削方法来修整。

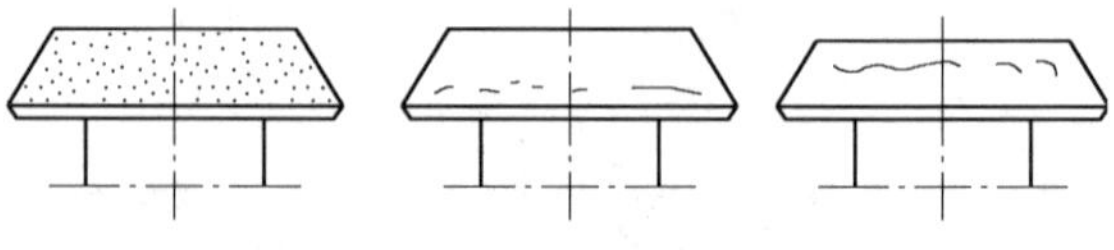

图14-50 锥体涂色检查

2）结合时要有足够的压力把两锥体压紧，断开时应完全脱开。开合装置必须调整到把手柄3扳到如图14-49所示位置时，两个锥面能产生足够的摩擦力；扳下手柄3时，运动能完全断开。摩擦力的大小可通过调节螺母4来控制。

第七节　液压传动装置的装配

一、液压泵的安装

液压泵是将机械能转变为液压能的能量转换装置，常见有齿轮泵、叶片泵和柱塞泵三种。

1. 液压泵的性能试验

液压泵在安装前要检查其性能是否满足要求，要做如下性能试验：

1）用手转动齿轮泵的主动轴或叶片泵的转子轴，要求灵活，无阻滞现象。

2）在额定压力下工作时，能达到规定的输油量。

3）压力从零逐渐升到额定值，各结合面不准有漏油或异响。

4）在额定压力下工作时，其压力波动值不准超过规定值，CB 型齿轮泵为 $\pm 1.5 \times 10^5$Pa，YB 型叶片泵为 $\pm 2 \times 10^5$Pa。

2. 液压泵的安装要点

1）液压泵一般不得用 V 带传动，最好由电动机直接传动。

2）液压泵与原动机轴线应有较高的同轴度，同轴度公差一般不大于 0.1mm，倾斜角不得大于 1°。安装联轴器时不可敲打液压泵，以免损坏泵的转子。

3）液压泵的入口、出口和旋转方向，一般在铭牌中标明，应按规定连接管路和电路，不得接反。

二、液压缸的装配

液压缸是液压系统中的执行机构，也是液压系统中把液压泵输出的液压能转变为机械能的能量转换装置。液压缸可以实现工作台或刀架的直线往复移动。

液压缸的形式主要有三大类，即活塞式液压缸、柱塞式液压缸和摆动式液压缸。图 14-51 所示为双出杆活塞式液压缸。图中件 6 为缸体，件 5 为活塞，件 2、8 为空心活塞杆，杆上有油口与活塞缸相通。缸体两支架 3 和 7 固定在工作台上，活塞杆通过支架 1 和支架 9 固定在床身上。活塞杆与液压缸两端盖之间用 V 形密封圈密封，活塞与缸体之间用 O 形密封圈 4 密封，以防漏油。当液压油分别由两活塞杆中进出时，则使液压缸获得往复运动。液压缸右端在支架 7 中固定，左端在支架 3 中浮动，使液压缸在受热后能自由伸缩。

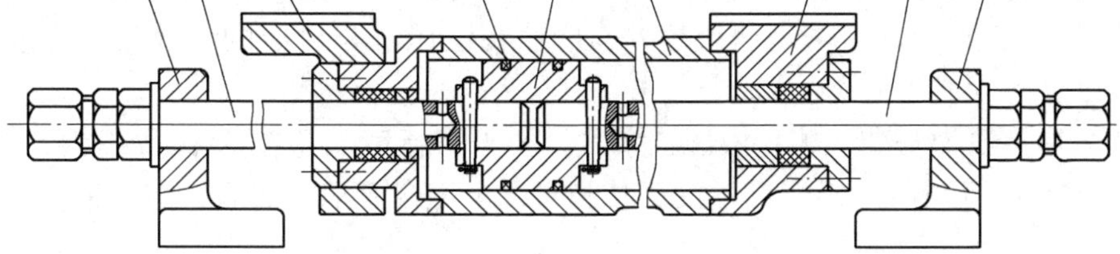

图 14-51　双出杆活塞式液压缸

1、9—支架　2、8—空心活塞杆　3、7—支架　4—O 形密封圈　5—活塞　6—缸体

1. 液压缸的装配要点

液压缸的装配主要应保证液压缸和活塞相对运动时既无阻滞又不漏油。

1）严格控制液压缸和活塞之间的配合间隙，这是防止泄漏和保证运动可靠的关键。当活塞上没有O形密封圈时，其配合间隙应为0.02～0.04mm；带O形密封圈时，其配合间隙应为0.05～0.10mm。

2）保证活塞与活塞杆的同轴度及活塞杆的直线度。为保证活塞与液压缸直线运动的准确和平稳，活塞与活塞杆的同轴度误差应小于0.04mm；活塞杆在全长范围内的直线度误差不大于0.20mm。装配时，可将活塞和活塞杆连成一体，放在V形架上，用百分表检测并校正，如图14-52所示。

3）活塞与液压缸配合表面应保持洁净，装配前，要用纯净煤油清洗液压缸、活塞及活塞杆。

4）装配后，活塞在液压缸全长内移动时应灵活无阻滞。

5）液压缸两端盖装上后，应均匀拧紧螺钉，使活塞杆在全长范围内移动时，无阻滞和轻重不一的现象。

2. 液压缸的性能试验

液压缸装配后要做如下性能试验：

1）在规定压力下，观察活塞杆与液压缸端盖、端盖与液压缸的结合处是否有渗漏。

2）检查油封装置是否过紧，而使活塞或液压缸移动时阻滞；或过松，而造成漏油。

3）测定活塞或液压缸的移动速度是否均匀。

3. 液压缸的安装

在机床上安装液压缸时，要保证其与机床导轨的平行度，应按如图14-53所示的方法进行检测和调整。

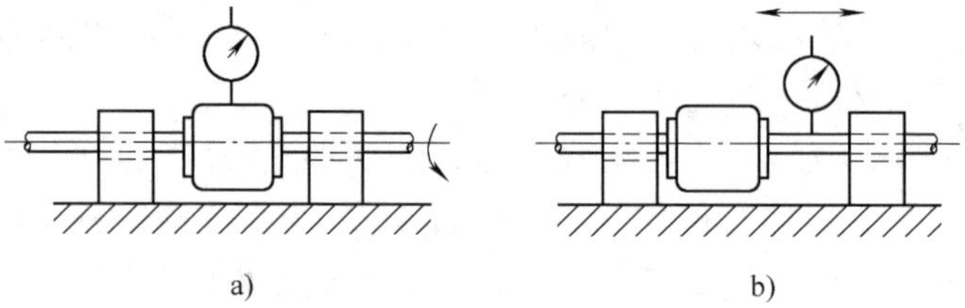

图14-52 校正活塞杆的方法
a）检测同轴度误差 b）检测直线度误差

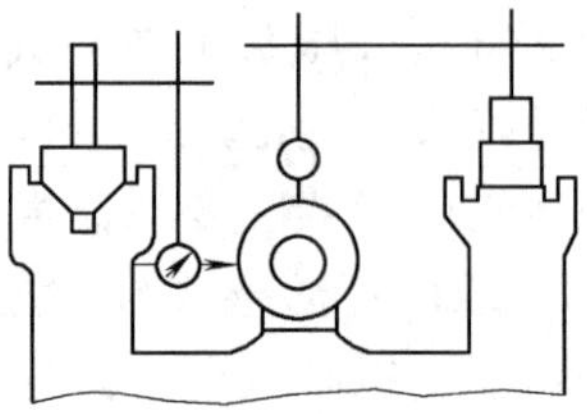

图14-53 液压缸和机床导轨平行度误差的检测

1）以机床的平导轨为基准，将平行平铁放在导轨上，用百分表测量液压缸的上素线，要求平行度误差在0.1mm之内。如果超差，应修刮液压缸与机床的结合面，或修刮床身上的安装面。

2）以V形导轨为基准，测量液压缸素线，要求平行度误差在0.1mm以内。如果超差，可松开液压缸与床身间的连接螺钉，校正其侧素线至符合要求，然后紧固螺钉，并以销钉定位。

三、压力阀的装配

压力阀是用来控制液压系统中压力的阀，有溢流阀、减压阀等。图14-54所示为低压溢流阀的结构，它是利用弹簧力与液压系统中压力的平衡来实现压力控制的。当由于外界负载的变化使平衡遭到破坏时，可利用弹簧力改变阀芯开口量，使压力稳定。

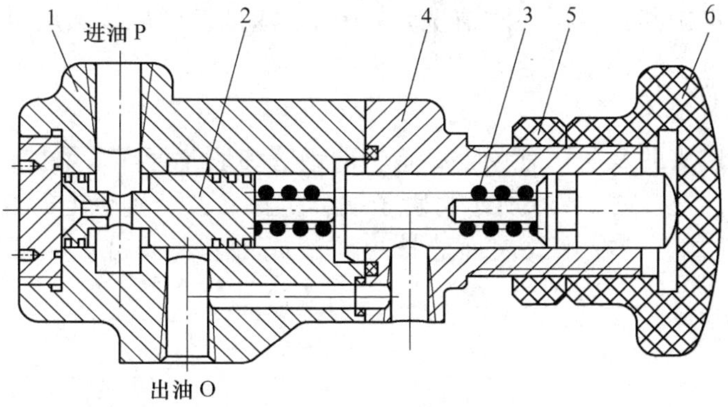

图 14-54　低压溢流阀

1—阀体　2—滑座　3—弹簧　4—压盖　5—螺母　6—调整螺母

1. 压力阀的装配要点

1）压力阀在装配前，应仔细清洗零件，特别是阻尼孔道应用压缩空气清除污物。

2）阀芯与阀座的密封应良好，可用汽油试漏。

3）弹簧两端面须磨平，使两端面与中心线垂直。

4）阀体结合面应加耐油纸垫，以确保密封。

5）阀芯与阀体的配合间隙应符合要求，在全行程上移动应灵活无阻滞。

2. 压力阀的性能试验

1）将压力调节螺钉尽可能全部松开，然后从最低数值逐渐升高到系统所需压力，要求压力平稳改变，工作正常，压力波动不超过 $\pm1.5\times10^5$Pa。

2）当压力阀在机床中做循环试验时，观察其运动部件换向时工作的平稳性，应无明显的冲击和噪声。

3）在最大压力下工作时，接合处不允许漏油。

4）溢流阀在卸荷状态时，其压力不超过 1.5 ~ 2Pa。

四、管道连接的装配

1. 管道连接装配的技术要求

1）油管必须根据压力和使用场所进行选择，应有足够的强度，而且要求内壁光滑、清洁，无砂眼、锈蚀、氧化铁皮等缺陷。

2）在配管作业中，对被腐蚀的管子应进行酸洗、中和、清洗、干燥、涂油、试压等处理，合格后才能使用。

3）切断管子时，断面应与轴线垂直；弯曲管子时，不要把管子弯扁。

4）较长管道各段应有支承，管道要用管夹牢固固定，以免振动。

5）安装管道时，应使压力损失最小。整个管道要尽量短，转弯次数要少，并使管道在受温度影响时有伸缩变形的余地。

6）系统中任何一段管道或一个元件，应能单独拆装而不影响其他元件，以便于修理。

7）在管路的最高部分应装设排气装置。

8）全部管道都应进行二次安装，即安装调好后再拆下管道，经过涂油清洗（或进行酸洗，用10%的苏打水中和，再用温水清洗）、干燥、涂油及试压，然后进行安装。这样可防止污物进入管道。

2. 管道接头的装配

（1）扩口薄管接头的装配　有色金属管、薄钢管和尼龙管都采用扩口薄管接头（图14-55）连接。装配时，先按图14-56所示将管子端部扩口，并分别套上管套3和管螺母2，然后装入管接头1。注意，应在螺纹表面涂抹虫胶漆或将密封胶带包在螺纹外，然后拧入螺孔，以防泄漏。

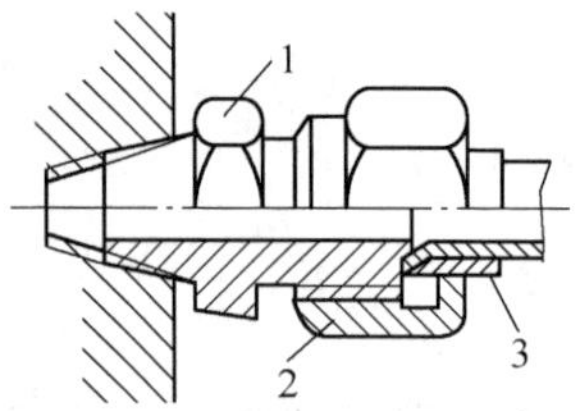

图14-55　扩口薄管接头

1—管接头　2—管螺母　3—管套

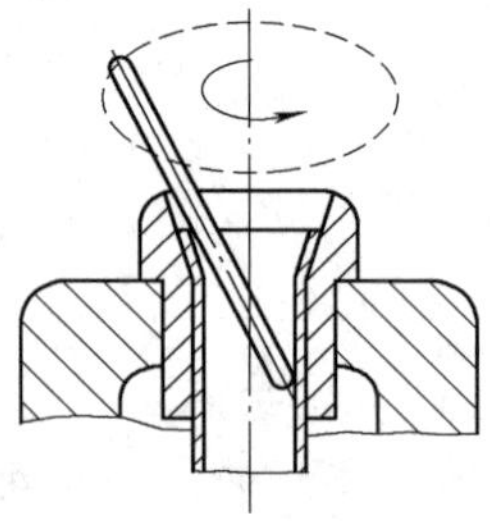

图14-56　手动滚压扩口

（2）球形管接头的装配　图14-57所示为球形管接头的结构。装配时，分别把凸球形接头体1和凹球面接头体3与管子焊接，再把连接螺母2套在凸球形接头体1上，然后拧紧连接螺母2，其松紧连接程度要适当。

当压力较大时，接合球面应当研配。涂色检查时，接触面宽度应不小于1mm。

3. 高压胶管接头的装配

图14-58所示为高压胶管接头的结构。装配时，将胶管剥去一定长度的外胶层，剥离处倒15°角（剥外胶层时不要损伤钢丝层），然后装入外套内。胶管端部与外套螺纹部分应留约1mm的距离，并在胶管外露端作标记（图14-59）。最后，把接头芯3拧入接头套2及胶管1中。此时，胶管便被挤入接头套2和接头芯3的螺纹中，使胶管与接头芯及接头套紧密连接起来。

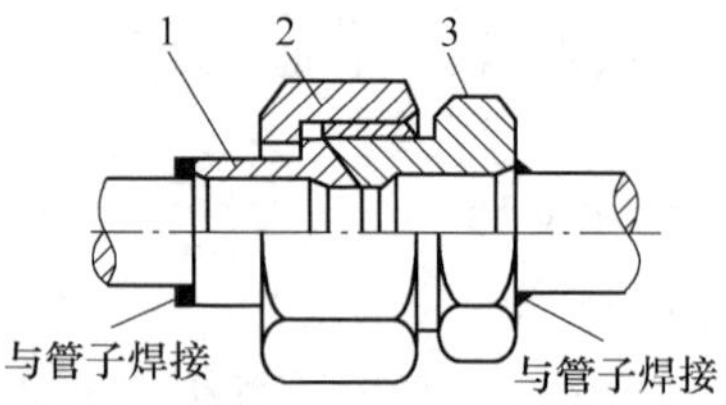

图14-57　球形管接头

1—凸球形接头体　2—连接螺母

3—凹球面接头体

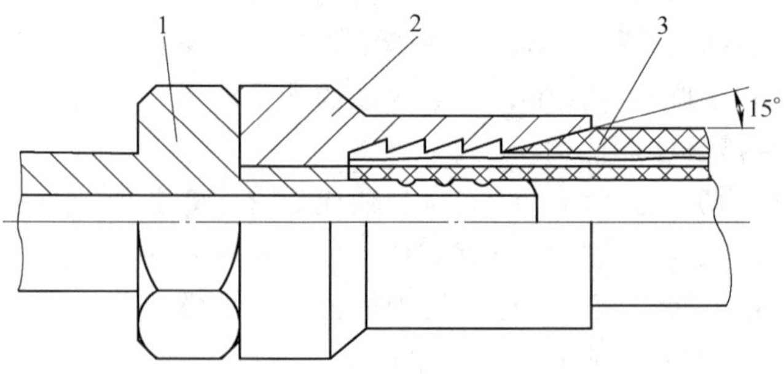

图14-58　高压胶管接头

1—胶管　2—接头套　3—接头芯

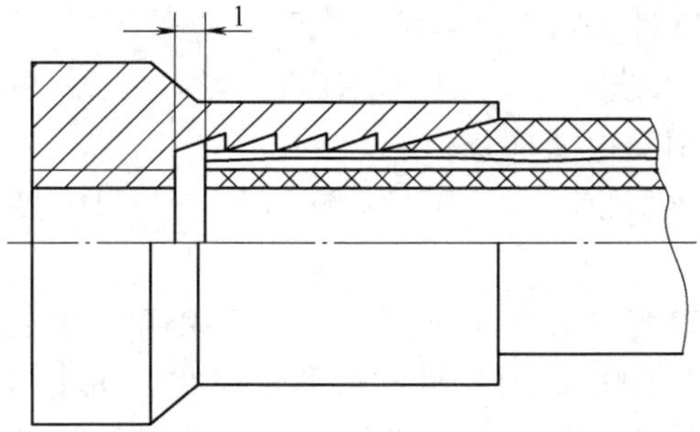

图 14-59　胶管装进外套

复　习　题

一、简答题

1. 带传动装置的装配技术要求有哪些?

2. 为什么要调整带传动的张紧力? 怎样检查带传动的张紧力?

3. 链传动机构有哪些装配要求?

4. 链条两端接头如何连接? 连接时应注意哪些问题?

5. 齿轮传动机构的装配技术要求有哪些?

6. 齿轮部件装入箱体之前，一般要对箱体作哪些检查?

7. 用铅丝法如何测量齿轮侧隙?

8. 如何检测齿轮传动的接触斑点?

二、选择题

1. 圆锥式摩擦离合器的装配要点之一就是在（　　）时要有足够的压力，把两锥体压紧。

A. 断开　　B. 结合　　C. 装配　　D. 工作

2. 带轮相互位置不准确，会引起带张紧不均匀而过快磨损。当（　　）不大时，测量工具是长直尺。

A. 张紧力　　B. 摩擦力　　C. 中心距　　D. 都不是

3. 蜗杆传动机构的装配顺序，应根据具体情况而定，应（　　）。

A. 先装蜗杆，后装蜗轮　　B. 先装蜗轮，后装蜗杆

C. 先装轴承，后装蜗杆　　D. 先装蜗杆，后装轴承

4. 带轮装到轴上后，用（　　）检查其轴向圆跳动误差。

A. 直尺　　B. 百分表　　C. 量角器　　D. 直尺或拉绳

5. 链传动中，链的（　　）以 L 的 2% 为宜。

A. 下垂度　　B. 挠度　　C. 张紧力　　D. 拉力

6. 蜗杆传动齿侧间隙的检测，若要求较高，应用（　　）测量。

A. 塞尺　　B. 百分表　　C. 压铅丝方法　　D. 游标卡尺

7. （　　）联轴器的装配在一般情况下应严格保证两轴的同轴度。

A. 滑块式　　B. 凸缘式　　C. 万向节　　D. 十字沟槽式

8. 齿轮在轴上固定，当要求配合过盈量很大时，应采用（　　）装配。

A. 敲击法　　B. 压入法　　C. 液压套合法　　D. 冲击法

9. 轮齿的（　　）应用涂色法检查。

A. 啮合质量　　B. 接触斑点　　C. 齿侧间隙　　D. 接触精度

三、判断题

1. 安装 V 带时，先将其套在大带轮轮槽上，然后用铜棒将带拨入小轮槽中。（　　）

2. 当两链轮中心距小于 500mm 时，轴向偏移量应在 1mm 以下。（　　）

3. 一般传动齿轮接触斑点不少于：齿高上 30% ~50%，齿宽上 40% ~70%。（　　）

4. 对于蜗杆传动，用于分度时以提高运动精度为主，用于传递动力时以提高接触精度为主。（　　）

5. 丝杠校直后要垂直悬挂，这是为了节省存放空间。（　　）

6. 凸缘式联轴器应严格保证两轴的同轴度。（　　）

7. 有色金属管、薄钢管和尼龙管都采用扩口薄管接头连接。（　　）

第十五章　卧式车床总装工艺

第一节　机床导轨的结构类型和精度要求

一、机床导轨的分类和结构类型

1. 导轨分类

机床导轨可以按导轨走向和导轨间的摩擦进行分类。根据导轨导向运动的走向，可以分为直线运动导轨和旋转运动导轨两类；根据导轨间的摩擦情况，可分为滑动导轨、滚动导轨和静压导轨三类。其中，直线运动导轨的结构简单，精度容易得到保证，刚性较好，所以应用最广。

2. 直线运动导轨的结构类型

（1）双三角形导轨（图 15-1）　双三角形导轨具有磨损后能自动下沉补偿的特点，出现磨损后仍能保持良好的导向性。适用于丝杠车床、齿轮机床等精度较高的车床。

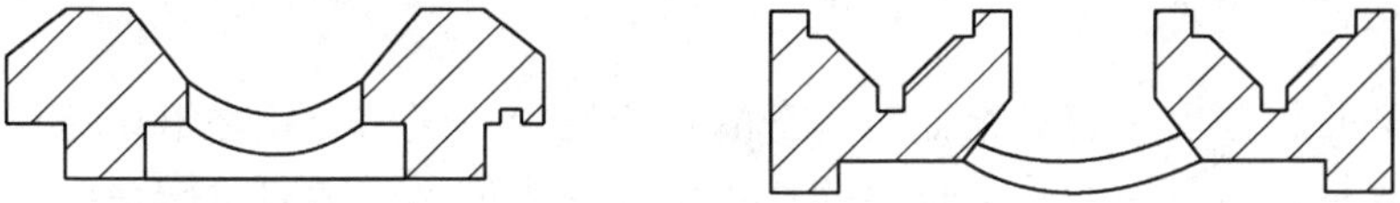

图 15-1　双三角形导轨

（2）双矩形导轨（图 15-2）　双矩形导轨具有承重能力强、润滑条件好、摩擦因数小、便于制造等特点，但其导向性较差。一般只用于重型车床和龙门刨床等普通精度的机床或重型机床。

图 15-2　双矩形导轨

（3）三角形 + 矩形导轨（图 15-3）　这种导轨副既具有三角形导轨的优良导向性，又具有矩形导轨承重能力强的特点，而且精度较高，也便于生产制造，所以这种导轨副应用较为广泛。

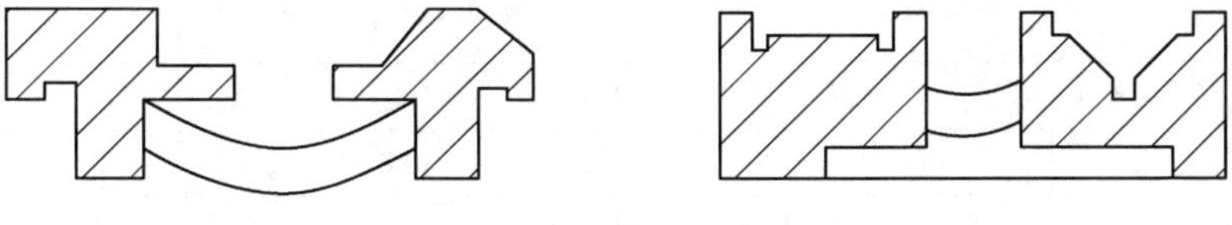

图 15-3　三角形 + 矩形导轨

（4）双燕尾导轨（图 15-4） 这种导轨具有可承受侧向力矩、间隙调整方便等特点；但导轨接触面小，刚性与导向性较差。用于一般精度机床。

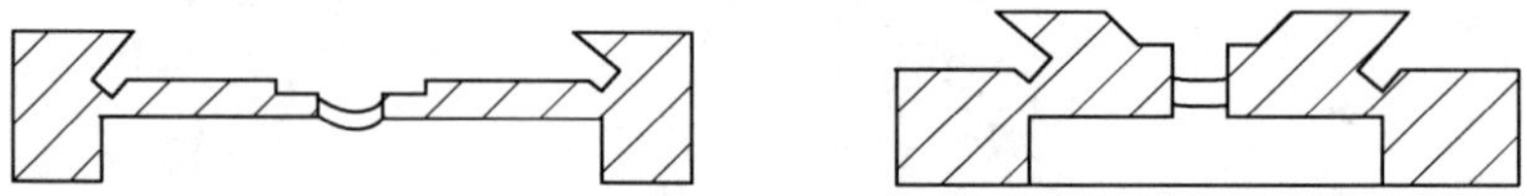

图 15-4 双燕尾导轨

（5）燕尾 + 矩形单面组合导轨（图 15-5） 这种导轨具有承重能力强、高速方便、可承受一定侧向力矩等特点，适用于大型机床和立柱导轨。

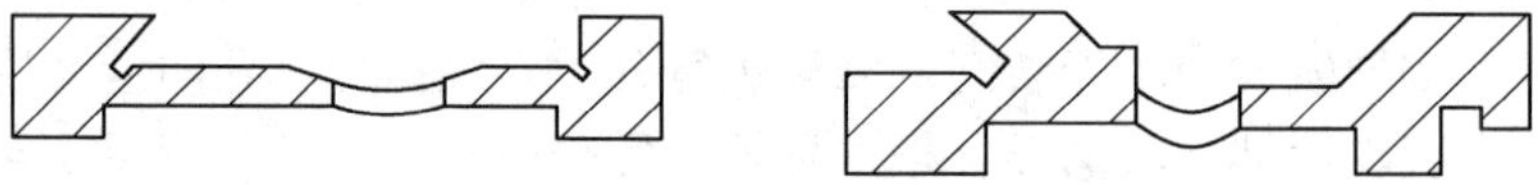

图 15-5 燕尾 + 矩形单面组合导轨

二、导轨的几何精度和表面粗糙度

1. 几何精度

导轨的几何精度，除了导轨自身的几何精度外，还包括导轨和与其配对导轨间的平行度或垂直度。

导轨自身的几何精度主要是指导轨自身的直线度，一般用导轨在 1000mm 长度范围的内直线度误差来表示，也可用导轨全长上的直线度误差来表示。随着机床精度等级的不同，其公差也不同。一般精度的机床，其导轨的直线度公差为 0.015 ~ 0.02mm/1000mm。

两导轨面间的平行度，是指沿运动方向两导轨间因高低位置不同而出现的倾斜，用运动方向上 1000mm 长度范围内的误差来表示。机床精度不同，两导轨面间的平行度公差也不同。一般精度的机床，其导轨面间的平行度公差为 0.02 ~ 0.05mm/1000mm。

导轨的垂直度，是指沿垂直导轨运动时对水平导轨的垂直度，其表示方法也是用沿运动方向 1000mm 长度范围内的误差来表示。

2. 导轨的接触精度

接触精度是指在 25mm × 25mm 的范围内，导轨面与配合面间的接触斑点数。接触斑点数越多，分布越均匀，接触精度就越高。高的接触精度，可以保证导轨的运动精度和有足够的工作刚度，减少因加工余量不均匀和切削力变化而造成的机床及刀具的振动，提高产品精度和外观质量。刮研后，导轨在 25mm × 25mm 范围内的接触斑点数应不低于表 15-1 中的数值。

表 15-1 刮研导轨表面接触精度

接触点数 / 机床类别	导轨宽度 ≤250mm	导轨宽度 >250mm	镶条、压板
高精度机床	20	—	12
精密机床	16	12	10
普通机床	10	6	6

3. 导轨表面粗糙度

表面粗糙度和接触精度关系密切，表面粗糙度值小，可以提高接触精度，有利于延长导轨的寿命。滑动导轨的表面粗糙度见表 15-2。

表 15-2　滑动导轨的表面粗糙度

机床类别		表面粗糙度 *Ra* 值/μm	
		支承导轨	滑动导轨
普通机床	中小型	0.8	1.6
	重型	1.6～0.8	1.6
精密机床		0.8～0.2	1.6～0.8

第二节　机床导轨的刮削和检测方法

一、导轨刮削原则

为了提高刮削效率和质量，刮削导轨时应严格遵守如下原则：

1）确定基准导轨。一般以主要的支承导轨或较长的导轨为基准导轨，如车床床身溜板用导轨。

2）先刮削好基准导轨。要边刮边检测其直线度，刮削好后再以其为基准，配刮与之相配的另一导轨。刮削基准导轨时，必须进行单独的精度检测；刮削与之相配的导轨时，则只需检测接触精度和平行度误差，可不作单独的直线度误差检测。

3）导轨上各表面的刮削顺序，应在保证质量的前提下，以减少刮削量和测量次数为原则，进行合理安排。如先刮削大的表面，后刮削小的表面；先刮削刚性较好的表面，后刮削刚性较差的表面。

4）被刮削的导轨应用可调垫铁支承，支承位置要稳固合理。刮削前，要将导轨的水平位置或垂直位置调整好。

5）工件上如果有与导轨关联的已加工面或孔，应以这些已加工面或孔为基准来刮削导轨面，以保证导轨面和已加工面、孔的相对位置精度。

二、导轨的刮削方法

1. V 形 + 矩形导轨的刮削

V 形 + 矩形导轨的刮削方法有两种：第一种是以相配的已刮好或磨好的工作台为基准进行研刮；第二种是采用标准工具进行研刮，如图 15-6 所示。

2. 双矩形导轨的刮削

刮削双矩形导轨时，为保证两条导轨之间的平行度和提高刮削效率，要用标准平板同时对两条导轨进行研点。标准平板的宽度要大于或等于被刮导轨的宽度，其长度则要小于或等于被刮导轨的长度，如图 15-7 所示。

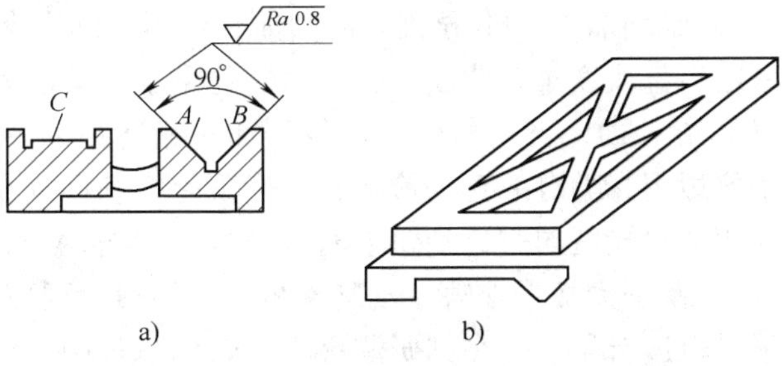

a)　　b)

图 15-6　V 形 + 矩形导轨副及其标准刮研工具

a）V 形 + 矩形导轨副　b）标准刮研工具

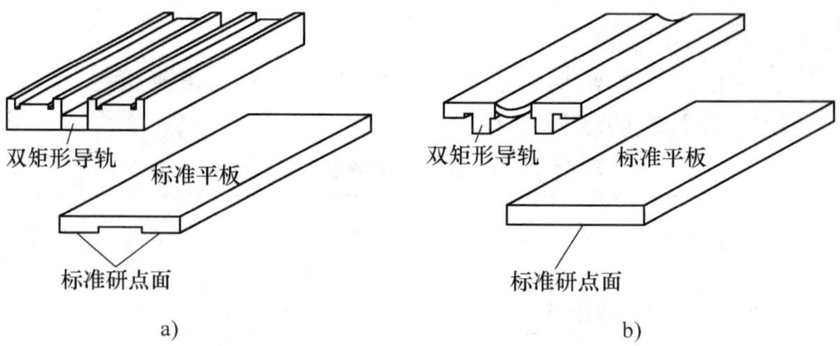

图 15-7 双矩形导轨副及其刮研工具

3. 燕尾导轨的刮削

刮削燕尾导轨时，要先将 A 面按标准平面刮好，然后以 A 面为基准刮削 B_1 面和 B_2 面，使其达到精度要求。刮好 B_1 和 B_2 面后，用 $\alpha=55°$ 的角度直尺研刮 C_1 面和 C_2 面，使其达到精度要求。刮研 C_1 面和 C_2 面时，如先刮研 C_1 面，则在刮研 C_2 面时要边刮研边检测 C_2 面与 C_1 面的平行度误差，在保证接触精度的前提下，也要保证其平行度。C_1 面和 C_2 刮研好后，将动导轨放在支承导轨上配刮 D 面，使其达到精度要求，最后装上镶条，按精度要求和间隙误差将 E 面刮研好，如图 15-8 所示。

4. 卧式车床床身导轨的刮削

卧式车床床身导轨的结构如图 15-9 所示，它由溜板导轨、尾架导轨和压板导轨三部分组成。

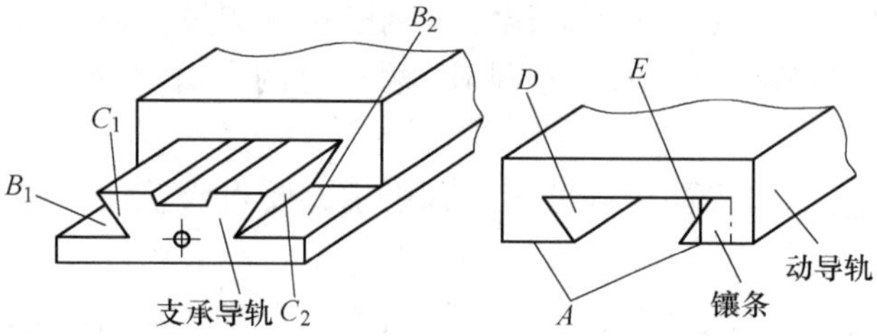

图 15-8 刮削燕尾导轨

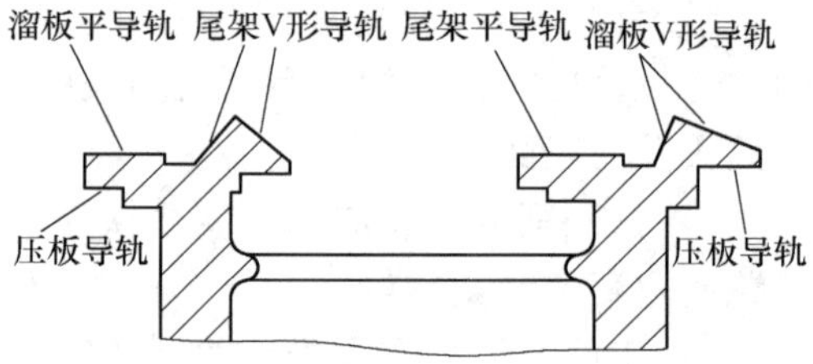

图 15-9 卧式车床床身导轨

刮削前首先要选择精度要求最高、工作量最大、最主要和最难刮的溜板 V 形导轨作为基准导轨。具体刮削步骤如下：

1）刮削溜板 V 形导轨。刮削前，要用光学自准直仪对其直线度误差进行测量，用 CAD 软件绘出直线度误差曲线图，综合制订刮削方案。先用校准平尺研点刮削接近水平的一面溜板 V 形导轨面，再用角度平尺校研和它相连的另一面溜板 V 形导轨面。在刮研过程中，要边刮研边用光学自准直仪检测直线度误差，确保其在公差范围内。当刮研到直线度、接触点数和表面粗糙度同时达到要求时，溜板 V 形导轨就刮研好了。

2）刮削溜板平导轨。刮削溜板平导轨时，要以溜板 V 形导轨为基准，用标准平尺对溜板平导轨进行研点。在刮研溜板平导轨的过程中，不但要保证溜板平导轨的直线度，还要确保溜板平导轨与溜板 V 形导轨之间的平行度。此时，可用精度不是很高的百分表进行检测，一般是将百分表安放在与溜板 V 形导轨相吻合的垫铁上，表头触在溜板平导轨面上，移动垫铁从导轨的一端滑动到另一端，百分表的最大读数差即为平行度误差，如图 15-10a 所示。此方法可以作为刮研过程中的一种检测手段，最终检测时，应使用精度更高的光学合像仪检测平行度，用光学自准直仪检测直线度。

3）刮削尾架平导轨。刮削尾架平导轨比较简单，以溜板平导轨为基准，用专用标准平尺进行研点刮研即可。刮削过程中仍要边刮边检测，检测直线度用光学自准直仪，检测尾架平导轨与溜板平导轨的平行度可使用百分表，如图 15-10b 所示。

4）刮削尾架 V 形导轨。刮削尾架 V 形导轨的方法和刮削溜板 V 形导轨的方法相同。尾架 V 形导轨除要保证自身的直线度、接触斑点数和表面粗糙度符合要求，还要保证与溜板 V 形导轨的平行度在允许范围内，其平行度的检测方法如图 15-10c 所示。

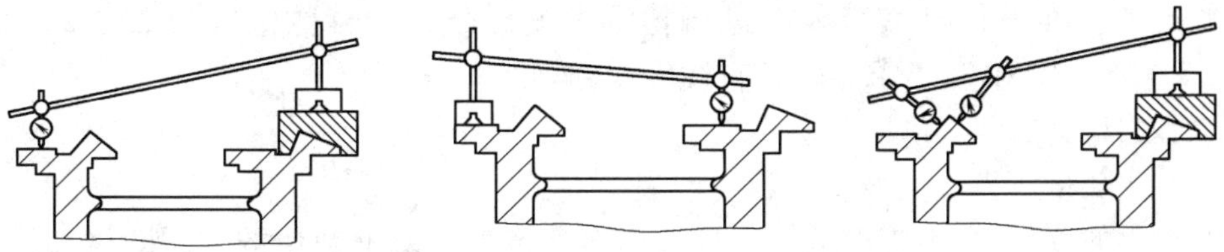

a)　b)　c)

图 15-10　检测导轨平行度

三、导轨几何精度的检测

1. 导轨直线度的检测

生产中通常用光学自准直仪检测导轨的直线度。

（1）检测导轨垂直面的直线度　先将被测导轨水平安放好，把光学自准直仪的主体固定在靠被测导轨长度方向的一端，将反光镜用桥板支承置于被测导轨的另一端上，光学自准直仪的目镜要与反光镜大致在同一水平面上。将目镜的黑长单刻线调到亮十字像场中间，如图 15-11a 所示。借助桥板来回移动反光镜，使反光镜逐步接近主体，移动过程中左右摆动反光镜，同时观察目镜标尺，直至在导轨全长上反射回来的亮十字像都位于视场中且能清晰观测为止。如亮十字像不在视场内，可通过旋转反光镜上的调整螺钉进行调整。调整好后，主体不再移动。开始检测时，将反光镜桥板置于被测导轨起始端的第一个检测位置，转动测微鼓轮，使可调分划板上的黑长单刻线位于亮十字像中间，记下测微鼓轮上的刻度值；将支承桥板向被测导轨末端移动一个桥板长度（桥板长度一般是 200mm）的距离，使反光镜处于第二个检测位置，再次转动测微鼓轮，使可调分划板上的黑长单刻线位于亮十字像中间，记下测微鼓轮上的刻度值；依此方法完成各段的测量，如图 15-12 所示。用作图法或计算法可求出导轨的直线度误差。

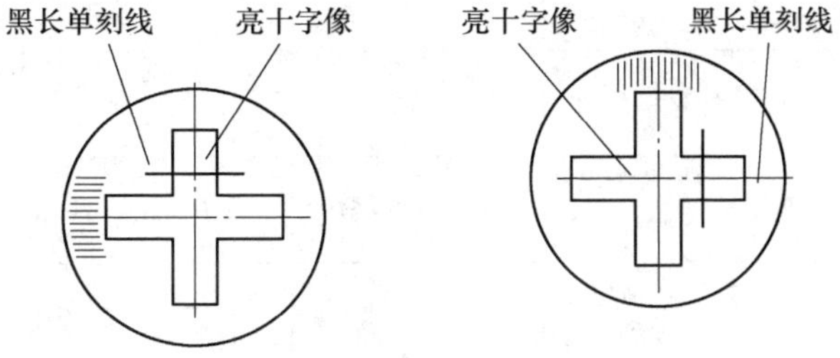

a)　b)

图 15-11　目镜标尺

a）垂直面　b）水平面

（2）检测导轨水平面的直线度　可将测微器旋转 90°，目镜视场如图 15-11b 所示。其测量方法与垂直面直线度的测量方法相同。

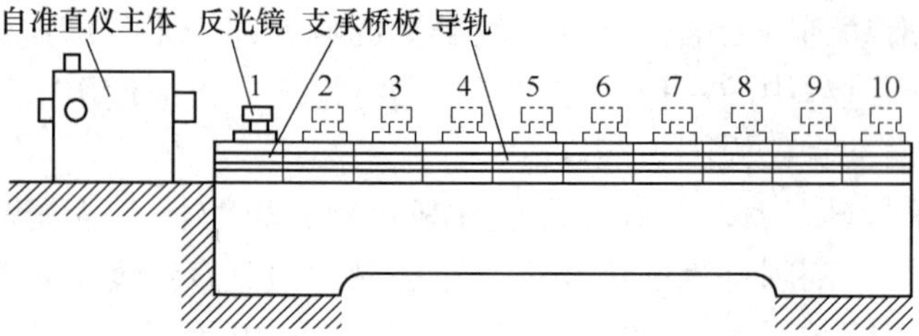

图 15-12　检测导轨直线度

例　装配一副长度为 2000mm 的导轨，用 200mm 长的桥板配合分度值为 0.005mm/1000mm 的光学自准直仪对其直线度进行检测，测微鼓轮的读数依次为 22、25、28、31、33、35、35、35、37 和 38。求导轨的直线度误差。

（1）列表计算法

1）将各次测量所得测微鼓轮读数列于表中（见表 15-3）。

2）以最小的读数 22 为基准数值，计算出各次读数与基准数值的差，即得到简化读数，将其列于表中。

3）求各简化读数的平均值。

4）用简化读数分别减去平均值，并将结果列于表中。

5）减平均值后逐项累积，将其值列于表中。

6）找出累积值的两个极限值，用最大极限值减去最小极限值，所得差乘以光学自准直仪的分度值和桥板长度，即为导轨全长内的直线度误差。

表 15-3　床身导轨直线度误差计算

第 1 步	原始读数	22	25	28	31	33	35	35	35	37	38
第 2 步	简化读数	0	3	6	9	11	13	13	13	15	16
第 3 步	计算平均值	$\frac{0+3+6+9+11+13+13+13+15+16}{10}=9.9$									
第 4 步	简化读数减平均值	-9.9	-6.9	-3.9	-0.9	1.1	3.1	3.1	3.1	5.1	6.1
第 5 步	减平均值后逐项累积值	-9.9	-16.8	-20.7	-21.6	-20.5	-17.4	-14.3	-11.2	-6.1	0
第 6 步	计算误差值	Δ=(最大极限值-最小极限值)×分度值×桥板长度=$[0-(-21.6)]\times\frac{0.005}{1000}\times200\text{mm}\approx0.022\text{mm}$									

（2）用 CAD 作导轨误差曲线图

1）作图时，用简化数乘以测微鼓轮每格的示值$\frac{0.005}{1000}\times200\text{mm}=0.001\text{mm}$，求出简化数的实际值：0、0.003、0.006、0.009、0.011、0.013、0.013、0.013、0.015、0.016。

2）创建 CAD 文件，导轨全长分 10 段，阵列绘制小方格（阵列数根据需要确定）。阵列底边为横坐标，代表导轨全长；阵列左侧竖边为纵坐标，代表直线度实际值。

3）将实际值从第一段起逐段叠加，便可作出车床导轨直线度曲线图，如图 15-13 所示。从图形可以看出，车床导轨呈中凹。

2. 导轨面间平行度的检测

检测两条导轨间的平行度时，将垫铁安放在导轨上，然后在垫铁上安放检测用桥板，再将光学合像仪安放在检测桥板上，如图 15-14 所示。使垫铁、桥板、光学合像仪组合体从导轨的一端分段测量到另一端，在导轨全长内测得的最大格数与最小格数之差，即为被测导轨的平行度误差。

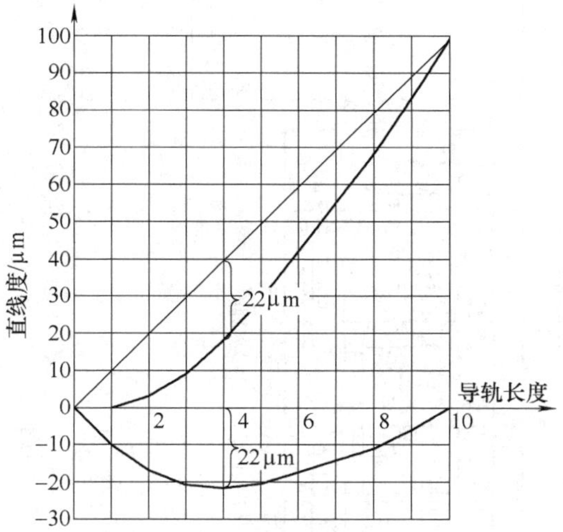

图 15-13　导轨直线度曲线图

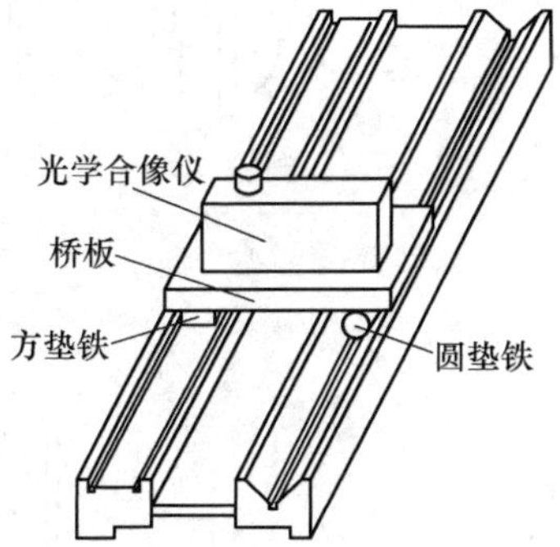

图 15-14　检测导轨间的平行度

第三节　卧式车床传动系统及主要部件的调整

一、CA6140 型卧式车床传动系统

为了简化和直观地表达车床的传动系统，通常采用传动系统方框图，如图 15-15 所示。装配时，可以利用传动系统方框图来分析车床内部的传动规律和基本结构。

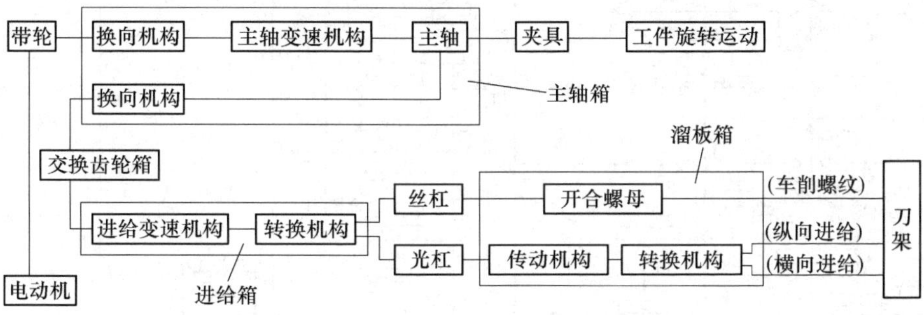

图 15-15　卧式车床传动系统方框图

图 15-16 所示为 CA6140 型卧式车床传动系统示意图。主运动传动链将动力源（电动机）的运动及能量传递给主轴，主轴带动工件旋转。主轴可通过换向机构改变旋转方向，正转可获得 24 级转速，反转可获得 12 级转速。进给运动的进给量是根据主轴每转动一周来确定的，所以认为进给传动链的运动及动力源来自主轴。进给传动链可使刀架作纵向或横向的进给运动。

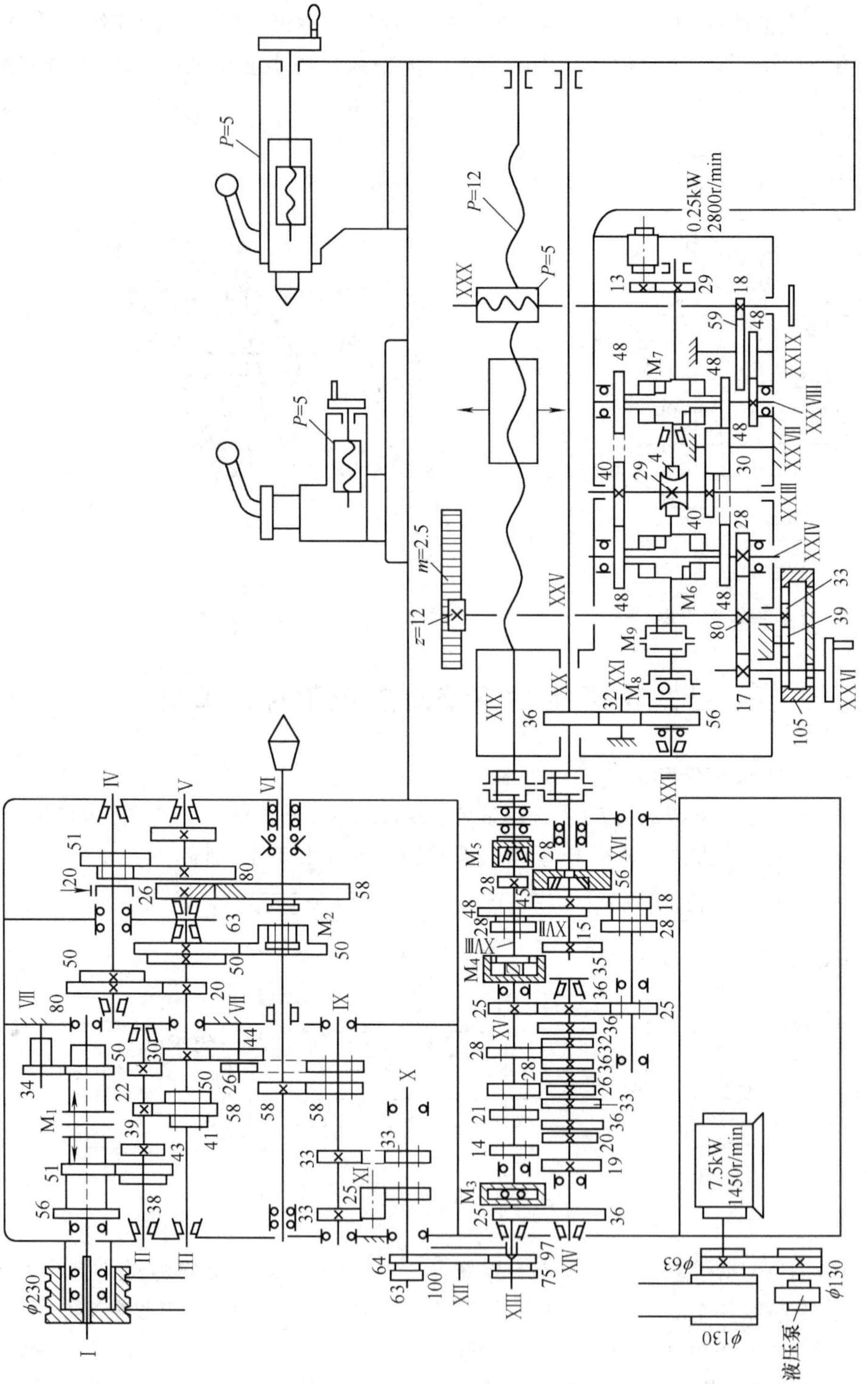

图15-16 CA6140型卧式车床传动系统示意图

二、卧式车床主要部件的调整

1. 主轴轴承间隙的调整

主轴轴承间隙对主轴回转精度的影响很大：间隙过大会使车出来的工件产生椭圆或振痕，直接影响着加工精度；间隙过小，则会引起轴承发热或损坏，同样会影响加工精度和缩短轴承寿命。因此，主轴轴承的间隙要严格按要求进行调整。主轴在安装后，其轴向窜动应小于0.01mm，径向圆跳动应小于0.02mm。在未受齿轮、传动带等约束的情况下，用手转动主轴时应感觉轻快无阻力。

一般情况下只对前轴承进行调整，调整前轴承后仍达不到要求时，才对后轴承进行调整。如图15-17所示，调整前轴承间隙时，先拧松前轴承右端的螺母5，然后拧松前轴承左边螺母7上的紧定螺钉3。拧紧前轴承左边的螺母7时，会使前轴承向右移动，因前轴承是圆锥孔双列圆柱滚子轴承，其内圈很薄，向右移动时内圈受到主轴锥颈的扩张，轴承的内圈会出现微小的弹性膨胀而使轴承的间隙减小；反之，拧松螺母7时，轴承内圈出现弹性收缩，轴承的间隙会增大。

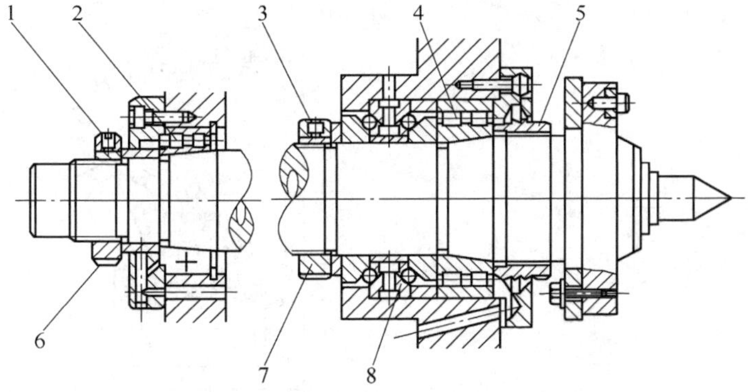

图15-17　调整主轴前轴承间隙

1、3—紧定螺钉　2、4—圆锥孔双列圆柱滚子轴承　5、6、7—螺母　8—双列角接触球轴承

2. 摩擦离合器的调整

摩擦离合器的间隙过大，会导致传递动力不灵；间隙过小，则会导致分离不清，甚至烧坏离合器。因此要有合适的间隙，以确保传递动力时离合器片之间既不会出现打滑，又能完全分离清楚。调整离合器间隙时，应先将弹簧销从调整螺母的缺口压入螺套中，然后转动调整螺母使间隙减小或增大。间隙调整好后，转动螺套使弹簧销从调整螺母的缺口中弹出，确保调整螺母不会自由转动，如图15-18所示。

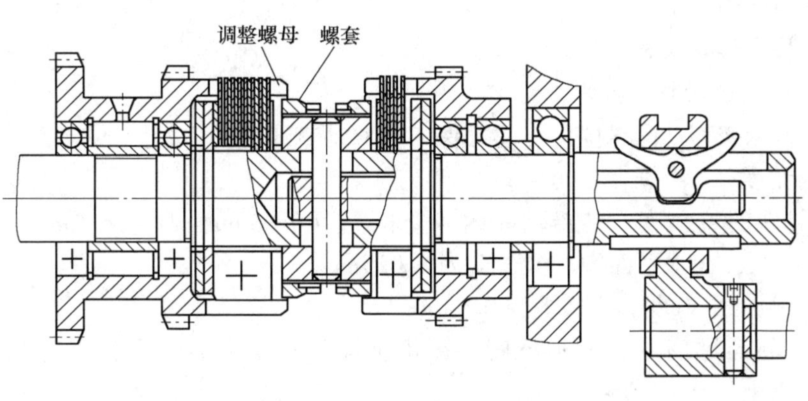

图15-18　调整摩擦离合器间隙

3. 制动器的调整

制动灵敏，可缩短停机时主轴的停转时间，提高生产率，减少事故发生。调整制动器时，只要转动调整螺钉便可调节制动带的松紧，如图 15-19 所示。制动带的松紧，以开机时制动带和制动轮松开，停机时主轴能迅速停下来为宜。

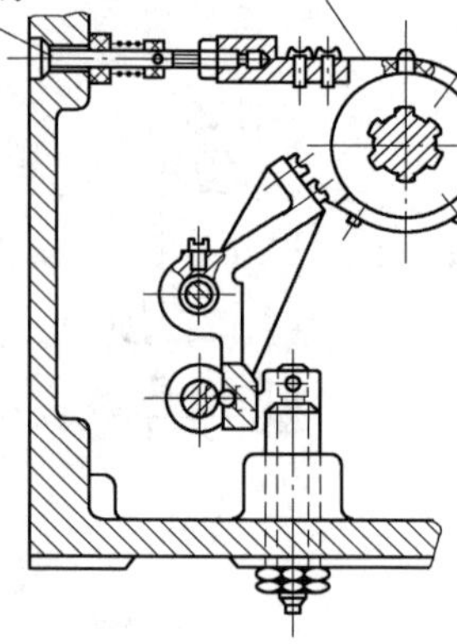

图 15-19 制动器的调整

第四节 卧式车床的装配

一、确定装配顺序的原则

机器的装配，一般是先由零件装配成组件或部件，然后进行总装配，卧式车床的装配同样如此，不能违反由低级到高级的装配顺序。可依下列原则确定卧式车床的装配顺序：

1）选出装配基面。一般以作为各项精度检测基准的车床导轨面为装配基面。

2）力求简单方便。遵循先下后上、先内后外、先重后轻的原则，装配工作可以化繁为简，化难为易。

3）如在装配精度上相互有影响，则要先确定一个公共的装配基准，然后按要求使它们都能达到装配精度的要求。

二、床身与床脚的安装

1. 安装床身导轨的技术要求

床身导轨是床鞍移动的导向面，起确保刀具移动直线度的作用。

（1）几何精度

1）床鞍导轨的直线度。在铅垂面内，全长上为 0.03mm，任意 500mm 测量长度上为 0.015mm，只许凸；在水平面内，全长上为 0.025mm。

2）床鞍导轨的平行度。全长上为 0.04mm。

3）床鞍导轨与尾座导轨的平行度。在铅垂面和水平面内，全长上为 0.04mm，任意 500mm 测量长度上为 0.03mm。

4）床鞍导轨对床身齿条安装面的平行度。全长上为 0.03mm，任意 500mm 测量长度上为 0.02mm。

（2）接触精度　刮削导轨每 25mm×25mm 范围内的接触点不少于 10 点，磨削导轨则以接触面积的大小来评定精度的高低。

（3）表面粗糙度　刮削导轨一般在 $Ra1.5\mu m$ 以下，磨削导轨一般在 $Ra0.8\mu m$ 以下。

（4）硬度　一般导轨的表面硬度应在 170HBW 以上，且全长范围内硬度一致；与之相配合的配合件的硬度应比导轨稍低。

（5）稳定性　结构件除要求刚度大以外，还应进行较好的时效处理，以消除内应力，保证导轨在使用中不发生变形。

2. 床身与床脚结合的装配工艺

（1）将床身装到床脚上　先去除结合部的毛刺，然后倒角。结合面间用 1～2mm 厚的红壳纸作密封，先将红壳纸平铺在床脚的结合面上，用锤子沿着结合面的边缘及螺钉孔的位置轻敲出印痕，然后用剪刀按印痕的形状将密封红壳纸剪好。在床身及床脚的结合面上涂润滑脂，将剪好的密封红壳纸垫正在床脚的结合面上，将床身吊起放到床脚上找正，用连接螺钉穿上等高的垫圈，将床身与床脚连接好。紧固螺钉时要按对角原则紧固，防止因紧固不当使床身变形。

（2）床身导轨的刮削方法　将可调垫铁置于床脚地脚螺栓附近，用水平仪将床身调整至水平位置，使各垫铁受力均匀，床身放置稳定后即可开始刮削。

1）选择刮削量最大、导轨中最重要和精度要求最高的床鞍导轨 6、7 作为刮削基准，如图 15-20 所示。用角度平尺研点，用光学自准直仪测量导轨直线度误差并绘制导轨误差曲线图，刮削至导轨直线度、接触研点数和表面粗糙度均符合要求为止。

2）以 6、7 面为基准，用平尺研点刮平导轨 2，保证其直线度及与基准导轨面 6、7 的平行度符合要求。

3）检测导轨在铅垂面内直线度的方法如图 15-21 所示，刮削加工时以标准桥板长度来分段测量。检测铅垂面内床鞍导轨平行度的方法如图 15-22 所示，使检测桥板沿导轨移动，刮削加工时一般检测五点，获得五个光学合像仪读数。

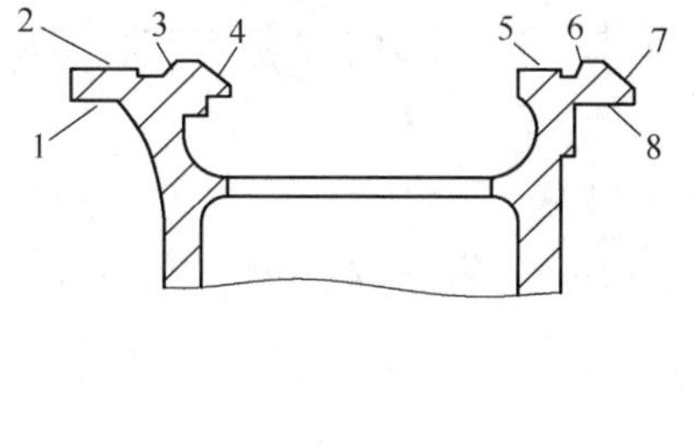

图 15-20　车床导轨面结构

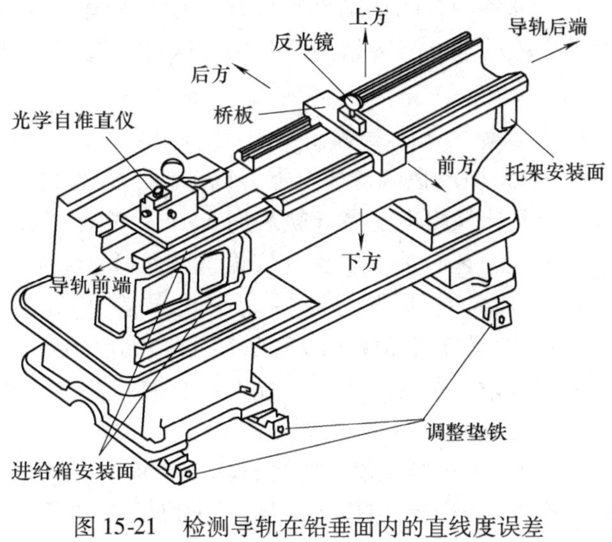

图 15-21　检测导轨在铅垂面内的直线度误差

4）检测床鞍导轨在水平面内直线度的方法如图 15-21 所示，检测时只需将目镜镜头顺时针旋转90°，使测微鼓轮的轴线方向与物镜光轴方向垂直即可。

5）以床鞍导轨为基准刮削尾座导轨3、4、5面（图15-20），使其达到自身形状精度要求和对床鞍导轨的平行度要求。检测方法如图15-23所示，将桥板横跨在导轨上，百分表座吸在桥板上，触头触及尾座导轨3、4或5面。沿导轨在全长上移动桥板，百分表的读数差即为导轨面间的平行度误差。

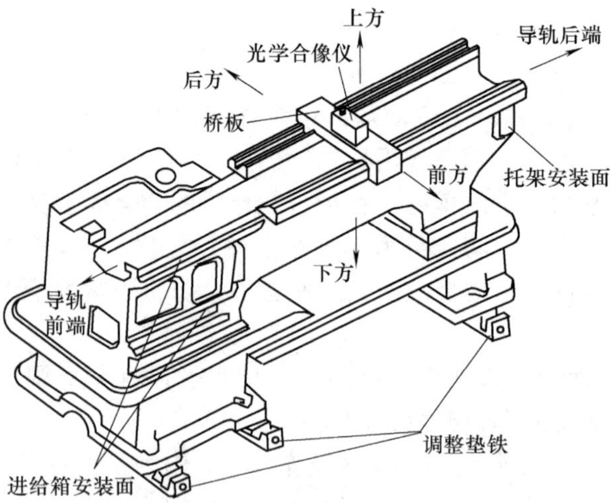

图15-22 检测床鞍导轨在铅垂面内的平行度

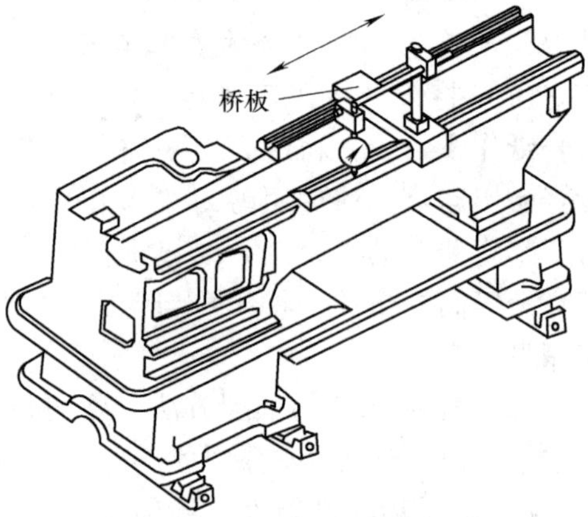

图15-23 尾座导轨对床鞍导轨平行度的检测

6）刮削压板导轨1、8面，要求达到其与床鞍导轨的平行度要求及自身的形状精度要求。检测方法如图15-24所示。

三、床鞍配刮与床身装配工艺

床鞍部件配合的精确性是保证刀架直线运动精度的关键，因此，床鞍的上、下导轨面要分别与床身导轨和刀架下滑座进行配刮。

1. 配刮横向燕尾导轨

1）将床鞍放在床身导轨上，以刀架下滑座的表面2、3为基准，配刮床鞍横向燕尾导轨表面5、6，如图15-25所示。推研时，手握工艺心轴，以保证安全。表面5、6刮后应满足对横丝杠A孔轴线的平行度要求，其误差在全长上不大于0.02mm。检测方法如图15-26所示，在A孔中插入检测心轴，使百分表吸附在角度平尺上，分别在心轴上素线及侧素线上检测其平行度误差。

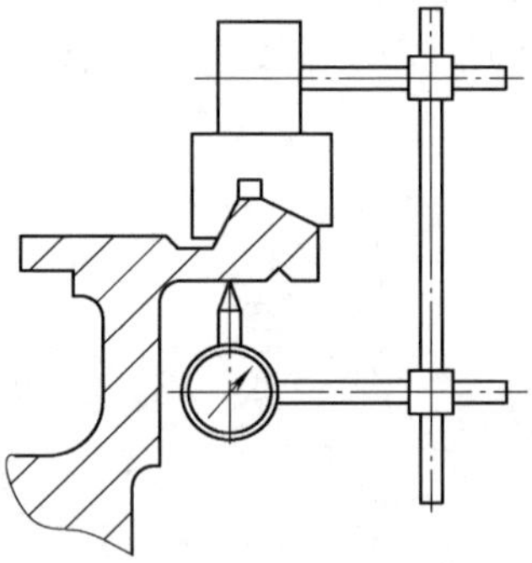

图15-24 检测压板导轨与床鞍导轨的平行度

2）刮削燕尾导轨面7，保证其与平面6的平行度，以保证刀架可以顺利地横向移动。可用角度平尺或下滑座作为研具，用如图15-27所示的方法进行检测：将测量圆柱放在燕尾导轨两端，用千分尺分别在两端进行测量，两次测得的读数差就是平行度误差，其在全长上应不大于0.02mm。

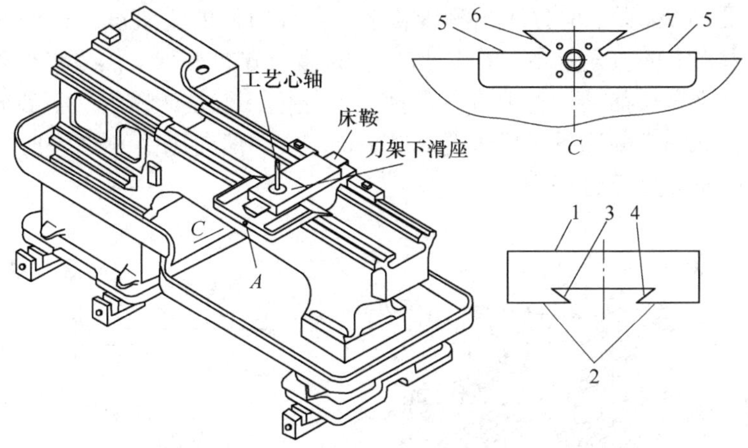

图 15-25　刮研床鞍上导轨面

2. 配镶条（图 15-28）

配镶条的目的是使刀架横向进给时有准确的间隙，并能在使用过程中不断调整间隙，从而保证刀架的寿命。镶条按导轨和下滑座配刮，应使刀架下滑座在床鞍燕尾导轨全长上移动时，无轻重或松紧不均匀的现象，并保证大端有 10～15mm 的调整余量。燕尾导轨与刀架上滑座配合表面之间用 0.03mm 的塞尺检查，插入深度不大于 20mm。

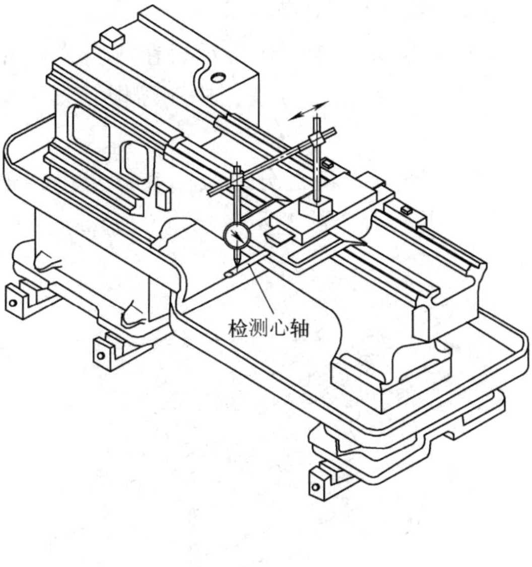

图 15-26　检测床鞍上导轨面对横丝杠 *A* 孔的平行度

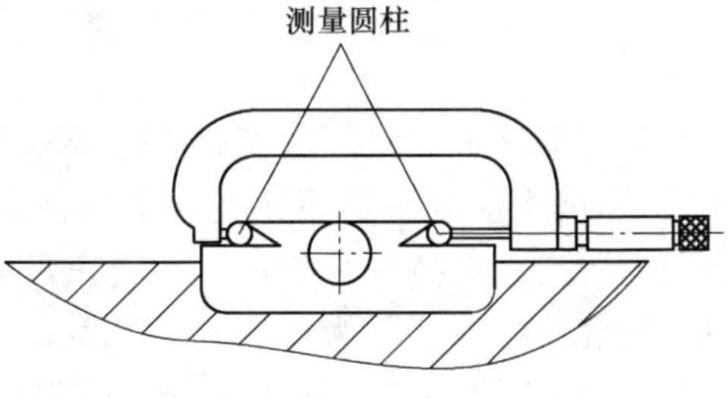

图 15-27　检测燕尾导轨的平行度

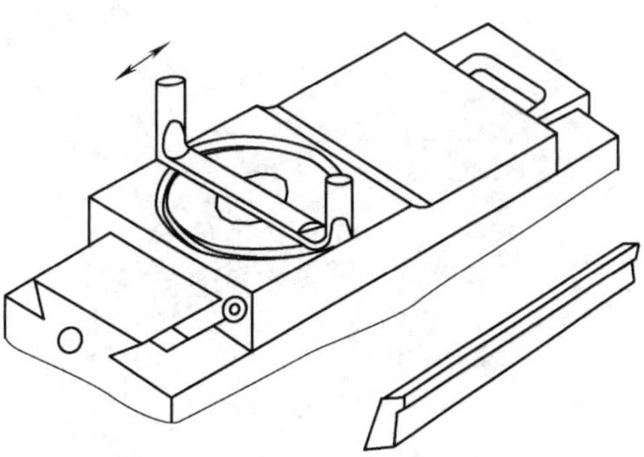

图 15-28　燕尾导轨的镶条

3. 配刮床鞍下导轨面

以床身导轨为基准刮研床鞍与床身的配合面，至接触斑点为 10～12 点/（25mm ×

25mm)，并按如图15-29所示的方法检测床鞍上、下导轨面的垂直度。检测时，先纵向移动床鞍，使放置于床头上的直角尺的一个边与床鞍的移动方向平行。然后将百分表放到刀架下滑座上，沿燕尾导轨全长移动，百分表的最大读数差值，就是床鞍上、下导轨面的垂直度误差。(精度要求为300mm的测量长度上为0.02mm，只许偏向床头）超差时，应刮研床鞍与床身结合的下导轨面，直至合格为止。

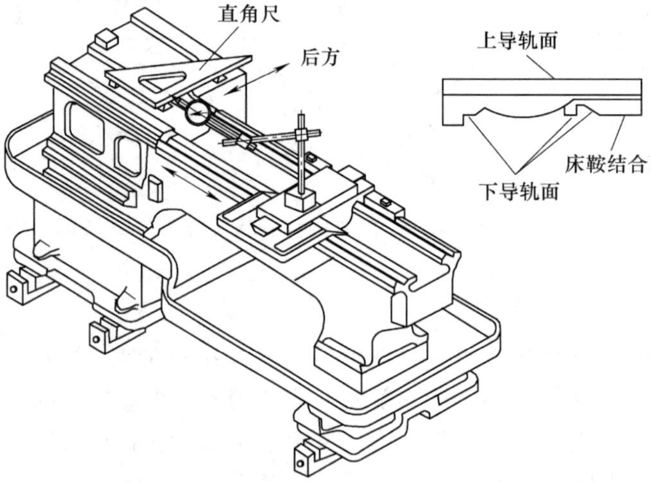

图15-29 检测床鞍上、下导轨面的垂直度

在刮研床鞍下导轨面达到垂直度要求的同时，还要保证以下两项要求：

1）横向上应与进给箱和托架安装面垂直，其检测方法如图15-30所示。在床身进给箱安装面上用夹板夹持一直角尺，在直角尺处于水平的表面上移动百分表，检测溜板箱安装面的位置精度，要求公差为0.03mm/100mm。

2）纵向上应与床身导轨平行，检测方法如图15-31所示。将百分表吸附在床身齿条安装面上，纵向移动床鞍，在溜板箱安装面全长上，百分表最大读数差不得超过0.06mm。

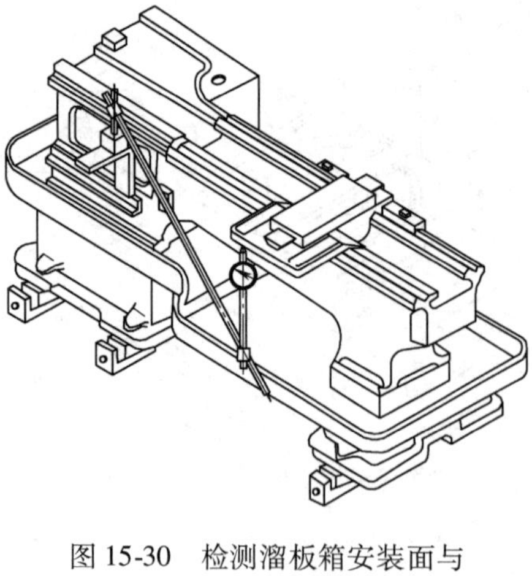

图15-30 检测溜板箱安装面与进给箱安装面的垂直度

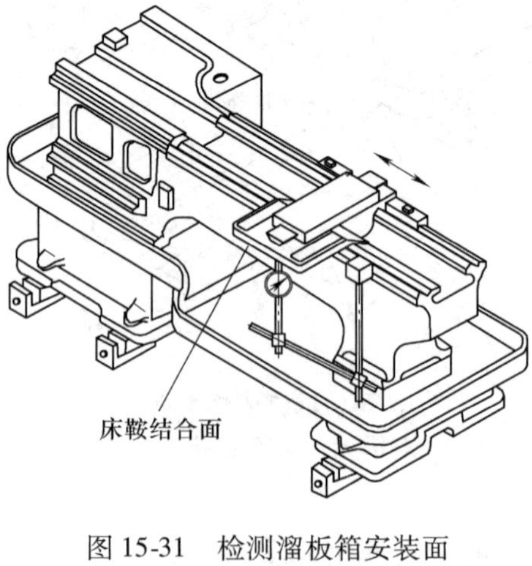

图15-31 检测溜板箱安装面与床身导轨的平行度

4. 床鞍与床身的装配

床鞍与床身的装配，主要是刮研床身的下导轨面及配刮床鞍两侧的压板，保证床身上、下面的平行度，以达到床鞍与床身导轨在全长上能均匀结合、平稳移动的目的。

如图 15-32 所示，装上两侧压板并调整到适当的配合，推研床鞍，按接触情况刮研两侧压板，要求接触点为 6 ~ 8 点/（25mm × 25mm）。全部螺钉调整紧固后，用 200 ~ 300N 的力推动床鞍在导轨全长上移动应无阻滞现象；用 0.03mm 的塞尺检查密合程度，插入深度不应大于 20mm。

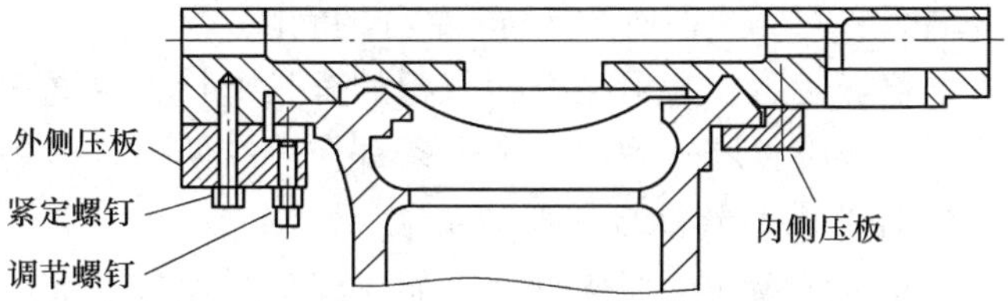

图 15-32　床鞍与床身的装配

四、溜板箱、进给箱和主轴箱的安装

1. 溜板箱的安装

溜板箱的安装在总装配过程中起着重要的作用，其安装位置直接影响丝杠、螺母能否正确啮合，进给能否顺利进行，还是确定进给箱和丝杠后支架安装位置的基准。应按下列步骤确定溜板箱位置。

（1）校正开合螺母中心线与床身导轨平行度　如图 15-33 所示，在溜板箱开合螺母内卡紧一检测心轴，在床身检测桥板上紧固丝杠中心测量工具。分别在左、右两端校正检测心轴上素线和侧素线与床身导轨的平行度，其误差应在 0.15mm 以内。

（2）溜板箱左右位置的确定　左右移动溜板箱，使床鞍横向进给传动齿轮副有合适的齿侧间隙，如图 15-34 所示。将一张厚度为 0.08mm 的纸放在齿轮啮合处，转动齿轮（不超过 1/30 转）若印痕呈现将断与不断的状态时，即为正常侧隙。

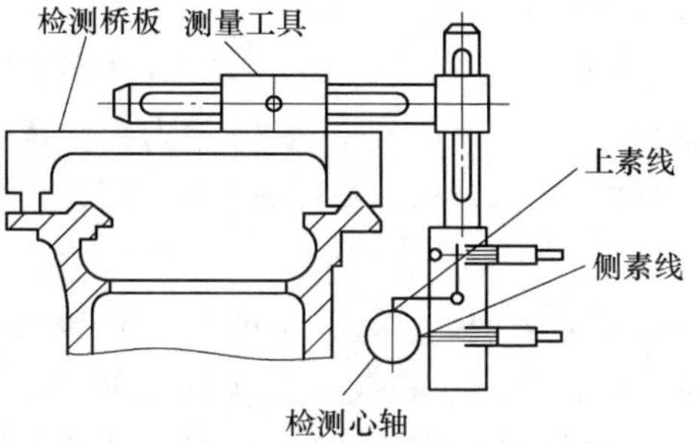

图 15-33　安装溜板箱

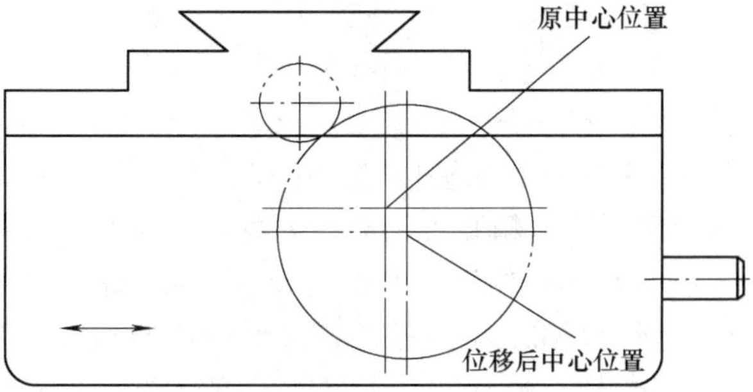

图 15-34　溜板箱横向进给齿轮副侧隙的调整

（3）溜板箱最后定位　溜板箱预装精度校正后，应在进给箱和丝杠后支架的位置校正后才能钻、铰溜板箱定位销孔，配作锥销实现最后定位。

2. 齿条的安装

溜板箱位置校正后，即可安装齿条，主要是保证纵向进给小齿轮与齿条的啮合侧隙。正常啮合侧隙为 0.08mm，其检测方法和横向进给齿轮副侧隙的检测方法相同，并以此确定齿条安装位置和厚度尺寸。

由于齿条加工工艺的限制，车床齿条由几根并接装配而成。为保证相邻齿条接合处的齿距精度，安装时应用标准齿条进行跨接校正，如图 15-35 所示。校正时，在两根相接齿条的接合端面之间，应留有 0. 5mm 左右的间隙。

齿条安装后，必须在床鞍行程的全长上检查纵向进给小齿轮与齿条的啮合侧隙，须均匀一致。齿条位置调好后，每个齿条都应配有两个定位销钉，以确定其安装位置。

3. 进给箱和丝杠后托架的安装

安装进给箱和后托架时，主要应保证进给箱、溜板箱和后支架上安装丝杠的三孔的同轴度，并保证丝杠与床身导轨的平行度。安装时，按如图 15-36 所示方法进行测量和调整，即在进给箱、溜板箱和后支架的丝杠支承孔中，各装入一根配合间隙不大于 0. 005mm 的检验心轴，三根检验心轴外伸测量端的外径应相等。溜板箱用心轴有两种：一种的外径尺寸与开合螺母的外径相等，在开合螺母未装入时使用；另一种具有与丝杠中径尺寸相同的螺纹，测量时卡在开合螺母中。前者测量可靠，后者的测量误差较大。

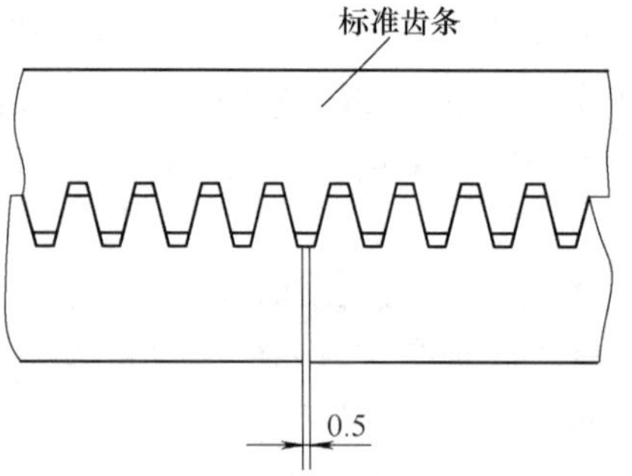

图 15-35　标准齿条跨接校正

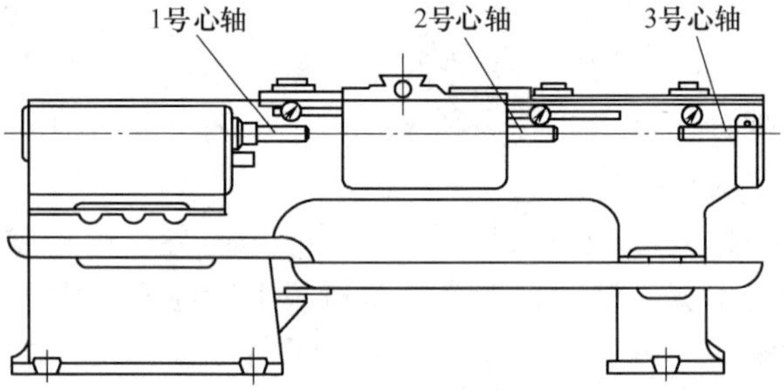

图 15-36　三孔同轴度的检测

安装丝杠进给箱和丝杠后托架的步骤如下：

（1）调整进给箱和后托架丝杠安装孔中心线与床身导轨的平行度　用图 15-33 中的专用测量工具，检测进给箱和后支架丝杠孔的中心线，其对床身导轨的平行度公差为：上素线 0. 02mm/100mm，只许前端向上偏；侧素线 0. 01mm/100mm，只许向床身方向偏。若超差，可通过刮削进给箱和后托架与床身的结合面进行调整。

（2）调整进给箱、溜板箱和后托架三者丝杠安装孔的同轴度　以溜板箱上的开合螺母孔中心线为基准，通过抬高或降低进给箱和后托架丝杠支承孔的中心线，使丝杠三处支承孔同轴，如图 13-36 所示，上素线的测量误差不大于 0. 01mm/100mm。横向上可移出或推进溜板箱，使开合螺母中心线与进给箱、后托架的中心线同轴，其侧素线测量误差不大于 0. 01mm/100mm。

调整合格后，进给箱、溜板箱和后托架即配作定位销钉，以确保其位置不变。

4. 主轴箱的安装

主轴箱是以底面和凸块侧面与床身接触来确保正确安装位置的：底面用来控制主轴轴线与床身导轨在铅垂面内的平行度，凸块侧面用来控制主轴轴线在水平面内与床身导轨的平行度。安装时，按如图 15-37 所示方法进行测量和调整。在主轴孔内插入检验心轴，将百分表座吸在刀架下滑座上，分别在上素线和侧素线上检测，百分表在全长（300mm）范围内的读数差就是平行度误差。安装要求：上素线为 0. 03mm/300mm，只许检验心轴端向上抬起

（俗称抬头），若超差，则刮削底平面；侧素线为0.015mm/300mm，只许检验心轴偏向操作者方向（俗称里勾），超差时，可通过刮削凸块侧面来达到要求。

为了消除检验心轴本身误差对检测的影响，应旋转主轴180°作两次检测，两次检测结果代数和的一半就是平行度误差。

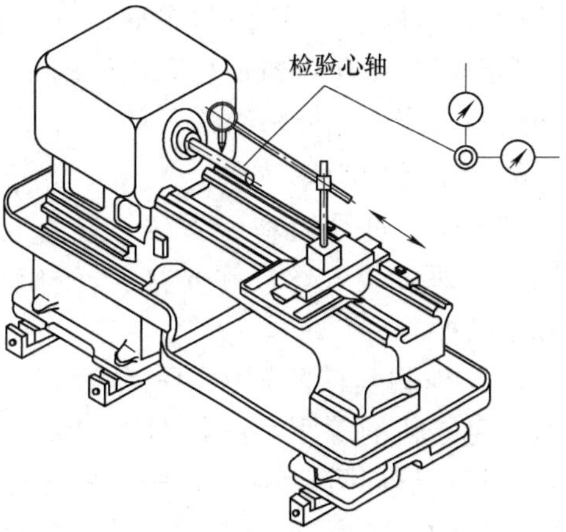

图15-37　主轴轴线与床身导轨平行度的检测

5. 尾座的安装

（1）调整尾座的安放位置　以床身上的尾座导轨为基准配刮尾座底板，使其达到精度要求。将尾座部件安装在床身上，按如图15-38所示方法检测尾座的两项精度。

1）床鞍移动轨迹对尾座套筒伸出部分轴线的平行度。测量方法是：使顶尖套伸出尾座体100mm并与尾座体锁紧。移动床鞍，使其上的百分表触于顶尖套的上素线和侧素线上，表在100mm内的读数差即为平行度误差，如图15-38a所示。其要求是：上素线公差为0.01mm/100mm，只许抬头；侧素线公差为0.03mm/100mm，只许里勾。

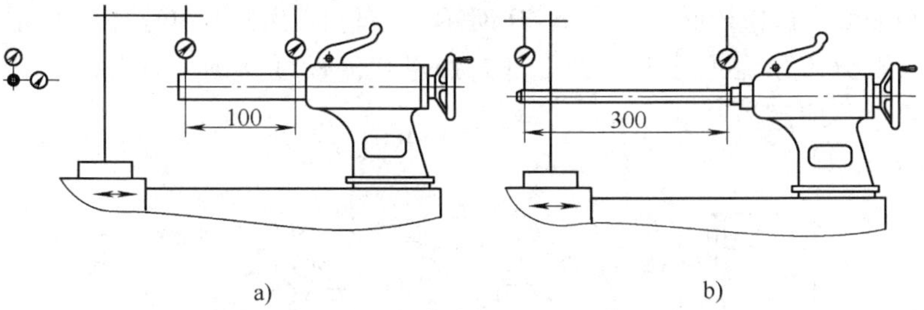

图15-38　顶尖套轴线对床身导轨平行度的检测

2）床鞍移动轨迹对尾座套筒锥孔中心线的平行度。在尾座套筒内插入一根检验心轴（长300mm），将尾座套筒退回尾座并锁紧。然后移动床鞍，使其上的百分表触于检验心轴的上素线和侧素线上。百分表在300mm长度范围内的读数差，即床鞍移动轨顶尖套筒锥孔中心线的平行度误差，如图15-38b所示。其要求为：上素线公差为0.03mm/300mm，侧素线公差为0.03mm/300mm。为了消除检验心轴本身误差对测量的影响，一次检测后，将检验心轴退出，转180°再插入检测一次，两次测量结果代数和的一半即为该项误差值。

（2）调整主轴锥孔中心线和尾座套筒锥孔中心线对床身导轨的等距度　一种测量方法如图15-39a所示，在主轴箱主轴锥孔内插入一个顶尖，并校正其与主轴轴线的同轴度；在尾座套筒内同样装一个顶尖，两顶尖之间顶一根标准检验心轴。将百分表置于床鞍上，先将百分表测头顶在心轴侧素线上，校正心轴在水平面内与床身导轨平行，再将测头触于检验心轴的上素线，百分表在心轴两端的读数差，即为主轴锥孔中心线与尾座套筒锥孔中心线对床身导轨的等距度误差。为了消除顶尖本身误差对测量的影响，一次检测后，应将顶尖退出并转过180°重新检测一次，两次测量结果代数和的一半即为所求误差值。

图15-39b所示为另一种检测方法，分别检测主轴和尾座锥孔中心线的上素线，再根据两检验心轴的直径尺寸和百分表读数，经计算求得侧素线的相应误差。在测量之前，也要校正两检验心轴在水平面内与床身导轨的平行度。

等距度公差0.06mm（只许尾座高），若超差，可通过刮削尾座底板来调整。

6. 丝杠和光杠的安装

溜板箱、进给箱和后支架三支承孔的同轴度校正后，即可装入丝杠和光杠。丝杠装入后应检测如下精度。

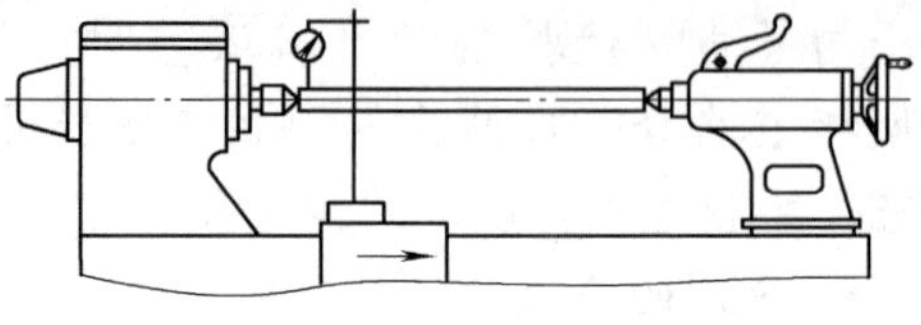

a)

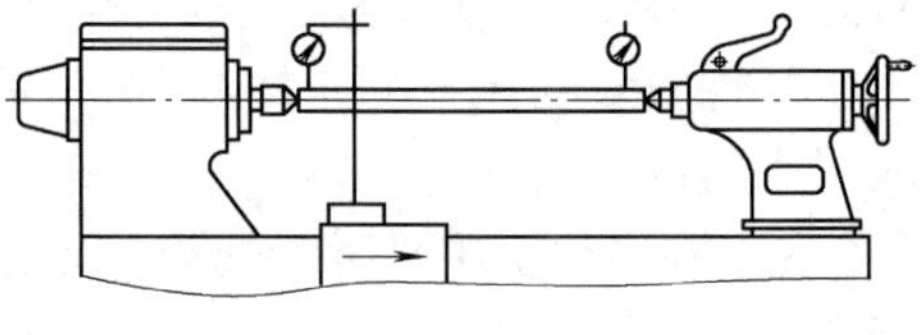

b)

图15-39 主轴锥孔中心线与尾座套筒锥孔中心线对床身导轨的等距度

（1）检测丝杠两轴承中心线和开合螺母中心线对床身导轨的等距度。如图15-40所示，用专用测量工具在丝杠两端和中间进行三次测量，三个位置中对导轨相对距离的最大差值，就是等距度误差。测量时，开合螺母应处于闭合状态，这样可以排除丝杠重量、弯曲等因素对测量数值的影响。溜板箱应在床身中间，以防止丝杠挠度对测量产生影响。此项精度要求为：在丝杠上素线上，公差为0.15mm；在丝杠侧素线上，公差为0.15mm。

（2）测量丝杠的轴向窜动　如图15-40所示，在丝杠后端的中心孔内，用润滑脂粘住一个钢球，将平头百分表顶在钢球上。合上开合螺母，使丝杠转动，百分表的读数差就是丝杠的轴向窜动误差，不应超过0.015mm。

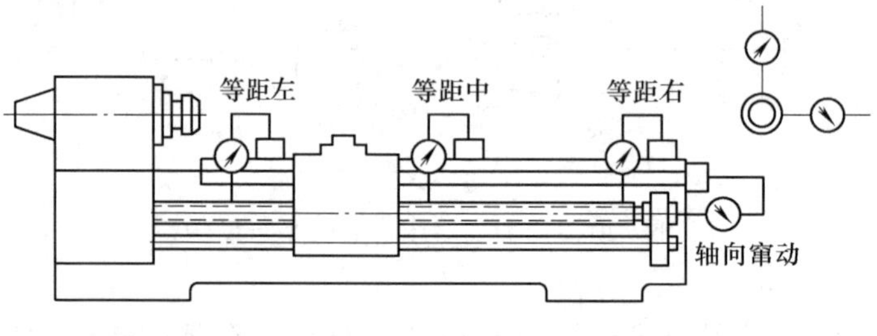

图15-40 丝杠与导轨等距度及轴向窜动量的检测

此外，还有安装电动机、交换齿轮架、安全防护装置及操纵机构等工作。

7. 刀架的安装

将小刀架部件装配在刀架下滑座上，按如图15-41所示方法检测小刀架移动轨迹对主轴中心线的平行度。

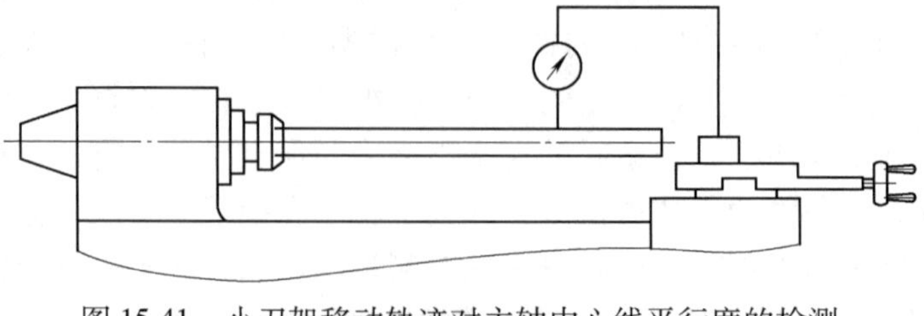

图15-41 小刀架移动轨迹对主轴中心线平行度的检测

检测时，先横向移动小刀架，使百分表触及主轴锥孔中插入的检验心轴上素线，再纵向移动小刀架进行检测，误差不超过0.03mm/100mm。若超差，可通过刮削小刀架拖板与刀架下滑座的结合面进行调整。

第五节　卧式车床的试车和验收

车床总装配后，必须通过试车和验收才能出厂。卧式车床的试车和验收大体包括静态检查、空运转试验、负荷试验和精度检测四个方面。

1. 静态检查

静态检查是车床进行性能试验之前的检查，主要是检查车床各部是否安全可靠，以保证试车时不出事故。应从以下几个方面进行检查：

1）用手转动各传动件，应运转灵活。

2）变速手柄和换向手柄应操纵灵活、定位准确、安全可靠。手轮或手柄转动时，其转动力用拉力器测量，不应超过80N。

3）移动机构的反向空行程应尽量小。

4）床鞍、刀架等在行程范围内移动时，应轻重均匀且平稳。

5）顶尖套在尾座孔中作全长伸缩应运动灵活无阻滞，手轮转动轻快，锁紧机构灵敏无卡死现象。

6）开合螺母机构开合准确可靠，无阻滞或过松的感觉。

7）安全离合器应灵活可靠，在超负荷时能及时切断运动。

8）交换齿轮间的侧隙适当，固定装置可靠。

9）各部分的润滑加油孔有明显的标记且清洁畅通；油尺清洁，插入深度与松紧合适。

10）电气设备的起动和停止应安全可靠。

2. 空运转试验

空运转试验是在无负荷状态下起动车床，检查主轴转速。从最低转速依次提高到最高转速，各级转速的运转时间不少于5min，最高转速的运转时间不少于30min。同时对机床的进给机构进行低、中、高进给量的空运转，并检查润滑油泵的输油情况。

车床空运转时应满足以下要求：

1）在所有转速下，车床各部工件机构应运转正常，不应有明显的振动；各操纵机构应平稳可靠。

2）润滑系统正常、畅通、可靠、无泄漏现象。

3）安全防护装置和保险装置安全可靠。

4）在主轴轴承达到稳定温度（即热平衡状态）时，轴承的温度和温升均不得超过如下规定：滑动轴承温度为60℃，温升为30℃；滚动轴承温度为70℃，温升为40℃。

3. 负荷试验

车床经空运转试验合格后，将其调至中速（最高转速的1/2或高于1/2的相邻一级转速）下继续运转，待其达到热平衡状态时，则可进行负荷试验。

（1）全负荷强度试验　全负荷强度试验的目的是考核车床主传动系统能否输出设计所允许的最大扭转力矩和功率。试验方法是：将尺寸为ϕ100mm×250mm的中碳钢试件一端用卡盘夹紧，另一端用顶尖顶住，用45°硬质合金右偏刀进行车削，切削用量为$n=58\text{r/min}$，$a_p=12\text{mm}$，$f=0.6\text{mm/r}$。

在全负荷试验中，车床所有机构均应工作正常、动作平稳，不准有振动和噪声；主轴转速不得比空转时低5%以上；各手柄不得有颤抖和自动换位现象。试验时，允许将摩擦离合器调紧2~3孔，待切削完毕再松开至正常位置。

（2）精车外圆试验　目的是检验车床在正常工作温度下，主轴轴线与床鞍移动轨迹是否平行，以及主轴的旋转精度是否合格。试验方法是：在车床卡盘上夹持尺寸为ϕ80mm×250mm的中碳钢试件，不用尾座顶尖。采用高速工具钢车刀，切削用量取$n=397\text{r/min}$，$a_p=0.15\text{mm}$，$f=0.1\text{mm/r}$。精车外圆表面。

精车后试件公差为：圆度0.01mm，圆柱度0.01mm/100mm，表面粗糙度值不大于$Ra3.2\mu\text{m}$。

（3）精车端面试验　在精车外圆合格后进行，目的是检查车床在正常工作温度下，刀架横向移动轨迹对主轴轴线的垂直度和横向导轨的直线度。试件为ϕ250mm的铸铁圆盘，用卡盘夹持。用45°硬质合金右偏刀精车端面，切削用量取$n=230\text{r/min}$，$a_p=0.2\text{mm}$，$f=0.15\text{mm/r}$。精车端面后，试件的平面度不大于0.02mm（只许凹）。

（4）切槽试验　目的是考核车床主轴系统及刀架系统的抗振性能，检查主轴部件的装配精度和旋转精度、床鞍刀架系统刮研配合面的接触质量及配合间隙的高速是否合格。

切槽试验的试件为ϕ80mm×150mm的中碳钢棒料，使用前角$\gamma_o=8°\sim10°$、后角$a_0=5°\sim6°$的硬质合金切槽刀，切削速度为$v_o=40\sim70\text{m/min}$，$f=0.1\sim0.2\text{mm/r}$，切削刃宽度为5mm。在距卡盘端（1.5~2）d处切槽（d为试件直径），不应有明显振动和振痕。

（5）精车螺纹试验　目的是检查车床螺纹加工传动系统的准确性。试验规范：ϕ40mm×500mm的中碳钢工件；两端用顶尖装夹；60°高速工具钢螺纹车刀；切削用量为$n=20\text{r/min}$，$a_p=0.02\text{mm}$，$f=8\text{mm/r}$。

精车螺纹试验精度要求螺距累积误差小于0.025mm/100mm，表面粗糙度值不大于$Ra3.2\mu\text{m}$，无振动波纹。

4. 精度检测

完成上述各项试验后，在车床热平衡状态下，按GB/T 4020—1997的规定逐项进行精度检测，并将检测结果填入检验清单，合格后方可出厂。卧式车床的精度检测包括几何精度检测和工作精度检测两方面。

（1）几何精度检测　卧式车床的几何精度，是指车床主要零部件自身几何形状、尺寸的精确度和相互位置的精确度。

1）床身导轨。床身导轨的几何精度检测，一是要检测床鞍用导轨的直线度，二是要检测两条导轨间的平行度。检测导轨直线度的，要检测铅垂面内的直线度和水平面内的直线度；检测导轨平行度时，应以床鞍用导轨为基准。床身导轨直线度公差见表15-4。

表15-4　床身导轨直线度公差

最大回转直径/mm	最大工件长度/mm	公差	局部公差
800	500	0.01mm并呈中凸	
	500~1000	0.02mm并呈中凸	导轨两端1/4处任意250mm测量长度上的局部公差为0.0075mm

（续）

最大回转直径/mm	最大工件长度/mm	公差	局部公差
800	>1000	最大工件长度2000mm内为0.03mm；每增加1000mm，公差增加0.01mm	任意500mm测量长度上为0.015mm
800~1250	500	0.015mm并呈中凸	
	500~1000	0.025mm并呈中凸	导轨两端1/4处任意250mm测量长度上的局部公差为0.01mm
	>1000	最大工件长度2000mm内为0.025mm；每增加1000mm，公差增加0.015mm	任意500mm测量长度上为0.02mm
床身导轨平行度公差		0.04mm/1000mm	

2）床鞍移动轨迹在水平面内的直线度（见表15-5）。

表15-5　床鞍移动轨迹在水平面内的直线度

最大回转直径/mm	最大工件长度/mm	公　差
800	500	0.015mm
	500~1000	0.02mm
	>1000	最大工件长度每增加1000mm，公差增加0.05mm，最大不超过0.03mm
800~1250	500	0.02mm
	500~1000	0.025mm
	>1000	最大工件长度每增加1000mm，公差增加0.05mm，最大不超过0.05mm

3）床尾移动对床鞍移动轨迹的平行度（见表15-6）。

表15-6　床尾移动对床鞍移动轨迹的平行度

最大工件长度/mm	最大工件回转直径/mm	铅垂面内/mm	水平面内/mm	局部公差
1500	800	0.03	0.03	任意500mm测量长度上为0.02mm
	800~1250	0.04	0.04	
>1500	>1250	0.04	0.04	任意500mm测量长度上为0.03mm

4）主轴精度。主轴的精度检测，包括轴向窜动、径向圆跳动及主轴轴线对床鞍移动轨迹的平行度，见表15-7。

表15-7　主轴精度

检测项目	公　差	
	最大回转直径800mm	最大回转直径800~1250mm
主轴轴向窜动	0.01mm	0.015mm
主轴轴肩支承面跳动	0.02mm	0.02mm
主轴定心轴颈径向跳动	0.01mm	0.015mm
主轴锥孔轴线径向跳动	靠近主轴端面0.01mm	0.015mm
	距主轴端面为最大回转直径一半处（不超过300mm），公差为0.02mm	距主轴端面为最大回转直径一半处（不超过500mm），公差为0.05mm

（续）

检测项目		公　　差	
		最大回转直径 800mm	最大回转直径 800 ~ 1250mm
主轴轴线对床鞍移动轨迹的平行度	铅垂面内	0.02mm（测量长度为最大回转直径的一半或不超过 300mm），只许向上偏	0.04mm（测量长度为最大回转直径的一半或不超过 500mm），只许向上偏
	水平面内	0.015mm（测量长度为最大回转直径的一半或不超过 300mm），只许向前偏	0.03mm（测量长度为最大回转直径的一半或不超过 500mm），只许向前偏

5）顶尖及尾座精度（见表 15-8）。

表 15-8　顶尖及尾座精度

检测项目		公　　差	
		最大回转直径 800mm	最大回转直径 800 ~ 1250mm
顶尖的跳动		0.015mm	0.02mm
尾座套筒轴线对床鞍移动轨迹的平行度	铅垂面内	100mm 测量长度上为 0.015mm，只许向上偏	100mm 测量长度上为 0.02mm，只许向上偏
	水平面内	100mm 测量长度上为 0.01mm，只许向前偏	100mm 测量长度上为 0.015mm，只许向前偏
尾座套筒锥孔轴线对床鞍移动轨迹的平行度	铅垂面内	300mm 测量长度上为 0.03mm，只许向上偏	500mm 测量长度上为 0.05mm，只许向上偏
	水平面内	0.03mm 测量长度是最大回转直径的一半或不超过 300mm），只许向前	0.05mm（测量长度是最大回转直径的一半或不超过 500mm），只许向前
床头和尾座顶尖的等高度		0.04mm，只许尾座高	0.06mm，只许尾座高

6）刀架精度（见表 15-9）。

表 15-9　刀架精度

检 测 项 目	公　　差
小刀架移动轨迹对主轴轴线的平行度	300mm 测量长度上为 0.04mm
刀架横向移动轨迹对主轴轴线的垂直度	300mm 测量长度上为 0.02mm，只许偏向床头

7）丝杠精度（见表 15-10）。

表 15-10　丝杠精度

检测项目	公　　差	
	最大回转直径≤800mm	最大回转直径 800 ~ 1250mm
轴向窜动	0.015mm	0.02mm
螺距累积误差	最大工件长度≤2000mm 时，任意 300mm 测量长度上为 0.04mm；最大工件长度 > 2000mm 时，最大工件长度每增加 1000mm，公差增加 0.005mm，最大不超过 0.05mm	
	在任意 60mm 测量长度内为 0.015mm	

（2）工作精度检测　卧式车床的工作精度见表15-11。

表15-11　卧式车床的工作精度

检测项目	加工性质	检测要求	检测工具	公　差
精车端面平面度	精车，卡盘装夹，盘形铸铁试件	中拖板横向进刀车削2～3个端面，其中一个为中心平面。试件直径为最大回转直径的一半，试件厚度为最大回转直径的1/8	平尺和量块	300mm直径上为0.02mm，只许凹
精车螺纹螺距误差	精车，两头顶尖装夹长300mm的普通螺纹钢试件	试件螺距应与车床丝杠螺距相同，试件直径应尽可能接近车床丝杠直径	专用精密检测工具	最大工件长度≤2000mm时，300mm测量长度上为0.04mm；最大工件长度>2000mm时，最大工件长度每增加1000mm，公差增加0.005mm，最大为0.05mm
				在任意50mm测量长度内为0.015mm
精车外圆精度	精车，卡盘装夹（或插在主轴锥孔中），圆柱钢试件	在圆柱试件上车削三段长度和直径都相等的圆柱，试件总长度<50mm时可车两段。试件总长度为最大回转直径的一半，最大不超过500mm；试件直径为最大回转直径1/8；两个相邻台阶的直径差不大于其外面两个台阶直径差的75%	千分尺或精密检测工具	圆度公差：最大回转直径<800mm时为0.01mm，最大回转直径为800～1250时为0.02mm
				圆柱度公差：最大回转直径<800mm时为0.03mm，最大回转直径为800～1250时为0.04mm；任何锥度都应大端靠近床头

复　习　题

一、简答题

1. 导轨按结构分有哪几种类型？

2. 导轨的精度包括哪些方面？

3. 刮削导轨应依照什么原则进行？

4. 有一车床导轨长2000mm，用分度值为0.005mm/1000mm的光学自准直仪对其在铅垂面内的直线度进行测量，检验桥板长200mm，测微鼓轮的读数依次为25、27、29、29、32、35、39、40、40和41。试用CAD画出导轨的直线度误差曲线图，并计算其直线度误差。

5. 安装CA6140型卧式车床时，需要调整哪些主要部件？

6. 卧式车床安装完毕后，试车和验收大体包括哪几个方面？静态检验要对哪几个方面进行检查？

二、选择题

1. 在空运转试验中，机床主轴滑动轴承的温度不得超过（　　）℃，温升不得超过30℃。

A. 80　　B. 70　　C. 60　　D. 75

2. 卧式车床床身导轨若存在直线度误差，只允许车床床身（　　），以便延长导轨寿命。

A. 中凸　　B. 中凹　　C. 呈波浪形　　D. 呈螺旋形

3. 刮削导轨表面粗糙度值一般在 Ra（　　）μm 以下。

A. 1.6　　B. 3.2　　C. 0.8　　D. 2.5

4. CA6140 型卧式车床床鞍的下导轨与（　　）配刮。

A. 床身上导轨　　B. 燕尾导轨

C. 刀架下滑座导轨　　D. 溜板箱导轨

5. CA6140 型卧式车床主轴箱是以（　　）与床身主轴箱接触来保证正确安装的。

A. 凸块侧面　　B. 主轴箱底平面　　C. 主轴箱底平面和凸块侧面

6. 一般精度机床，其导轨直线度公差为（　　）。

A. 0.0015 ~ 0.002mm/1000mm　　B. 0.015 ~ 0.02mm/1000mm

C. 0.15 ~ 0.2mm/1000mm　　D. 1.5 ~ 2mm/1000mm

三、判断题

1. 车床精车端面试验中，试件的最大长度为最大车削直径的 1/8。（　　）

2. 车床满负荷试验的目的，是考核主传动系统能否承受设计所允许的最大转矩和功率。（　　）

3. 卧式车床几何精度的检测共包括 16 项内容。（　　）

4. CA6140 型卧式车床的主轴是一个实心阶梯轴。（　　）

5. 接触点数越多，接触精度就越高。（　　）

6. 溜板箱预装精度校正后即可钻、铰定位销孔，配作锥销实现最后定位。（　　）

7. 精车螺纹试验必须用 60°硬质合金螺纹车刀。（　　）

参 考 文 献

[1] 孙有亮. 典型机械设备安装工艺与实例 [M]. 北京: 化学工业出版社, 2010.

[2] 《工程安装钳工快速入门》编委会. 工程安装钳工快速入门 [M]. 北京: 北京理工大学出版社, 2011.

[3] 周彩荣. 互换性与测量技术 [M]. 北京: 机械工业出版社, 2011.

[4] 冯丽萍. 公差配合与技术测量 [M]. 北京: 机械工业出版社, 2011.

[5] 机械设计手册联合编写组 [M]. 机械设计手册. 北京: 化学工业出版社, 2010.

[6] 欧阳永红. 模具钳工速查手册 [M]. 北京: 化学工业出版社, 2011.

[7] 广东、北京、广西中等职业技术学校教材编写委员会. 机械基础知识与钳工基本技能 [M]. 广州: 广东高等教育出版社, 2000.